2025 소방설비기사 필기 공통과목

필수기출 400제

공통과목

소방원론 ✛ 소방관계법규

김앤북
KIM&BOOK

"15개년 1,800문제를 9개 대표유형 400문제로 정리했습니다."

소방설비기사 시험은 30대 이상 직장인이 많이 응시하는 시험으로 적은 시간을 투자하여 효율적으로 학습하는 것이 중요합니다.

엔지니어랩 연구소에서는 수험생들이 문제의 핵심을 파악하고, 개정된 소방법 기준으로 수정된 문제로 학습하여 빠른 시간 안에 합격점수를 만들 수 있도록 다음과 같이 구성했습니다.

❶ 단순한 기출문제 나열이 아닌 대표유형별로 문제 분류

비슷한 문항이 계속 반복되는 연도별 기출문제가 아니라 각 대표유형별로 합격에 꼭 필요한 필수 기출문제만 엄선하여 수록했습니다.

❷ 소방시설관리사의 검수를 포함, 개정 소방법 반영 완료

소방설비기사를 공부하기 위해서는 필수적으로 소방법에 대한 문제를 풀어야 합니다. 소방법은 다른 법에 비해 자주 개정이 되고, 법이 개정되면 기존에 출제된 기출문제도 개정된 법에 맞게 바꾸어 주어야 합니다.

엔지니어랩 연구소의 연구인력이 교재 내에 수록된 모든 기출문제 중 법과 관련된 문제는 개정된 법에 맞는지 확인했고, 현직 소방시설관리사의 검수를 통해 개정된 소방법을 문제와 해설에 모두 반영했습니다.

❸ 역대급 친절하고 자세한 해설 수록

교재의 해설은 "문제유형 → 난이도 → 접근 POINT → 용어 CHECK 또는 공식 CHECK → 해설 → 관련개념 또는 유사문제"의 단계적으로 수록했습니다.

수험생들이 해설을 통해 학습을 마무리하고 유사한 문제에 대비할 수 있어 빠른 시간 안에 합격점수를 획득할 수 있도록 구성하였습니다.

소방설비기사 필기 공통과목
필수기출 400제 200% 활용 방법

1 대표유형 문제로 출제경향 파악 및 핵심개념 CHECK

대표유형별로
출제비율 및
출제경향 확인

과목별로 기출문제를
대표유형별로 정리하여
수록함

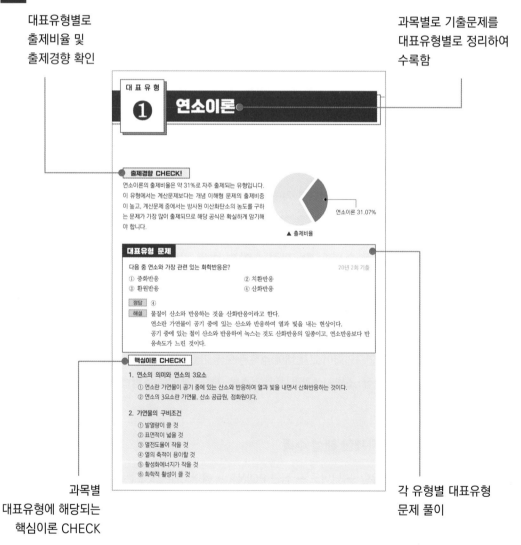

대 표 유 형

① 연소이론

출제경향 CHECK!

연소이론의 출제비율은 약 31%로 자주 출제되는 유형입니다. 이 유형에서는 계산문제보다는 개념 이해형 문제의 출제비중이 높고, 계산문제 중에서는 방사된 이산화탄소의 농도를 구하는 문제가 가장 많이 출제되므로 해당 공식은 확실하게 암기해야 합니다.

연소이론 31.07%

▲ 출제비율

대표유형 문제

다음 중 연소와 가장 관련 있는 화학반응은?   20년 2회 기출
① 중화반응   ② 치환반응
③ 환원반응   ④ 산화반응

정답 ④

해설 물질이 산소와 반응하는 것을 산화반응이라고 한다.
연소란 가연물이 공기 중에 있는 산소와 반응하여 열과 빛을 내는 현상이다.
공기 중에 있는 철이 산소와 반응하여 녹스는 것도 산화반응의 일종이고, 연소반응보다 반응속도가 느린 것이다.

핵심이론 CHECK!

1. 연소의 의미와 연소의 3요소
   ① 연소란 가연물이 공기 중에 있는 산소와 반응하여 열과 빛을 내면서 산화반응하는 것이다.
   ② 연소의 3요소란 가연물, 산소 공급원, 점화원이다.

2. 가연물의 구비조건
   ① 발열량이 클 것
   ② 표면적이 넓을 것
   ③ 열전도율이 작을 것
   ④ 열의 축적이 용이할 것
   ⑤ 활성화에너지가 작을 것
   ⑥ 화학적 활성이 클 것

과목별
대표유형에 해당되는
핵심이론 CHECK

각 유형별 대표유형
문제 풀이

2 유형별 기출문제 풀이로 합격점수 완성

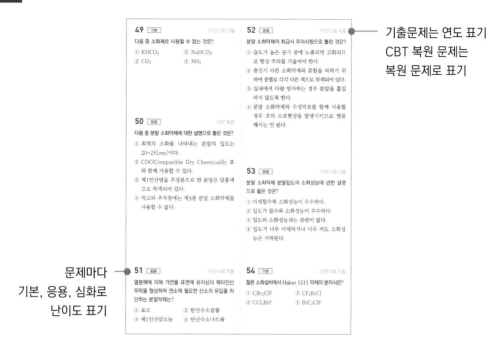

49 [기본] 21년 2회 기출
다음 중 소화제로 사용할 수 없는 것은?
① $KHCO_3$
② $NaHCO_3$
③ CO_2
④ NH_3

50 [응용] CBT 복원
다음 중 분말 소화약제에 대한 설명으로 틀린 것은?
① 최적의 소화를 나타내는 분말의 입도는 $20\sim25[\mu m]$이다.
② CDC(Compatible Dry Chemical)는 포와 함께 사용할 수 있다.
③ 제1인산염을 주성분으로 한 분말은 담홍색으로 착색되어 있다.
④ 차고와 주차장에는 제3종 분말 소화약제를 사용할 수 없다.

51 [응용] 20년 4회 기출
열분해에 의해 가연물 표면에 유리상의 메타인산 피막을 형성하여 연소에 필요한 산소의 유입을 차단하는 분말약제는?
① 요소
② 탄산수소칼륨
③ 제1인산암모늄
④ 탄산수소나트륨

52 [응용] 19년 2회 기출
분말 소화약제의 취급시 주의사항으로 틀린 것은?
① 습도가 높은 공기 중에 노출되면 고화되므로 항상 주의를 기울여야 한다.
② 충진시 다른 소화약제와 혼합을 피하기 위하여 종별로 각각 다른 색으로 착색되어 있다.
③ 실내에서 다량 방사하는 경우 분말을 흡입하지 않도록 한다.
④ 분말 소화약제와 수성막포를 함께 사용할 경우 포의 소포현상을 발생시키므로 병용해서는 안 된다.

53 [응용] 19년 1회 기출
분말 소화약제 분말입도의 소화성능에 관한 설명으로 옳은 것은?
① 미세할수록 소화성능이 우수하다.
② 입도가 클수록 소화성능이 우수하다.
③ 입도와 소화성능과는 관련이 없다.
④ 입도가 너무 미세하거나 너무 커도 소화성능은 저하된다.

54 [기본] 22년 2회 기출
할론 소화설비에서 Halon 1211 약제의 분자식은?
① CBr_2ClF
② CF_2BrCl
③ CCl_2BrF
④ BrC_2ClF

기출문제는 연도 표기
CBT 복원 문제는
복원 문제로 표기

문제마다
기본, 응용, 심화로
난이도 표기

3 역대급 단계적·친절한 해설로 학습 마무리

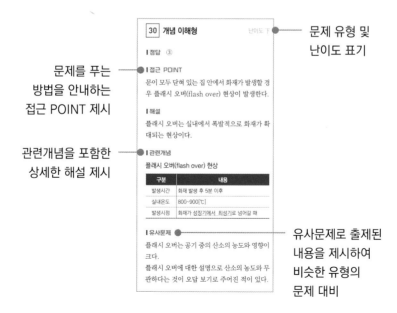

30 개념 이해형 난이도 下

┃정답 ③

┃접근 POINT
문이 모두 닫혀 있는 집 안에서 화재가 발생할 경우 플래시 오버(flash over) 현상이 발생한다.

┃해설
플래시 오버는 실내에서 폭발적으로 화재가 확대되는 현상이다.

┃관련개념
플래시 오버(flash over) 현상

구분	내용
발생시간	화재 발생 후 5분 이후
실내온도	800~900[℃]
발생시점	화재가 성장기에서 최성기로 넘어갈 때

┃유사문제
플래시 오버는 공기 중의 산소의 농도와 영향이 크다.
플래시 오버에 대한 설명으로 산소의 농도와 무관하다는 것이 오답 보기로 주어진 적이 있다.

문제 유형 및
난이도 표기

문제를 푸는
방법을 안내하는
접근 POINT 제시

관련개념을 포함한
상세한 해설 제시

유사문제로 출제된
내용을 제시하여
비슷한 유형의
문제 대비

차례
CONTENTS 문제

차례
CONTENTS 정답 및 해설

SUBJECT

01

소방원론

출제비중

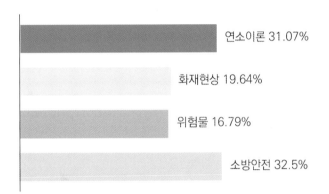

연소이론 31.07%

화재현상 19.64%

위험물 16.79%

소방안전 32.5%

출제경향 분석

소방원론 과목은 연소이론과 소방안전 유형에서 절반 이상의 문제가 출제됩니다. 연소이론 중에서는 연소의 원리 관련 문제가 많이 출제되고, 소방안전 중에서는 소화약제 관련 문제가 많이 출제됩니다.

소방설비기사 기계 분야 실기시험에서 가스계, 분말 소화설비 관련 문제는 소방원론에서 다루는 위험물과 소화약제 관련 내용을 잘 이해하면 쉽게 접근할 수 있으므로 필기를 공부할 때부터 기본개념은 확실히 이해하는 방법으로 학습해야 합니다.

소방원론의 대표유형 중 위험물에서는 대부분 제1류~제6류 위험물의 종류 및 특성에 관한 문제가 출제됩니다. 이러한 위험물 유형의 문제를 풀기 위해서는 위험물의 종류 및 특성에 대한 이해가 필요합니다.

소방원론은 다른 과목에 비해서는 중복문제가 많은 편이고, 기본적인 개념만 이해하면 풀 수 있는 문제가 많기 때문에 80점 이상 고득점을 목표로 학습하는 전략이 필요합니다.

대 표 유 형 ① 연소이론

출제경향 CHECK!

연소이론의 출제비율은 약 31%로 자주 출제되는 유형입니다.
이 유형에서는 계산문제보다는 개념 이해형 문제의 출제비중
이 높고, 계산문제 중에서는 방사된 이산화탄소의 농도를 구하
는 문제가 가장 많이 출제되므로 해당 공식은 확실하게 암기해
야 합니다.

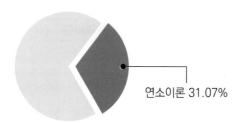

연소이론 31.07%

▲ 출제비율

대표유형 문제

다음 중 연소와 가장 관련 있는 화학반응은?　　　　　　　　　　　　　　20년 2회 기출

① 중화반응　　　　　　　　　　　　② 치환반응

③ 환원반응　　　　　　　　　　　　④ 산화반응

정답　④

해설　물질이 산소와 반응하는 것을 산화반응이라고 한다.
　　　연소란 가연물이 공기 중에 있는 산소와 반응하여 열과 빛을 내는 현상이다.
　　　공기 중에 있는 철이 산소와 반응하여 녹스는 것도 산화반응의 일종이고, 연소반응보다 반
　　　응속도가 느린 것이다.

핵심이론 CHECK!

1. 연소의 의미와 연소의 3요소

　　① 연소란 가연물이 공기 중에 있는 산소와 반응하여 열과 빛을 내면서 산화반응하는 것이다.
　　② 연소의 3요소란 가연물, 산소 공급원, 점화원이다.

2. 가연물의 구비조건

　　① 발열량이 클 것
　　② 표면적이 넓을 것
　　③ 열전도율이 작을 것
　　④ 열의 축적이 용이할 것
　　⑤ 활성화에너지가 작을 것
　　⑥ 화학적 활성이 클 것

01 [기본]   14년 4회 기출

촛불의 주된 연소형태에 해당하는 것은?

① 표면연소   ② 분해연소

③ 증발연소   ④ 자기연소

02 [기본]   14년 1회 기출

주된 연소의 형태가 표면연소에 해당하는 물질이 아닌 것은?

① 숯   ② 나프탈렌

③ 목탄   ④ 금속분

03 [기본]   21년 4회 기출

조연성 가스로만 나열되어 있는 것은?

① 질소, 불소, 수증기

② 산소, 불소, 염소

③ 산소, 이산화탄소, 오존

④ 질소, 이산화탄소, 염소

04 [기본]   19년 1회 기출

불활성 가스에 해당하는 것은?

① 수증기   ② 일산화탄소

③ 아르곤   ④ 아세틸렌

05 [기본]   20년 4회 기출

다음 중 가연성 가스가 아닌 것은?

① 일산화탄소   ② 프로판

③ 아르곤   ④ 메탄

06 [응용]   22년 2회 기출

물질의 연소 시 산소 공급원이 될 수 없는 것은?

① 탄화칼슘   ② 과산화나트륨

③ 질산나트륨   ④ 압축공기

07 응용   21년 1회 기출

가연성 가스이면서도 독성 가스인 것은?

① 질소   ② 수소

③ 염소   ④ 황화수소

08 기본   18년 1회 기출

MOC(Minimum Oxygen Concentration: 최소 산소 농도)가 가장 작은 물질은?

① 메탄   ② 에탄

③ 프로판   ④ 부탄

09 기본   20년 4회 기출

공기 중의 산소의 농도는 약 몇 [vol%]인가?

① 10   ② 13

③ 17   ④ 21

10 기본   20년 2회 기출

밀폐된 공간에 이산화탄소를 방사하여 산소의 체적 농도를 12[%]가 되게 하려면 상대적으로 방사된 이산화탄소의 농도는 얼마가 되어야 하는가?

① 25.40[%]   ② 28.70[%]

③ 38.35[%]   ④ 42.86[%]

11 기본   22년 1회 기출

상온·상압의 공기 중에서 탄화수소류의 가연물을 소화하기 위한 이산화탄소 소화약제의 농도는 약 몇 [%]인가? (단, 탄화수소류는 산소농도가 10[%]일 때 소화된다고 가정한다.)

① 28.57   ② 35.48

③ 49.56   ④ 52.38

12 응용   21년 4회 기출

소화에 필요한 CO_2의 이론 소화농도가 공기 중에서 37[%]일 때 한계 산소농도는 약 몇 [%]인가?

① 13.2   ② 14.5

③ 15.5   ④ 16.5

13 [기본]

이산화탄소 20[g]은 약 몇 mol인가?

① 0.23　　　　　② 0.45

③ 2.2　　　　　④ 4.4

16 [응용]

공기의 평균 분자량이 29일 때 이산화탄소 기체의 증기비중은 얼마인가?

① 1.44　　　　　② 1.52

③ 2.88　　　　　④ 3.24

14 [심화]

공기의 부피 비율이 질소 79[%], 산소 21[%]인 전기실에 화재가 발생하여 이산화탄소 소화약제를 방출하여 소화하였다. 이때 산소의 부피농도가 14[%]이었다면 이 혼합공기의 분자량은 약 얼마인가? (단, 화재 시 발생한 연소가스는 무시한다.)

① 28.9　　　　　② 30.9

③ 33.9　　　　　④ 35.9

17 [응용]

어떤 기체가 0[℃], 1기압에서 부피가 11.2[L], 기체 질량이 22[g]이었다면 이 기체의 분자량은? (단, 이상기체로 가정한다.)

① 22　　　　　② 35

③ 44　　　　　④ 56

15 [응용]

수소 1[kg]이 완전연소할 때 필요한 산소량은 몇 [kg]인가?

① 4　　　　　② 8

③ 16　　　　　④ 32

18 [응용]

0[℃], 1기압에서 44.8[m³]의 용적을 가진 이산화탄소를 액화하여 얻을 수 있는 액화 탄산가스의 무게는 약 몇 [kg]가?

① 88　　　　　② 44

③ 22　　　　　④ 11

19 심화 14년 2회 기출

위험물 탱크에 압력이 0.3[MPa]이고 온도가 0[℃]인 가스가 들어 있을 때 화재로 인하여 100[℃]까지 가열되었다면 압력은 약 몇 [MPa]인가? (단, 이상기체로 가정한다.)

① 0.41
② 0.52
③ 0.63
④ 0.74

20 기본 20년 2회 기출

다음 중 고체 가연물이 덩어리보다 가루일 때 연소되기 쉬운 이유로 가장 적합한 것은?

① 발열량이 작아지기 때문이다.
② 공기와 접촉면이 커지기 때문이다.
③ 열전도율이 커지기 때문이다.
④ 활성에너지가 커지기 때문이다.

21 기본 21년 1회 기출

가연물질의 구비조건으로 옳지 않은 것은?

① 화학적 활성이 클 것
② 열의 축적이 용이할 것
③ 활성화 에너지가 작을 것
④ 산소와 결합할 때 발열량이 작을 것

22 기본 20년 4회 기출

일반적인 플라스틱 분류상 열경화성 플라스틱에 해당하는 것은?

① 폴리에틸렌
② 폴리염화비닐
③ 페놀수지
④ 폴리스티렌

23 응용 20년 2회 기출

다음 원소 중 전기 음성도가 가장 큰 것은?

① F
② Br
③ Cl
④ I

24 응용 17년 4회 기출

할로겐원소의 소화효과가 큰 순서대로 배열된 것은?

① I 〉Br 〉Cl 〉F
② Br 〉I 〉F 〉Cl
③ Cl 〉F 〉I 〉Br
④ F 〉Cl 〉Br 〉I

25 기본   22년 2회 기출

Fourier법칙(전도)에 대한 설명으로 틀린 것은?

① 이동열량은 전열체의 단면적에 비례한다.
② 이동열량은 전열체의 두께에 비례한다.
③ 이동열량은 전열체의 열전도도에 비례한다.
④ 이동열량은 전열체 내·외부의 온도차에 비례한다.

26 기본   22년 2회 기출

물질의 취급 또는 위험성에 대한 설명 중 틀린 것은?

① 융해열은 점화원이다.
② 질산은 물과 반응 시 발열 반응하므로 주의를 해야 한다.
③ 네온, 이산화탄소, 질소는 불연성 물질로 취급한다.
④ 암모니아를 충전하는 공업용 용기의 색상은 백색이다.

27 기본   14년 4회 기출

에테르의 공기 중 연소범위를 1.9~48[vol%]라고 할 때 이에 대한 설명으로 틀린 것은?

① 공기 중 에테르 증기가 48[vol%]를 넘으면 연소한다.
② 연소범위의 상한점이 48[vol%]이다.
③ 공기중 에테르 증기가 1.9~48[vol%] 범위에 있을 때 연소한다.
④ 연소범위의 하한점이 1.9[vol%]이다.

28 기본   17년 4회 기출

다음 물질 중 공기 중에서의 연소범위가 가장 넓은 것은?

① 수소   ② 이황화탄소
③ 아세틸렌   ④ 에테르

29 기본   20년 4회 기출

공기 중에서 수소의 연소범위로 옳은 것은?

① 0.4~4[vol%]   ② 1~12.5[vol%]
③ 4~75[vol%]   ④ 67~92[vol%]

30 기본   19년 4회 기출

프로판 가스의 연소범위[vol%]에 가장 가까운 것은?

① 9.8~28.4   ② 2.5~81
③ 4.0~75   ④ 2.1~9.5

31 [응용]

프로판 50[vol%], 부탄 40[vol%], 프로필렌 10[vol%]로 된 혼합가스의 폭발하한계는 약 몇 [vol%]인가? (단, 각 가스의 폭발하한계는 프로판은 2.2[vol%], 부탄은 1.9[vol%], 프로필렌은 2.4[vol%]이다.)

① 0.83   ② 2.09
③ 5.05   ④ 9.44

32 [심화]

다음 중 공기에서의 연소범위를 기준으로 했을 때 위험도[H] 값이 가장 큰 것은?

① 디에틸에테르   ② 수소
③ 에틸렌   ④ 부탄

33 [기본]

프로판가스의 최소점화에너지는 일반적으로 약 몇 [mJ] 정도 되는가?

① 0.25   ② 2.5
③ 25   ④ 250

34 [기본]

열전도도(Thermal Conductivity)를 표시하는 단위에 해당하는 것은?

① $J/m^2 \cdot h$ ② $kcal/h \cdot \text{℃}^2$
③ $W/m \cdot K$ ④ $J \cdot K/m^3$

35 [기본]

스테판-볼쯔만의 법칙에 의해 복사열과 절대온도와의 관계를 옳게 설명한 것은?

① 복사열은 절대온도의 제곱에 비례한다.
② 복사열은 절대온도의 4제곱에 비례한다.
③ 복사열은 절대온도의 제곱에 반비례한다.
④ 복사열은 절대온도의 4제곱에 반비례한다.

36 [기본]

화재 표면온도(절대온도)가 2배로 되면 복사에너지는 몇 배로 증가되는가?

① 2   ② 4
③ 8   ④ 16

37 기본   20년 2회 기출

화재 시 발생하는 연소가스 중 인체에서 헤모글로빈과 결합하여 혈액의 산소운반을 저해하고 두통, 근육조절의 장애를 일으키는 것은?

① CO_2 ② CO
③ HCN   ④ H_2S

38 기본   21년 2회 기출

다음 연소생성물 중 인체에 독성이 가장 높은 것은?

① 이산화탄소   ② 일산화탄소
③ 수증기   ④ 포스겐

39 기본   19년 4회 기출

독성이 매우 높은 가스로서 석유제품, 유지(油脂) 등이 연소할 때 생성되는 알데히드 계통의 가스는?

① 시안화수소   ② 암모니아
③ 포스겐   ④ 아크롤레인

40 기본   19년 2회 기출

석유, 고무, 동물의 털, 가죽 등과 같이 황 성분을 함유하고 있는 물질이 불완전연소될 때 발생하는 연소가스로 계란 썩는 듯한 냄새가 나는 기체는?

① 아황산가스   ② 시안화가스
③ 황화수소   ④ 암모니아

41 응용   20년 1회 기출

다음 물질 중 연소하였을 때 시안화수소를 가장 많이 발생시키는 물질은?

① Polyethylene
② Polyurethane
③ Polyvinyl chloride
④ Polystyrene

42 기본   22년 1회 기출

물에 황산을 넣어 묽은 황산을 만들 때 발생되는 열은?

① 연소열   ② 분해열
③ 용해열   ④ 자연발열

43 기본   22년 1회 기출

백열전구가 발열하는 원인이 되는 열은?

① 아크열   ② 유도열
③ 저항열   ④ 정전기열

44 기본   19년 4회 기출

불포화 섬유지나 석탄에 자연발화를 일으키는 원인은?

① 분해열   ② 산화열
③ 발효열   ④ 중합열

45 기본   14년 4회 기출

다음 점화원 중 기계적인 원인으로만 구성된 것은?

① 산화, 중합   ② 산화, 분해
③ 중합, 화합   ④ 충격, 마찰

46 기본   18년 2회 기출

화재발생 시 발생하는 연기에 대한 설명으로 틀린 것은?

① 연기의 유동속도는 수평방향이 수직방향보다 빠르다.
② 동일한 가연물에 있어 환기 지배형 화재가 연료 지배형 화재에 비하여 연기발생량이 많다.
③ 고온 상태의 연기는 유동확산이 빨라 화재 전파의 원인이 되기도 한다.
④ 연기는 일반적으로 불완전 연소시에 발생한 고체, 액체, 기체 생성물의 집합체이다.

47 기본   18년 2회 기출

액화석유가스(LPG)에 대한 성질로 틀린 것은?

① 주성분은 프로판, 부탄이다.
② 천연고무를 잘 녹인다.
③ 물에 녹지 않으나 유기용매에 용해된다.
④ 공기보다 1.5배 가볍다.

출제경향 CHECK!

화재현상 유형은 크게 일반적인 화재현상 관련 내용과 건축물의 화재현상으로 구분됩니다.
일반적인 화재현상에서는 A~D급 화재와 관련된 내용이 가장 많이 출제되는데 이 문제는 기본적인 내용만 암기하면 맞힐 수 있는 문제이므로 확실하게 대비해야 합니다.

화재현상 19.64%

▲ 출제비율

대표유형 문제

탱크화재 시 발생되는 보일 오버(Boil Over)의 방지방법으로 틀린 것은?   19년 2회 기출

① 탱크 내용물의 기계적 교반   ② 물의 배출
③ 과열방지   ④ 위험물 탱크 내의 하부에 냉각수 저장

정답   ④

해설   보일 오버(Boil Over) 현상은 유류 탱크의 화재 시 탱크 바닥(하부)의 물이 뜨거운 열류층에 의해 수증기로 변하면서 급격한 부피 팽창을 일으켜 유류가 탱크 외부로 분출하는 현상이다. 위험물 탱크 내의 하부에 냉각수를 저장하면 보일 오버 현상이 더 잘 일어날 수 있다.

핵심이론 CHECK!

유류탱크, 가스탱크에서 발생하는 화재 현상

구분	현상
슬롭 오버 (Slop over)	유류탱크 화재 시 기름 표면에 물을 살수하면 기름이 탱크 밖으로 비산하여 화재가 확대되는 현상
보일 오버 (Boil over)	유류 탱크의 화재 시 탱크 바닥(저부)의 물이 뜨거운 열류층에 의하여 수증기로 변하면서 급격한 부피 팽창을 일으켜 유류가 탱크 외부로 분출하는 현상
블레비 (BLEVE)	가연성 액화가스 용기가 과열로 파손되어 가스가 분출된 후 불이 폭발하는 현상
프로스 오버 (Froth over)	탱크 안에 이미 존재한 물이 뜨겁고 점성이 있는 유류를 만나 화재를 수반하지 않고 용기가 넘치는 현상

01 기본   21년 1회 기출

화재의 정의로 옳은 것은?

① 가연성 물질과 산소와의 격렬한 산화반응이다.
② 사람의 과실로 인한 실화나 고의에 의한 방화로 발생하는 연소현상으로서 소화할 필요성이 있는 연소현상이다.
③ 가연물과 공기와의 혼합물이 어떤 점화원에 의하여 활성화되어 열과 빛을 발하면서 일으키는 격렬한 발열반응이다.
④ 인류의 문화와 문명의 발달을 가져오게 한 근본 존재로서 인간의 제어수단에 의하여 컨트롤 할 수 있는 연소현상이다.

02 기본   22년 2회 기출

자연발화가 일어나기 쉬운 조건이 아닌 것은?

① 열전도율이 클 것
② 적당량의 수분이 존재할 것
③ 주위의 온도가 높을 것
④ 표면적이 넓을 것

03 기본   22년 1회 기출

자연발화의 방지방법이 아닌 것은?

① 통풍이 잘 되도록 한다.
② 퇴적 및 수납 시 열이 쌓이지 않게 한다.
③ 높은 습도를 유지한다.
④ 저장실의 온도를 낮게 한다.

04 기본   20년 1회 기출

물질의 화재 위험성에 대한 설명으로 틀린 것은?

① 인화점 및 착화점이 낮을수록 위험
② 착화에너지가 작을수록 위험
③ 비점 및 융점이 높을수록 위험
④ 연소범위가 넓을수록 위험

05 기본   19년 2회 기출

화재의 일반적 특성으로 틀린 것은?

① 확대성   ② 정형성
③ 우발성   ④ 불안정성

06 기본   19년 2회 기출

산불화재의 형태로 틀린 것은?

① 지중화 형태   ② 수평화 형태
③ 지표화 형태   ④ 수관화 형태

07 기본   22년 2회 기출

정전기로 인한 화재를 줄이고 방지하기 위한 대책
중 틀린 것은?

① 공기 중 습도를 일정값 이상으로 유지한다.
② 기기의 전기 절연성을 높이기 위하여 부도
체로 차단공사를 한다.
③ 공기 이온화 장치를 설치하여 가동시킨다.
④ 정전기 축적을 막기 위해 접지선을 이용하
여 대지로 연결작업을 한다.

08 기본   20년 1회 기출

유류탱크 화재 시 기름 표면에 물을 살수하면 기름
이 탱크 밖으로 비산하여 화재가 확대되는 현상은?

① 슬롭 오버(Slop over)
② 플래시 오버(Flash over)
③ 프로스 오버(Froth over)
④ 블레비(BLEVE)

09 기본   15년 1회 기출

가연성 액화가스의 용기가 과열로 파손되어 가스
가 분출된 후 불이 폭발하는 현상은?

① 블레비(BLEVE)
② 보일 오버(Boil over)
③ 슬롭오버(Slop over)
④ 플래시오버(Flash over)

10 기본   19년 4회 기출

BLEVE 현상을 설명한 것으로 가장 옳은 것은?

① 물이 뜨거운 기름표면 아래에서 끓을 때 화
재를 수반하지 않고 over flow되는 현상
② 물이 연소유의 뜨거운 표면에 들어갈 때 발
생되는 over flow 현상
③ 탱크 바닥에 물과 기름의 에멀젼이 섞여있
을 때 물의 비등으로 인하여 급격하게 over
flow 되는 현상
④ 탱크 주위 화재로 탱크 내 인화성 액체가
비등하고 가스 부분의 압력이 상승하여 탱
크가 파괴되고 폭발을 일으키는 현상

11 기본   22년 1회 기출

다음 중 분진폭발의 위험성이 가장 낮은 것은?

① 시멘트가루   ② 알루미늄분
③ 석탄분말   ④ 밀가루

12 기본   22년 2회 기출

폭굉(detonation)에 관한 설명으로 틀린 것은?

① 연소속도가 음속보다 느릴 때 나타난다.
② 온도의 상승은 충격파의 압력에 기인한다.
③ 압력상승은 폭연의 경우보다 크다.
④ 폭굉의 유도거리는 배관의 지름과 관계가
있다.

13 기본

전기불꽃, 아크 등이 발생하는 부분을 기름 속에 넣어 폭발을 방지하는 방폭구조는?

① 내압방폭구조   ② 유입방폭구조
③ 안전증방폭구조   ④ 특수방폭구조

14 기본

인화점이 40[℃] 이하인 위험물을 저장, 취급하는 장소에 설치하는 전기설비는 방폭구조로 설치하는데, 용기의 내부에 기체를 압입하여 압력을 유지하도록 함으로써 폭발성 가스가 침입하는 것을 방지하는 구조는?

① 압력방폭구조
② 유입방폭구조
③ 안전증방폭구조
④ 본질안전방폭구조

15 기본

물리적 폭발에 해당하는 것은?

① 분해 폭발   ② 분진 폭발
③ 중합 폭발   ④ 수증기 폭발

16 기본

화재의 종류에 따른 분류가 틀린 것은?

① A급: 일반화재   ② B급: 유류화재
③ C급: 가스화재   ④ D급: 금속화재

17 기본

가연물질의 종류에 따라 화재를 분류하였을 때 섬유류 화재가 속하는 것은?

① A급 화재   ② B급 화재
③ C급 화재   ④ D급 화재

18 응용

화재의 유형별 특성에 관한 설명으로 옳은 것은?

① A급 화재는 무색으로 표시하며, 감전의 위험이 있으므로 주수소화를 엄금한다.
② B급 화재는 황색으로 표시하며, 질식소화를 통해 화재를 진압한다.
③ C급 화재는 백색으로 표시하며, 가연성이 강한 금속의 화재이다.
④ D급 화재는 청색으로 표시하며, 연소 후에 재를 남긴다.

19 [기본]   21년 2회 기출

정전기에 의한 발화과정으로 옳은 것은?

① 방전 → 전하의 축적 → 전하의 발생 → 발화
② 전하의 발생 → 전하의 축적 → 방전 → 발화
③ 전하의 발생 → 방전 → 전하의 축적 → 발화
④ 전하의 축적 → 방전 → 전하의 발생 → 발화

20 [기본]   21년 1회 기출

대두유가 침적된 기름걸레를 쓰레기통에 장시간 방치한 결과 자연발화에 의하여 화재가 발생했다. 이 이유로 옳은 것은?

① 융해열 축적   ② 산화열 축적
③ 증발열 축적   ④ 발효열 축적

21 [기본]   21년 1회 기출

전기화재의 원인으로 거리가 먼 것은?

① 단락   ② 과전류
③ 누전   ④ 절연 과다

22 [기본]   19년 4회 기출

화재강도(Fire Intensity)와 관계가 없는 것은?

① 가연물의 비표면적
② 발화원의 온도
③ 화재실의 구조
④ 가연물의 발열량

23 [기본]   22년 1회 기출

화재에 관련된 국제적인 규정을 제정하는 단체는?

① IMO(International Maritime Organization)
② SFPE(Society of Fire Protection Engineers)
③ NFPA(Nation Fire Protection Association)
④ ISO(International Organization for Standardization) TC 92

24 [기본]   16년 4회 기출

화재실 혹은 화재공간의 단위 바닥면적에 대한 등가가연물량의 값을 화재하중이라 하며 식으로 표시할 경우에는 $q = \dfrac{\Sigma G_t H_t}{HA}$ 와 같이 표현할 수 있다. 여기에서 H는 무엇을 나타내는가?

① 목재의 단위발열량
② 가연물의 단위발열량
③ 화재실내 가연물의 전체 발열량
④ 목재의 단위발열량과 가연물의 단위발열량을 합한 것

25 응용   19년 1회 기출

화재하중에 대한 설명 중 틀린 것은?

① 화재하중이 크면 단위면적당의 발열량이 크다.
② 화재하중이 크다는 것은 화재구획의 공간이 넓다는 것이다.
③ 화재하중이 같더라도 물질의 상태에 따라 가혹도는 달라진다.
④ 화재하중은 화재구획실 내의 가연물 총량을 목재 중량당비로 환산하여 면적으로 나눈 수치이다.

26 심화   CBT 복원

다음 중 화재에 의한 콘크리트 구조물의 열화현상에 대한 설명으로 틀린 것은?

① 400[℃] 이하에서 화학적 결합수가 방출된다.
② 콘크리트는 화재 시 온도가 높아질수록 압축강도가 작아진다.
③ 400[℃] 이상에서 석영질 골재가 폭렬이 더 잘 발생한다.
④ 콘트리트는 열을 받으면 열팽창률 차이에 의해 온도 상승에 따른 수분 증발과 수산화석회의 분해로 접착면이 파괴되어 강도가 저하된다.

27 기본   15년 4회 기출

화재에 대한 건축물의 손실정도에 따른 화재 형태를 설명한 것으로 옳지 않은 것은?

① 부분소화재란 전소화재, 반소화재에 해당하지 않는 것을 말한다.
② 반소화재란 건축물에 화재가 발생하여 건축물의 30% 이상 70% 미만 소실된 상태를 말한다.
③ 전소화재란 건축물에 화재가 발생하여 건축물의 70% 이상이 소실된 상태를 말한다.
④ 훈소화재란 건축물에 화재가 발생하여 건축물의 10% 이하가 소실된 상태를 말한다.

28 기본   19년 2회 기출

방호공간 안에서 화재의 세기를 나타내고 화재가 진행되는 과정에서 온도에 따라 변하는 것으로 온도-시간 곡선으로 표시할 수 있는 것은?

① 화재저항   ② 화재가혹도
③ 화재하중   ④ 화재플럼

29 기본   22년 1회 기출

고층 건축물 내 연기거동 중 굴뚝효과에 영향을 미치는 요소가 아닌 것은?

① 건물 내·외의 온도차
② 화재실의 온도
③ 건물의 높이
④ 층의 면적

30 기본　　　　　　　　22년 2회 기출

플래시 오버(Flash over)에 대한 설명으로 옳은 것은?

① 도시가스의 폭발적 연소를 말한다.
② 휘발유 등 가연성 액체가 넓게 흘러서 발화한 상태를 말한다.
③ 옥내화재가 서서히 진행하여 열 및 가연성 기체가 축적되었다가 일시에 연소하여 화염이 크게 발생하는 상태를 말한다.
④ 화재층의 불이 상부층으로 올라가는 현상을 말한다.

31 응용　　　　　　　　21년 4회 기출

건축물 화재에서 플래시 오버(Flash over) 현상이 일어나는 시기는?

① 초기에서 성장기로 넘어가는 시기
② 성장기에서 최성기로 넘어가는 시기
③ 최성기에서 감쇠기로 넘어가는 시기
④ 감쇠기에서 종기로 넘어가는 시기

32 기본　　　　　　　　22년 2회 기출

건물화재의 표준시간-온도곡선에서 화재발생 후 1시간이 경과할 경우 내부 온도는 약 몇 [℃] 정도 되는가?

① 125　　　　　　　② 325
③ 640　　　　　　　④ 925

33 기본　　　　　　　　19년 4회 기출

화재의 지속시간 및 온도에 따라 목재건물과 내화건물을 비교했을 때, 목재건물의 화재성상으로 가장 적합한 것은?

① 저온 장기형이다.
② 저온 단기형이다.
③ 고온 장기형이다.
④ 고온 단기형이다.

34 기본　　　　　　　　18년 1회 기출

다음 그림에서 목조건물의 표준화재-온도시간 곡선으로 옳은 것은?

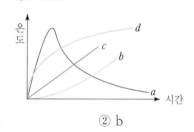

① a　　　　　　　　② b
③ c　　　　　　　　④ d

35 응용　　　　　　　　22년 2회 기출

목조 건축물의 화재 특성으로 틀린 것은?

① 습도가 낮을수록 연소 확대가 빠르다.
② 화재 진행속도는 내화 건축물보다 빠르다.
③ 화재 최성기의 온도는 내화 건축물보다 낮다.
④ 화재성장속도는 횡방향보다 종방향이 빠르다.

36 응용   20년 1회 기출

밀폐된 내화건물의 실내에 화재가 발생했을 때 그 실내의 환경변화에 대한 설명 중 틀린 것은?

① 기압이 급강하한다.
② 산소가 감소된다.
③ 일산화탄소가 증가한다.
④ 이산화탄소가 증가한다.

37 기본   19년 2회 기출

건축물의 화재를 확산시키는 요인이라 볼 수 없는 것은?

① 비화(飛火)   ② 복사열(輻射熱)
③ 자연발화(自然發火)   ④ 접염(接炎)

38 기본   20년 4회 기출

목재 건축물의 화재 진행과정을 순서대로 나열한 것은?

① 무염착화 – 발염착화 – 발화 – 최성기
② 무염착화 – 최성기 – 발염착화 – 발화
③ 발염착화 – 발화 – 최성기 – 무염착화
④ 발염착화 – 최성기 – 무염착화 – 발화

39 기본   20년 4회 기출

건물 내 피난동선의 조건으로 옳지 않은 것은?

① 2개 이상의 방향으로 피난할 수 있어야 한다.
② 가급적 단순한 형태로 한다.
③ 통로의 말단은 안전한 장소이어야 한다.
④ 수직동선은 금하고 수평동선만 고려한다.

40 기본   19년 2회 기출

화재실의 연기를 옥외로 배출시키는 제연방식으로 효과가 가장 적은 것은?

① 자연 제연방식
② 스모크 타워 제연방식
③ 기계식 제연방식
④ 냉난방설비를 이용한 제연방식

41 기본   21년 1회 기출

건축물의 화재 시 피난자들의 집중으로 패닉(Panic) 현상이 일어날 수 있는 피난방향은?

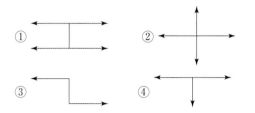

42 기본   20년 4회 기출

화재 발생 시 인간의 피난 특성으로 틀린 것은?

① 본능적으로 평상시 사용하는 출입구를 사용한다.
② 최초로 행동을 개시한 사람을 따라서 움직인다.
③ 공포감으로 인해서 빛을 피하여 어두운 곳으로 몸을 숨긴다.
④ 무의식 중에 발화장소의 반대쪽으로 이동한다.

43 기본   21년 4회 기출

건물화재 시 패닉(panic)의 발생원인과 직접적인 관계가 없는 것은?

① 연기에 의한 시계 제한
② 유독가스에 의한 호흡 장애
③ 외부와 단절되어 고립
④ 불연내장재의 사용

44 기본   20년 4회 기출

피난 시 하나의 수단이 고장 등으로 사용이 불가능하더라도 다른 수단 및 방법을 통해서 피난 할 수 있도록 하는 것으로 2방향 이상의 피난통로를 확보하는 피난대책의 일반 원칙은?

① Risk-down 원칙
② Feed-back 원칙
③ Fool-proof 원칙
④ Fail-safe 원칙

45 기본   18년 2회 기출

피난계획의 일반원칙 중 Fool-proof 원칙에 대한 설명으로 옳은 것은?

① 1가지가 고장이 나도 다른 수단을 이용하는 원칙
② 2방향의 피난동선을 항상 확보하는 원칙
③ 피난수단을 이동식 시설로 하는 원칙
④ 피난수단을 조작이 간편한 원시적 방법으로 하는 원칙

46 기본   22년 2회 기출

연기에 의한 감광계수가 0.1[m⁻¹], 가시거리가 20~30[m]일 때의 상황으로 옳은 것은?

① 건물 내부에 익숙한 사람이 피난에 지장을 느낄 정도
② 연기감지기가 작동할 정도
③ 어두운 것을 느낄 정도
④ 앞이 거의 보이지 않을 정도

47 기본   21년 4회 기출

연기감지기가 작동할 정도이고 가시거리가 20~30[m]에 해당하는 감광계수는 얼마인가?

① 0.1[m⁻¹]   ② 1.0[m⁻¹]
③ 2.0[m⁻¹]   ④ 10[m⁻¹]

48 기본   20년 1회 기출

실내 화재 시 발생한 연기로 인한 감광계수[m⁻¹]와 가시거리에 대한 설명 중 틀린 것은?

① 감광계수가 0.1일 때 가시거리는 20~30[m]이다.
② 감광계수가 0.3일 때 가시거리는 15~20[m]이다.
③ 감광계수가 1.0일 때 가시거리는 1~2[m]이다.
④ 감광계수가 10일 때 가시거리는 0.2~0.5[m]이다.

출제경향 CHECK!

위험물은 「위험물안전관리법령」에서 정한 제1류~제6류 위험
물의 종류 및 특성에 관한 문제가 대부분 출제됩니다. 제1류~
제6류 위험물의 지정수량은 아래와 같이 품명별로 구분하여
암기해야 합니다.

또한, 위험물이 물과 반응했을 때 발생하는 기체의 종류도 자
주 출제되므로 암기해야 합니다.

위험물 16.79%

▲ 출제비율

핵심이론 CHECK!

제1류~제6류 위험물의 품명 및 지정수량

유별	품명	지정수량
제1류	아염소산염류, 염소산염류, 과염소산염류, 무기과산화물	50[kg]
	브롬산염류, 질산염류, 요오드산염류	300[kg]
	과망간산염류, 중크롬산염류	1,000[kg]
제2류	황화린, 적린, 유황	100[kg]
	철분, 금속분, 마그네슘	500[kg]
	인화성 고체	1,000[kg]
제3류	칼륨, 나트륨, 알킬알루미늄, 알킬리튬	10[kg]
	황린	20[kg]
	알칼리금속 및 알칼리토금속, 유기금속화합물	50[kg]
	금속의 수소화물, 금속의 인화물, 칼슘 또는 알루미늄의 탄화물	300[kg]
제4류	특수인화물	50[L]
	제1석유류(비수용성/수용성)	200[L]/400[L]
	알코올류	400[L]
	제2석유류(비수용성/수용성)	1,000[L]/2,000[L]
	제3석유류(비수용성/수용성)	2,000[L]/4,000[L]
	제4석유류	6,000[L]
	동식물유류	10,000[L]
제5류	유기과산화물, 질산에스테르류	10[kg]
	니트로화합물, 니트로소화합물, 아조화합물, 디아조화합물, 히드라진 유도체	200[kg]
	히드록실아민, 히드록실아민염류	100[kg]
제6류	과염소산, 과산화수소, 질산	300[kg]

01 [기본] 　　　　　　　　　　　20년 2회 기출

위험물과 「위험물안전관리법령」에서 정한 지정수량을 옳게 연결한 것은?

① 무기과산화물 - 300[kg]

② 황화린 - 500[kg]

③ 황린 - 20[kg]

④ 질산에스테르류 - 200[kg]

02 [기본] 　　　　　　　　　　　14년 4회 기출

다음 중 「위험물안전관리법령」상 제1류 위험물에 해당하는 것은?

① 염소산나트륨　　② 과염소산

③ 나트륨　　　　　④ 황린

03 [기본] 　　　　　　　　　　　19년 1회 기출

제2류 위험물에 해당하지 않는 것은?

① 유황　　　　　　② 황화린

③ 적린　　　　　　④ 황린

04 [기본] 　　　　　　　　　　　22년 1회 기출

위험물의 유별에 따른 분류가 잘못된 것은?

① 제1류 위험물: 산화성 고체

② 제3류 위험물: 자연발화성 물질 및 금수성 물질

③ 제4류 위험물: 인화성 액체

④ 제6류 위험물: 가연성 액체

05 [기본] 　　　　　　　　　　　19년 2회 기출

다음 위험물 중 특수인화물이 아닌 것은?

① 아세톤　　　　　② 디에틸에테르

③ 산화프로필렌　　④ 아세트알데히드

06 [응용] 　　　　　　　　　　　21년 2회 기출

「위험물안전관리법령」상 위험물에 대한 설명으로 옳은 것은?

① 과염소산은 위험물이 아니다.

② 황린은 제2류 위험물이다.

③ 황화린의 지정수량은 100kg이다.

④ 산화성 고체는 제6류 위험물의 성질이다.

07 응용   20년 1회 기출

「위험물안전관리법령」상 제2석유류에 해당하는 것으로만 나열된 것은?

① 아세톤, 벤젠
② 중유, 아닐린
③ 에테르, 이황화탄소
④ 아세트산, 아크릴산

08 심화   19년 1회 기출

「위험물안전관리법령」상 위험물의 지정수량이 틀린 것은?

① 과산화나트륨 – 50[kg]
② 적린 – 100[kg]
③ 트리니트로톨루엔 – 200[kg]
④ 탄화알루미늄 – 400[kg]

09 응용   21년 4회 기출

「위험물안전관리법령」상 자기반응성물질의 품명에 해당하지 않는 것은?

① 니트로화합물
② 할로겐간화합물
③ 질산에스테르류
④ 히드록실아민염류

10 응용   14년 1회 기출

「위험물안전관리법령」에 따른 위험물의 유별 분류가 나머지 셋과 다른 것은?

① 트리에틸알루미늄
② 황린
③ 칼륨
④ 벤젠

11 심화   18년 1회 기출

「위험물안전관리법령」에서 정하는 위험물의 한계에 대한 정의로 틀린 것은?

① 유황은 순도가 60 중량퍼센트 이상인 것
② 인화성 고체는 고형알코올 그 밖에 1기압에서 인화점이 섭씨 40도 미만인 고체
③ 과산화수소는 그 농도가 35 중량퍼센트 이상인 것
④ 제1석유류는 아세톤, 휘발유 그 밖에 1기압에서 인화점이 섭씨 21도 미만인 것

12 응용   21년 2회 기출

분자 내부에 나이트로기를 갖고 있는 TNT, 나이트로셀룰로스 등과 같은 제5류 위험물의 연소형태는?

① 분해연소
② 자기연소
③ 증발연소
④ 표면연소

13 기본   22년 2회 기출

「위험물안전관리법령」상 위험물로 분류되는 것은?

① 과산화수소   ② 압축산소
③ 프로판가스   ④ 포스겐

16 응용   22년 1회 기출

동식물유류에서 "요오드값이 크다"라는 의미를 옳게 설명한 것은?

① 불포화도가 높다.
② 불건성유이다.
③ 자연발화성이 낮다.
④ 산소와의 결합이 어렵다.

14 기본   22년 1회 기출

과산화수소 위험물의 특성이 아닌 것은?

① 비수용성이다.
② 무기화합물이다.
③ 불연성 물질이다.
④ 비중은 물보다 무겁다.

17 기본   22년 1회 기출

상온에서 무색의 기체로서 암모니아와 유사한 냄새를 가지는 물질은?

① 에틸벤젠   ② 에틸아민
③ 산화프로필렌   ④ 사이클로프로판

15 기본   20년 4회 기출

과산화수소와 과염소산의 공통성질이 아닌 것은?

① 산화성 액체이다.
② 유기화합물이다.
③ 불연성 물질이다.
④ 비중이 1보다 크다.

18 기본   21년 4회 기출

마그네슘의 화재에 주수하였을 때 물과 마그네슘의 반응으로 인하여 생성되는 가스는?

① 산소   ② 수소
③ 일산화탄소   ④ 이산화탄소

19 기본   21년 2회 기출

탄화칼슘이 물과 반응할 때 발생되는 기체는?

① 일산화탄소   ② 아세틸렌
③ 황화수소   ④ 수소

22 기본   21년 4회 기출

인화칼슘과 물이 반응할 때 생성되는 가스는?

① 아세틸렌   ② 황화수소
③ 황산   ④ 포스핀

20 기본   21년 4회 기출

물과 반응하였을 때 가연성 가스를 발생하여 화재의 위험성이 증가하는 것은?

① 과산화칼슘   ② 메탄올
③ 칼륨   ④ 과산화수소

23 기본   21년 1회 기출

다음 각 물질과 물이 반응하였을 때 발생하는 가스의 연결이 틀린 것은?

① 탄화칼슘 – 아세틸렌
② 탄화알루미늄 – 이산화황
③ 인화칼슘 – 포스핀
④ 수소화리튬 – 수소

21 기본   18년 2회 기출

과산화칼륨이 물과 접촉하였을 때 발생하는 것은?

① 산소   ② 수소
③ 메탄   ④ 아세틸렌

24 응용   20년 4회 기출

물과 반응하여 가연성 기체를 발생하지 않는 것은?

① 칼륨   ② 인화아연
③ 산화칼슘   ④ 탄화알루미늄

25 기본 　　　　　　　　　　　20년 1회 기출

인화알루미늄의 화재 시 주수소화하면 발생하는 물질은?

① 수소　　　　　　② 메탄
③ 포스핀　　　　　④ 아세틸렌

26 심화 　　　　　　　　　　　CBT 복원

다음 위험물 중 물과 접촉 시 위험성이 가장 높은 것은?

① $NaClO_3$　　　　② P
③ Na_2O_2　　　　④ TNT

27 기본 　　　　　　　　　　　18년 2회 기출

인화점이 낮은 것부터 높은 순서로 옳게 나열된 것은?

① 에틸알코올 〈 이황화탄소 〈 아세톤
② 이황화탄소 〈 에틸알코올 〈 아세톤
③ 에틸알코올 〈 아세톤 〈 이황화탄소
④ 이황화탄소 〈 아세톤 〈 에틸알코올

28 기본 　　　　　　　　　　　19년 4회 기출

다음 중 인화점이 가장 낮은 물질은?

① 산화프로필렌
② 이황화탄소
③ 메틸알코올
④ 등유

29 기본 　　　　　　　　　　　21년 4회 기출

다음 중 착화온도가 가장 낮은 것은?

① 아세톤　　　　　② 휘발유
③ 이황화탄소　　　④ 벤젠

30 기본 　　　　　　　　　　　18년 4회 기출

경유 화재가 발생했을 때 주수소화가 오히려 위험할 수 있는 이유는?

① 경유는 물과 반응하여 유독가스를 발생하므로
② 경유의 연소열로 인하여 산소가 방출되어 연소를 돕기 때문에
③ 경유는 물보다 비중이 가벼워 화재면의 확대 우려가 있으므로
④ 경유가 연소할 때 수소가스를 발생하여 연소를 돕기 때문에

31 [심화]

염소산염류, 과염소산염류, 알칼리금속의 과산화물, 질산염류, 과망간산염류의 특징과 화재 시 소화방법에 대한 설명 중 틀린 것은?

① 가열 등에 의해 분해하여 산소를 발생하고 화재 시 산소의 공급원 역할을 한다.

② 가연물, 유기물, 기타 산화하기 쉬운 물질과 혼합물은 가열, 충격, 마찰 등에 의해 폭발하는 수도 있다.

③ 알칼리금속의 과산화물을 제외하고 다량의 물로 냉각소화한다.

④ 그 자체가 가연성이며 폭발성을 지니고 있어 화약류 취급 시와 같이 주의를 요한다.

32 [응용]

pH9 정도의 물을 보호액으로 하여 보호액 속에 저장하는 물질은?

① 나트륨　　　　② 탄화칼슘

③ 칼륨　　　　　④ 황린

33 [응용]

제4류 위험물의 화재시 사용되는 주된 소화방법은?

① 물을 뿌려 냉각한다.

② 연소물을 제거한다.

③ 포를 사용하여 질식소화한다.

④ 인화점 이하로 냉각한다.

34 [응용]

「위험물안전관리법령」상 제6류 위험물을 수납하는 운반용기의 외부에 주의사항을 표시하여야 할 경우, 어떤 내용을 표시하여야 하는가?

① 물기엄금

② 화기엄금

③ 화기주의·충격주의

④ 가연물접촉주의

35 [기본]

위험물별 저장방법에 대한 설명 중 틀린 것은?

① 유황은 정전기가 축적되지 않도록 하여 저장한다.

② 적린은 화기로부터 격리하여 저장한다.

③ 마그네슘은 건조하면 부유하여 분진폭발의 위험이 있으므로 물에 적시어 보관한다.

④ 황화린은 산화제와 격리하여 저장한다.

36 [응용]

물에 저장하는 것이 안전한 물질은?

① 나트륨　　　　② 수소화칼슘

③ 이황화탄소　　④ 탄화칼슘

37 응용   20년 1회 기출

다음 물질의 저장창고에서 화재가 발생하였을 때 주수소화를 할 수 없는 물질은?

① 부틸리튬   ② 질산에틸
③ 니트로셀룰로오스   ④ 적린

38 응용   21년 2회 기출

알킬알루미늄 화재에 적합한 소화약제는?

① 물   ② 이산화탄소
③ 팽창질석   ④ 할로겐화합물

39 응용   20년 4회 기출

다음 물질을 저장하고 있는 장소에서 화재가 발생하였을 때 주수소화가 적합하지 않은 것은?

① 적린   ② 마그네슘 분말
③ 과염소산칼륨   ④ 유황

40 기본   20년 2회 기출

인화점이 20[℃]인 액체위험물을 보관하는 창고의 인화 위험성에 대한 설명 중 옳은 것은?

① 여름철에 창고 안이 더워질수록 인화의 위험성이 커진다.
② 겨울철에 창고 안이 추워질수록 인화의 위험성이 커진다.
③ 20[℃]에서 가장 안전하고 20[℃]보다 높아지거나 낮아질수록 인화의 위험성이 커진다.
④ 인화의 위험성은 계절의 온도와는 상관없다.

소방안전

소방안전 유형은 크게 소방관련 규정에 관한 문제와 소화약제에 대한 문제로 구분됩니다. 출제비율은 소방관련 규정에 비해 소화약제와 관련된 문제가 더 높습니다.

소방관련 규정은 대부분 법에 나온 기준을 묻는 문제이고, 소화약제 부분은 분말 소화설비와 관련된 문제의 출제비중이 높습니다.

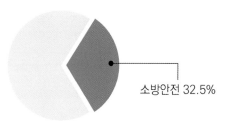

소방안전 32.5%

▲ 출제비율

대표유형 문제

소화원리에 대한 설명으로 틀린 것은?   22년 2회 기출

① 억제소화: 불활성 기체를 방출하여 연소범위 이하로 낮추어 소화하는 방법
② 냉각소화: 물의 증발잠열을 이용하여 가연물의 온도를 낮추는 소화방법
③ 제거소화: 가연성 가스의 분출화재 시 연료공급을 차단시키는 소화방법
④ 질식소화: 포소화약제 또는 불연성 기체를 이용해서 공기 중의 산소공급을 차단하여 소화하는 방법

| 정답 | ① |

| 해설 | 불활성 기체를 방출하여 소화하는 것은 질식소화에 해당된다. 억제소화는 연소의 연쇄반응을 차단하여 소화하는 것이다. |

핵심이론 CHECK!

소화의 형태

구분	내용
냉각소화	• 물을 뿌려 소화하는 방식으로 점화원을 냉각하는 것이다. • 물의 증발잠열 때문에 주위의 온도가 낮아진다.
질식소화	• 산소의 공급을 차단하여 소화하는 방식이다. • 공기 중 산소의 농도를 15[%] 이하로 낮춘다. • 이산화탄소 소화설비가 해당된다.
제거소화	• 가연물을 제거하여 소화한다. • 산불이 발생한 경우 화재 진행 방향의 나무를 벌채한다.
억제소화 (부촉매소화)	• 연쇄반응을 차단하여 소화한다. • 할로겐화합물 소화설비가 해당된다.

01 [기본]   22년 1회 기출

「제연설비의 화재안전기술기준」상 예상제연구역에 공기가 유입되는 순간의 풍속은 몇 [m/s] 이하가 되도록 하여야 하는가?

① 2   ② 3
③ 4   ④ 5

02 [기본]   19년 4회 기출

특정소방대상물(소방안전관리대상물은 제외)의 관계인과 소방안전관리대상물의 소방안전관리자의 업무가 아닌 것은?

① 화기 취급의 감독
② 자체소방대의 운용
③ 소방 관련 시설의 관리
④ 피난시설, 방화구획 및 방화시설의 관리

03 [기본]   16년 1회 기출

무창층 여부를 판단하는 개구부로서 갖추어야 할 조건으로 옳은 것은?

① 개구부 크기가 지름 30[cm]의 원이 내접할 수 있는 것
② 해당 층의 바닥면으로부터 개구부 밑 부분까지의 높이가 1.5[m]인 것
③ 내부 또는 외부에서 쉽게 파괴 또는 개방할 수 있을 것
④ 창에 방범을 위하여 40[cm] 간격으로 창살을 설치한 것

04 [응용]   22년 1회 기출

「건축물의 피난·방화구조 등의 기준에 관한 규칙」상 방화구획의 설치기준 중 스프링클러를 설치한 10층 이하의 층은 바닥면적 몇 [m²] 이내마다 방화구획을 구획하여야 하는가?

① 1,000   ② 1,500
③ 2,000   ④ 3,000

05 [기본]   19년 1회 기출

주요구조부가 내화구조로 된 건축물에서 거실 각 부분으로부터 하나의 직통계단에 이르는 보행거리는 피난자의 안전상 몇 [m] 이하이어야 하는가?

① 50   ② 60
③ 70   ④ 80

06 [기본]   18년 4회 기출

내화구조에 해당하지 않는 것은?

① 철근콘크리트조로 두께가 10[cm] 이상인 벽
② 철근콘크리트조로 두께가 5[cm] 이상인 외벽 중 비내력벽
③ 벽돌조로서 두께가 19[cm] 이상인 벽
④ 철골철근콘크리트조로서 두께가 10[cm] 이상인 벽

07 [기본]

연면적이 1,000[m^2] 이상인 목조 건축물은 그 외벽 및 처마 밑의 연소할 우려가 있는 부분을 방화구조로 하여야 하는데 이때 연소할 우려가 있는 부분은? (단, 동일한 대지 안에 2동 이상의 건물이 있는 경우이며, 공원·광장, 하천의 공지나 수면 또는 내화구조의 벽 기타 이와 유사한 것에 접하는 부분을 제외한다.)

① 상호의 외벽 간 중심선으로부터 1층은 3[m] 이내의 부분
② 상호의 외벽 간 중심선으로부터 2층은 7[m] 이내의 부분
③ 상호의 외벽 간 중심선으로부터 3층은 11[m] 이내의 부분
④ 상호의 외벽 간 중심선으로부터 4층은 13[m] 이내의 부분

08 [기본]

방화벽의 구조 기준 중 다음 (   ) 안에 알맞은 것은?

> • 방화벽의 양쪽 끝과 윗쪽 끝을 건축물의 외벽면 및 지붕면으로부터 (㉠)[m] 이상 튀어나오게 할 것
> • 방화벽에 설치하는 출입문의 너비 및 높이는 각각 (㉡)[m] 이하로 하고, 해당 출입문에는 60+ 방화문 또는 60분방화문을 설치할 것

① ㉠ 0.3, ㉡ 2.5
② ㉠ 0.3, ㉡ 3.0
③ ㉠ 0.5, ㉡ 2.5
④ ㉠ 0.5, ㉡ 3.0

09 [기본]

건축물의 내화구조에서 바닥의 경우에는 철근콘크리트의 두께가 몇 [cm] 이상이어야 하는가?

① 7   ② 10
③ 12   ④ 15

10 [기본]

「건축물의 피난·방화구조 등의 기준에 관한 규칙」에 따른 철망모르타르로서 그 바름두께가 최소 몇 [cm] 이상인 것을 방화구조로 규정하는가?

① 2   ② 2.5
③ 3   ④ 3.5

11 [기본]

「건축법령」상 내력벽, 기둥, 바닥, 보, 지붕틀 및 주계단을 무엇이라 하는가?

① 내진구조부   ② 건축설비부
③ 보조구조부   ④ 주요구조부

12 기본   15년 4회 기출

60분 방화문과 30분 방화문이 연기 및 불꽃을 차단할 수 있는 시간으로 옳은 것은?

① 60분 방화문: 60분 이상 90분 미만
   30분 방화문: 30분 이상 60분 미만
② 60분 방화문: 60분 이상
   30분 방화문: 30분 이상 60분 미만
③ 60분 방화문: 60분 이상 90분 미만
   30분 방화문: 30분 이상
④ 60분 방화문: 60분 이상
   30분 방화문: 30분 이상

13 기본   17년 4회 기출

피난층에 대한 정의로 옳은 것은?

① 지상으로 통하는 피난계단이 있는 층
② 비상용 승강기의 승강장이 있는 층
③ 비상용 출입구가 설치되어 있는 층
④ 직접 지상으로 통하는 출입구가 있는 층

14 기본   18년 4회 기출

피난로의 안전구획 중 2차 안전구획에 속하는 것은?

① 복도
② 계단 부속실(계단전실)
③ 계단
④ 피난층에서 외부와 직면한 현관

15 기본   19년 2회 기출

도장작업 공정에서의 위험도를 설명한 것으로 틀린 것은?

① 도장작업 그 자체 못지않게 건조공정도 위험하다.
② 도장작업에서는 인화성 용제가 쓰이지 않으므로 폭발의 위험이 없다.
③ 도장작업장은 폭발시를 대비하여 지붕을 시공한다.
④ 도장실의 환기덕트를 주기적으로 청소하여 도료가 덕트 내에 부착되지 않게 한다.

16 기본   21년 4회 기출

「소화기구 및 자동소화장치의 화재안전기술기준」에 따르면 소화기구(자동확산소화기는 제외)는 거주자 등이 손쉽게 사용할 수 있는 장소에 바닥으로부터 높이 몇 [m] 이하의 곳에 비치하여야 하는가?

① 0.5   ② 1.0
③ 1.5   ④ 2.0

17 기본   22년 1회 기출

「소화약제의 형식승인 및 제품검사의 기술기준」상 강화액 소화약제의 응고점은 몇 [℃] 이하이어야 하는가?

① 0   ② -20
③ -25   ④ -30

18 기본   19년 4회 기출

다음 중 인명구조기구에 속하지 않는 것은?

① 방열복   ② 공기안전매트
③ 공기호흡기   ④ 인공소생기

19 기본   21년 2회 기출

화재발생 시 피난기구로 직접 활용할 수 없는 것은?

① 완강기   ② 무선통신보조설비
③ 피난사다리   ④ 구조대

20 기본   22년 1회 기출

이산화탄소 소화약제의 주된 소화효과는?

① 제거소화   ② 억제소화
③ 질식소화   ④ 냉각소화

21 기본   20년 4회 기출

불연성 기체나 고체 등으로 연소물을 감싸 산소공급을 차단하는 소화방법은?

① 질식소화   ② 냉각소화
③ 연쇄반응 차단소화   ④ 제거소화

22 기본   20년 2회 기출

질식소화 시 공기 중의 산소농도는 일반적으로 약 몇 [vol%] 이하로 하여야 하는가?

① 25   ② 21
③ 19   ④ 15

23 기본   20년 4회 기출

증발잠열을 이용하여 가연물의 온도를 떨어뜨려 화재를 진압하는 소화방법은?

① 제거소화   ② 억제소화
③ 질식소화   ④ 냉각소화

24 기본

목재 화재 시 다량의 물을 뿌려 소화할 경우 기대되는 주된 소화효과는?

① 제거효과   ② 냉각효과

③ 부촉매효과   ④ 희석효과

25 기본

소화약제로 사용하는 물의 증발잠열로 기대할 수 있는 소화효과는?

① 냉각소화   ② 질식소화

③ 제거소화   ④ 촉매소화

26 기본

물의 기화열이 539[cal]인 것은 어떤 의미인가?

① 0[℃]의 물 1[g]이 얼음으로 변화하는데 539[cal]의 열량이 필요하다.
② 0[℃]의 얼음이 1[g]이 물로 변화하는데 539[cal]의 열량이 필요하다.
③ 0[℃]의 물 1[g]이 100[℃]의 물로 변화하는데 539[cal]의 열량이 필요하다.
④ 100[℃]의 물 1[g]이 수증기로 변화하는데 539[cal]의 열량이 필요하다.

27 기본

1기압 상태에서, 100[℃] 물 1[g]이 모두 기체로 변할 때 필요한 열량은 몇 [cal]인가?

① 429   ② 499

③ 539   ④ 639

28 응용

물의 물리 · 화학적 성질로 틀린 것은?

① 증발잠열은 539.6[cal/g]으로 다른 물질에 비해 매우 큰 편이다.
② 대기압 하에서 100[℃]의 물이 액체에서 수증기로 바뀌면 체적은 약 1,603배 정도 증가한다.
③ 수소 1분자와 산소 1/2분자로 이루어져 있으며 이들 사이의 화학결합은 극성 공유결합이다.
④ 분자 간의 결합은 쌍극자-쌍극자 상호작용의 일종인 산소결합에 의해 이루어진다.

29 기본

연소의 4요소 중 자유 활성기(free radical)의 생성을 저하시켜 연쇄반응을 중지시키는 소화방법은?

① 제거소화   ② 냉각소화

③ 질식소화   ④ 억제소화

30 응용　　　21년 4회 기출

물리적 소화방법이 아닌 것은?

① 연쇄반응의 억제에 의한 방법
② 냉각에 의한 방법
③ 공기와의 접촉 차단에 의한 방법
④ 가연물 제거에 의한 방법

31 기본　　　20년 1회 기출

제거소화의 예에 해당하지 않는 것은?

① 밀폐 공간에서의 화재 시 공기를 제거한다.
② 가연성 가스 화재 시 가스의 밸브를 닫는다.
③ 산림화재 시 확산을 막기 위하여 산림의 일부를 벌목한다.
④ 유류탱크 화재 시 연소되지 않은 기름을 다른 탱크로 이동시킨다.

32 기본　　　19년 4회 기출

가연물의 제거와 가장 관련이 없는 소화방법은?

① 유류화재 시 유류공급 밸브를 잠근다.
② 산불화재 시 나무를 잘라 없앤다.
③ 팽창진주암을 사용하여 진화한다.
④ 가스화재 시 중간밸브를 잠근다.

33 기본　　　22년 2회 기출

다음 중 가연물의 제거를 통한 소화방법과 무관한 것은?

① 산불의 확산방지를 위하여 산림의 일부를 벌채한다.
② 화학반응기의 화재 시 원료 공급관의 밸브를 잠근다.
③ 전기실 화재 시 IG-541 약제를 방출한다.
④ 유류탱크 화재 시 주변에 있는 유류탱크의 유류를 다른 곳으로 이동시킨다.

34 응용　　　20년 2회 기출

화재의 소화원리에 따른 소화방법의 적용으로 틀린 것은?

① 냉각소화: 스프링클러설비
② 질식소화: 이산화탄소 소화설비
③ 제거소화: 포소화설비
④ 억제소화: 할로겐화합물 소화설비

35 응용　　　21년 4회 기출

소화약제로 사용되는 물에 관한 소화성능 및 물성에 대한 설명으로 틀린 것은?

① 비열과 증발잠열이 커서 냉각소화 효과가 우수하다.
② 물(15℃)의 비열은 약 1[cal/g·℃]이다.
③ 물(100℃)의 증발잠열은 439.6[cal/g]이다.
④ 물의 기화에 의한 팽창된 수증기는 질식소화 작용을 할 수 있다.

36 응용   22년 2회 기출

물이 소화약제로써 사용되는 장점이 아닌 것은?

① 가격이 저렴하다.
② 많은 양을 구할 수 있다.
③ 증발잠열이 크다.
④ 가연물과 화학반응이 일어나지 않는다.

37 응용   19년 4회 기출

물의 소화력을 증대시키기 위하여 첨가하는 첨가제 중 물의 유실을 방지하고 건물, 임야 등의 입체면에 오랫동안 잔류하게 하기 위한 것은?

① 증점제   ② 강화액
③ 침투제   ④ 유화제

38 기본   19년 2회 기출

물 소화약제를 어떠한 상태로 주수할 경우 전기화재의 진압에서도 소화능력을 발휘할 수 있는가?

① 물에 의한 봉상주수
② 물에 의한 적상주수
③ 물에 의한 무상주수
④ 어떤 상태의 주수에 의해서도 효과가 없다.

39 기본   18년 1회 기출

포소화약제가 갖추어야 할 조건이 아닌 것은?

① 부착성이 있을 것
② 유동성과 내열성이 있을 것
③ 응집성과 안정성이 있을 것
④ 소포성이 있고 기화가 용이할 것

40 기본   22년 1회 기출

단백포 소화약제의 특징이 아닌 것은?

① 내열성이 우수하다.
② 유류에 대한 유동성이 나쁘다.
③ 유류를 오염시킬 수 있다.
④ 변질의 우려가 없어 저장 유효기간의 제한이 없다.

41 응용   18년 2회 기출

포소화약제의 적응성이 있는 것은?

① 칼륨 화재   ② 알킬리튬 화재
③ 가솔린 화재   ④ 인화알루미늄 화재

42 [기본]
20년 2회 기출

제1종 분말 소화약제의 주성분으로 옳은 것은?

① $KHCO_3$
② $NaHCO_3$
③ $NH_4H_2PO_4$
④ $Al_2(SO_4)_3$

43 [기본]
22년 2회 기출

분말 소화약제 중 탄산수소칼륨($KHCO_3$)과 요소($CO(NH_2)_2$)와의 반응물을 주성분으로 하는 소화약제는?

① 제1종 분말
② 제2종 분말
③ 제3종 분말
④ 제4종 분말

44 [기본]
21년 4회 기출

제2종 분말 소화약제의 주성분으로 옳은 것은?

① NaH_2PO_4
② KH_2PO_4
③ $NaHCO_3$
④ $KHCO_3$

45 [기본]
21년 2회 기출

제3종 분말 소화약제의 주성분은?

① 인산암모늄
② 탄산수소칼륨
③ 탄산수소나트륨
④ 탄산수소칼륨과 요소

46 [응용]
15년 2회 기출

분말 소화약제의 열분해 반응식 중 옳은 것은?

① $2KHCO_3 \rightarrow KCO_3 + 2CO_2 + H_2O$
② $2NaHCO_3 \rightarrow NaCO_3 + 2CO_2 + H_2O$
③ $NH_4H_2PO_4 \rightarrow HPO_3 + NH_3 + H_2O$
④ $2KHCO_3 \rightarrow (NH_2)_2CO + K_2CO_3 + NH_2 + CO_2$

47 [응용]
17년 4회 기출

분말 소화약제에 관한 설명 중 틀린 것은?

① 제1종 분말은 담홍색 또는 황색으로 착색되어 있다.
② 분말의 고화를 방지하기 위하여 실리콘 수지 등으로 방습처리한다.
③ 일반화재에도 사용할 수 있는 분말 소화약제는 제3종 분말이다.
④ 제2종 분말의 열분해식은 $2KHCO_3 \rightarrow K_2CO_3 + CO_2 + H_2O$이다.

48 [기본]
21년 2회 기출

분말 소화약제 중 A급, B급, C급 화재에 모두 사용할 수 있는 것은?

① 제1종 분말
② 제2종 분말
③ 제3종 분말
④ 제4종 분말

49 기본   21년 2회 기출

다음 중 소화제로 사용할 수 없는 것은?

① $KHCO_3$ ② $NaHCO_3$

③ CO_2 ④ NH_3

50 응용   CBT 복원

다음 중 분말 소화약제에 대한 설명으로 틀린 것은?

① 최적의 소화를 나타내는 분말의 입도는 20~25[μm]이다.
② CDC(Compatible Dry Chemical)는 포와 함께 사용할 수 있다.
③ 제1인산염을 주성분으로 한 분말은 담홍색으로 착색되어 있다.
④ 차고와 주차창에는 제3종 분말 소화약제를 사용할 수 없다.

51 응용   20년 4회 기출

열분해에 의해 가연물 표면에 유리상의 메타인산 피막을 형성하여 연소에 필요한 산소의 유입을 차단하는 분말약제는?

① 요소   ② 탄산수소칼륨
③ 제1인산암모늄   ④ 탄산수소나트륨

52 응용   19년 2회 기출

분말 소화약제의 취급시 주의사항으로 틀린 것은?

① 습도가 높은 공기 중에 노출되면 고화되므로 항상 주의를 기울여야 한다.
② 충진시 다른 소화약제와 혼합을 피하기 위하여 종별로 각각 다른 색으로 착색되어 있다.
③ 실내에서 다량 방사하는 경우 분말을 흡입하지 않도록 한다.
④ 분말 소화약제와 수성막포를 함께 사용할 경우 포의 소포현상을 발생시키므로 병용해서는 안 된다.

53 응용   19년 1회 기출

분말 소화약제 분말입도의 소화성능에 관한 설명으로 옳은 것은?

① 미세할수록 소화성능이 우수하다.
② 입도가 클수록 소화성능이 우수하다.
③ 입도와 소화성능과는 관련이 없다.
④ 입도가 너무 미세하거나 너무 커도 소화성능은 저하된다.

54 기본   22년 2회 기출

할론 소화설비에서 Halon 1211 약제의 분자식은?

① CBr_2ClF ② CF_2BrCl
③ CCl_2BrF ④ BrC_2ClF

55 기본   21년 1회 기출

분자식이 CF_2BrCl인 할로겐화합물 소화약제는?

① Halon 1301   ② Halon 1211
③ Halon 2402   ④ Halon 2021

56 응용   20년 1회 기출

다음 중 상온·상압에서 액체인 것은?

① 탄산가스   ② 할론 1301
③ 할론 2402   ④ 할론 1211

57 응용   21년 2회 기출

다음 중 증기비중이 가장 큰 것은?

① Halon 1301   ② Halon 2402
③ Halon 1211   ④ Halon 104

58 심화   20년 4회 기출

공기와 할론 1301의 혼합기체에서 할론 1301에 비해 공기의 확산속도는 약 몇 배인가? (단, 공기의 평균분자량은 29, 할론 1301의 분자량은 149이다.)

① 2.27배   ② 3.85배
③ 5.17배   ④ 6.46배

59 기본   18년 2회 기출

다음의 소화약제 중 오존파괴지수(ODP)가 가장 큰 것은?

① 할론 104   ② 할론 1301
③ 할론 1211   ④ 할론 2402

60 기본   20년 2회 기출

소화약제인 IG-541의 성분이 아닌 것은?

① 질소   ② 아르곤
③ 헬륨   ④ 이산화탄소

61 심화   21년 2회 기출

소화약제 중 HFC-125의 화학식으로 옳은 것은?

① CHF_2CF_3 ② CHF_3
③ CF_3CHFCF_3 ④ CF_3I

62 기본

소화약제로 사용되는 이산화탄소에 대한 설명으로 옳은 것은?

① 산소와 반응 시 흡열반응을 일으킨다.
② 산소와 반응하여 불연성 물질을 발생시킨다.
③ 산화하지 않으나 산소와는 반응한다.
④ 산소와 반응하지 않는다.

63 기본

이산화탄소 소화약제의 임계온도는 약 몇 [℃]인가?

① 24.4　　　　② 31.4
③ 56.4　　　　④ 78.4

64 기본

이산화탄소의 물성으로 옳은 것은?

① 임계온도: 31.35[℃], 증기비중: 0.529
② 임계온도: 31.35[℃], 증기비중: 1.529
③ 임계온도: 0.35[℃], 증기비중: 1.529
④ 임계온도: 0.35[℃], 증기비중: 0.529

65 기본

이산화탄소에 대한 설명으로 틀린 것은?

① 임계온도는 97.5[℃]이다.
② 고체의 형태로 존재할 수 있다.
③ 불연성 가스로 공기보다 무겁다.
④ 드라이아이스와 분자식이 동일하다.

66 기본

이산화탄소의 질식 및 냉각 효과에 대한 설명 중 틀린 것은?

① 이산화탄소의 증기비중이 산소보다 크기 때문에 가연물과 산소의 접촉을 방해한다.
② 액체 이산화탄소가 기화되는 과정에서 열을 흡수한다.
③ 이산화탄소는 불연성 가스로서 가연물의 연소반응을 방해한다.
④ 이산화탄소는 산소와 반응하며 이 과정에서 발생한 연소열을 흡수하므로 냉각효과를 나타낸다.

67 기본

이산화탄소 소화기의 일반적인 성질에서 단점이 아닌 것은?

① 밀폐된 공간에서 사용 시 질식의 위험성이 있다.
② 인체에 직접 방출 시 동상의 위험성이 있다.
③ 소화약제의 방사 시 소음이 크다.
④ 전기가 잘 통하기 때문에 전기설비에 사용할 수 없다.

68 기본   20년 2회 기출

이산화탄소 소화약제 저장용기의 설치장소에 대한 설명 중 옳지 않는 것은?

① 반드시 방호구역 내의 장소에 설치한다.
② 온도의 변화가 적은 곳에 설치한다.
③ 방화문으로 구획된 실에 설치한다.
④ 해당 용기가 설치된 곳임을 표시하는 표지를 한다.

69 응용   20년 1회 기출

다음 중 소화에 필요한 이산화탄소 소화약제의 최소 설계농도 값이 가장 높은 물질은?

① 메탄   ② 에틸렌
③ 천연가스   ④ 아세틸렌

70 기본   20년 2회 기출

소화효과를 고려하였을 경우 화재 시 사용할 수 있는 물질이 아닌 것은?

① 이산화탄소   ② 아세틸렌
③ Halon 1211   ④ Halon 1301

71 기본   21년 1회 기출

할로겐화합물 소화약제에 관한 설명으로 옳지 않은 것은?

① 연쇄반응을 차단하여 소화한다.
② 할로겐족 원소가 사용된다.
③ 전기에 도체이므로 전기화재에 효과가 있다.
④ 소화약제의 변질분해 위험성이 낮다.

72 기본   19년 4회 기출

다음 중 전산실, 통신 기기실 등에서의 소화에 가장 적합한 것은?

① 스프링클러설비
② 옥내소화전설비
③ 분말소화설비
④ 할로겐화합물 및 불활성기체 소화설비

SUBJECT

02

소방관계법규

출제비중

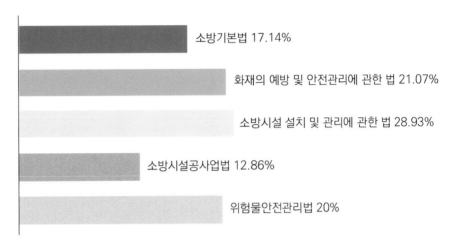

소방기본법 17.14%

화재의 예방 및 안전관리에 관한 법 21.07%

소방시설 설치 및 관리에 관한 법 28.93%

소방시설공사업법 12.86%

위험물안전관리법 20%

출제경향 분석

소방관계법규 과목은 소방기본법, 화재의 예방 및 안전관리에 관한 법, 소방시설 설치 및 관리에 관한 법, 소방시설공사업법, 위험물안전관리법의 다섯 가지 법에서 문제가 출제됩니다. 다섯 가지 법은 대체로 고르게 문제가 출제되지만 소방시설 설치 및 관리에 관한 법에서 약간 더 많은 문제가 출제됩니다.

법 관련 과목의 특성상 이해보다는 암기 위주로 접근해야 하는 문제가 많지만 각 법에 나온 기본 용어 정도는 이해한 후 암기하면 쉽게 풀 수 있는 문제도 있으므로 기본 용어는 이해하는 것이 좋습니다.

위험물안전관리법 관련 문제에 나오는 위험물의 품명, 지정수량과 관련된 문제는 소방원론에도 자주 출제되기 때문에 확실하게 이해한 후 암기하면 소방원론 공부도 되기 때문에 위험물 관련 문제는 반드시 맞혀야 하는 문제로 생각하는 것이 좋습니다.

대표유형 ① 소방기본법

출제경향 CHECK!

소방기본법은 약 17%의 출제비율을 가지는 유형입니다.
실제 시험에서 소방기본법에 대한 용어 정의 관련 문제는 매회
1문제 정도는 출제되는 편이므로 용어는 확실하게 이해한 후
암기해야 합니다.

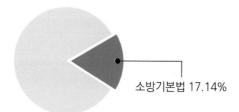

소방기본법 17.14%

▲ 출제비율

대표유형 문제

「소방기본법」 제1장 총칙에서 정하는 목적의 내용으로 거리가 먼 것은?　　21년 4회 기출

① 구조, 구급 활동 등을 통하여 공공의 안녕 및 질서 유지
② 풍수해의 예방, 경계, 진압에 관한 계획, 예산 지원 활동
③ 구조, 구급 활동 등을 통하여 국민의 생명, 신체, 재산 보호
④ 화재, 재난, 재해 그 밖의 위급한 상황에서의 구조, 구급 활동

정답　②

해설　풍수해는 주로 태풍에 의해 일어나는 피해로 많은 비나 강풍에 의한 피해이다.
　　　　소방과 풍수해는 큰 관련이 없다.

핵심이론 CHECK!

1. 「소방기본법」의 목적

① 화재를 예방·경계하거나 진압한다.
② 화재, 재난·재해, 그 밖의 위급한 상황에서의 구조·구급 활동 등을 통하여 국민의 생명·신체 및 재산을
보호한다.
③ 공공의 안녕 및 질서 유지와 복리증진에 이바지한다.

2. 「소방기본법」상 소방대상물

소방대상물은 건축물, 차량, 선박(항구에 매어둔 선박만 해당), 선박 건조 구조물, 산림, 그 밖의 인공 구조
물 또는 물건이다.

01 기본   21년 2회 기출

「소방기본법」의 정의상 소방대상물의 관계인이 아닌 자는?

① 감리자   ② 관리자
③ 점유자   ④ 소유자

02 기본   21년 1회 기출

「소방기본법」에서 정의하는 소방대상물에 해당하지 않는 것은?

① 산림   ② 차량
③ 건축물   ④ 항해 중인 선박

03 기본   21년 1회 기출

「소방기본법」에서 정의하는 소방대의 조직구성원이 아닌 것은?

① 의무소방원   ② 소방공무원
③ 의용소방대원   ④ 공항소방대원

04 응용   22년 2회 기출

다음 「소방기본법령」상 용어 정의에 대한 설명으로 옳은 것은?

① 소방대상물이란 건축물, 차량, 선박(항구에 매어둔 선박은 제외) 등을 말한다.
② 관계인이란 소방대상물의 점유예정자를 포함한다.
③ 소방대란 소방공무원, 의무소방원, 의용소방대원으로 구성된 조직체이다.
④ 소방대장이란 화재, 재난·재해, 그 밖의 위급한 상황이 발생한 현장에서 소방대를 지휘하는 사람(소방서장은 제외)이다.

05 기본   18년 4회 기출

「소방기본법」에 따른 소방력의 기준에 따라 관할구역의 소방력을 확충하기 위하여 필요한 계획을 수립하여 시행하여야 하는 자는?

① 소방서장
② 소방본부장
③ 시·도지사
④ 행정안전부장관

06 기본   20년 2회 기출

국민의 안전의식과 화재에 대한 경각심을 높이고 안전문화를 정착시키기 위한 소방의 날은 몇 월 며칠인가?

① 1월 19일   ② 10월 9일
③ 11월 9일   ④ 12월 19일

07 기본 　　　　　　　　　　　　　CBT 복원

「소방기본법령」상 소방의 날 제정과 운영 등에 관한 사항으로 틀린 것은?

① 소방의 날은 매년 11월 9일이다.
② 국민의 안전의식과 화재에 대한 경각심을 높이고 안전문화를 정착시키기 위해 제정한다.
③ 소방의 날 행사에 관하여 필요한 사항은 소방청장 또는 시·도지사가 정하여 시행할 수 있다.
④ 시·도지사는 소방행정 발전에 공로가 있다고 인정되는 사람을 명예직 소방대원으로 위촉할 수 있다.

08 기본 　　　　　　　　　　　　20년 1회 기출

「소방기본법」에 따라 화재 등 그 밖의 위급한 상황이 발생한 현장에서 소방활동을 위하여 필요한 때에는 그 관할구역에 사는 사람 또는 그 현장에 있는 사람으로 하여금 사람을 구출하는 일 또는 불을 끄는 등의 일을 하도록 명령할 수 있는 권한이 없는 사람은?

① 소방서장　　　　② 소방대장
③ 시·도지사　　　　④ 소방본부장

09 응용 　　　　　　　　　　　　19년 1회 기출

「소방기본법」상 명령권자가 소방본부장, 소방서장 또는 소방대장에게 있는 사항은?

① 소방활동을 할 때에 긴급한 경우에는 이웃한 소방본부장 또는 소방서장에게 소방업무의 응원을 요청할 수 있다.
② 화재, 재난·재해, 그 밖의 위급한 상황이 발생한 현장에서 소방활동을 위하여 필요할 때에는 그 관할구역에 사는 사람 또는 그 현장에 있는 사람으로 하여금 사람을 구출하는 일 또는 불을 끄거나 불이 번지지 아니하도록 하는 일을 하게 할 수 있다.
③ 수사기관이 방화 또는 실화의 혐의가 있어서 이미 피의자를 체포하였거나 증거물을 압수하였을 때에 화재조사를 위하여 필요한 경우에는 수사에 지장을 주지 아니하는 범위에서 그 피의자 또는 압수된 증거물에 대한 조사를 할 수 있다.
④ 화재, 재난·재해, 그 밖의 위급한 상황이 발생하였을 때에는 소방대를 현장에 신속하게 출동시켜 화재진압과 인명구조, 구급 등 소방에 필요한 활동을 하게 하여야 한다.

10 [기본] 22년 1회 기출

「소방기본법령」상 소방업무의 응원에 대한 설명 중 틀린 것은?

① 소방본부장이나 소방서장은 소방활동을 할 때에 긴급한 경우에는 이웃한 소방본부장 또는 소방서장에게 소방업무의 응원을 요청할 수 있다.

② 소방업무의 응원 요청을 받은 소방본부장 또는 소방서장은 정당한 사유 없이 그 요청을 거절하여서는 아니 된다.

③ 소방업무의 응원을 위하여 파견된 소방대원은 응원을 요청한 소방본부장 또는 소방서장의 지휘에 따라야 한다.

④ 시·도지사는 소방업무의 응원을 요청하는 경우를 대비하여 출동 대상지역 및 규모와 필요한 경비의 부담 등에 관하여 필요한 사항을 대통령령으로 정하는 바에 따라 이웃하는 시·도지사와 협의하여 미리 규약으로 정하여야 한다.

11 [응용] 20년 4회 기출

「소방기본법령」상 소방대장의 권한이 아닌 것은?

① 소방활동을 할 때에 긴급한 경우에는 이웃한 소방본부장 또는 소방서장에게 소방업무의 응원을 요청할 수 있다.

② 화재, 재난·재해, 그 밖의 위급한 상황이 발생한 현장에서 소방활동을 위하여 필요할 때에는 그 관할구역에 사는 사람 또는 그 현장에 있는 사람으로 하여금 사람을 구출하는 일 또는 불을 끄거나 불이 번지지 아니하도록 하는 일을 하게 할 수 있다.

③ 사람을 구출하거나 불이 번지는 것을 막기 위하여 필요할 때에는 화재가 발생하거나 불이 번질 우려가 있는 소방대상물 및 토지를 일시적으로 사용하거나 그 사용의 제한 또는 소방활동에 필요한 처분을 할 수 있다.

④ 소방활동을 위하여 긴급하게 출동할 때에는 소방자동차의 통행과 소방활동에 방해가 되는 주차 또는 정차된 차량 및 물건 등을 제거하거나 이동시킬 수 있다.

12 [기본] 22년 1회 기출

「소방기본법령」상 이웃하는 다른 시·도지사와 소방업무에 관하여 시·도지사가 체결할 상호응원협정 사항이 아닌 것은?

① 화재조사활동
② 응원출동의 요청 방법
③ 소방교육 및 응원출동훈련
④ 응원출동대상지역 및 규모

13 응용   20년 1회 기출

「소방기본법령」상 소방업무 상호응원협정 체결 시 포함되어야 하는 사항이 아닌 것은?

① 응원출동의 요청 방법
② 응원출동훈련 및 평가
③ 응원출동대상지역 및 규모
④ 응원출동 시 현장 지휘에 관한 사항

---

15 기본   20년 2회 기출

「소방기본법령」상 소방대장의 권한이 아닌 것은?

① 화재 현장에 대통령령으로 정하는 사람 외에는 그 구역에 출입하는 것을 제한할 수 있다.
② 화재진압 등 소방활동을 위하여 필요할 때에는 소방용수 외에 댐·저수지 등의 물을 사용할 수 있다.
③ 국민의 안전의식을 높이기 위하여 소방박물관 및 소방체험관을 설립하여 운영할 수 있다.
④ 불이 번지는 것을 막기 위하여 필요할 때에는 불이 번질 우려가 있는 소방대상물 및 토지를 일시적으로 사용할 수 있다.

---

14 기본   15년 2회 기출

소화활동을 위한 소방용수시설 및 지리조사의 실시 횟수는?

① 주 1회 이상
② 주 2회 이상
③ 월 1회 이상
④ 분기별 1회 이상

---

16 기본   19년 2회 기출

「소방기본법령」상 화재 현장에서의 피난 등을 체험할 수 있는 소방체험관의 설립·운영권자는?

① 시·도지사
② 행정안전부장관
③ 소방본부장 또는 소방서장
④ 소방청장

17 기본   22년 2회 기출

다음은 「소방기본법령」상 소방본부에 대한 설명이다. ( )에 알맞은 내용은?

> 소방업무를 수행하기 위하여 ( ) 직속으로 소방본부를 둔다.

① 경찰서장   ② 시·도지사
③ 행정안전부장관   ④ 소방청장

18 기본   22년 1회 기출

다음 중 「소방기본법령」상 한국소방안전원의 업무가 아닌 것은?

① 소방기술과 안전관리에 관한 교육 및 조사·연구
② 위험물탱크 성능시험
③ 소방기술과 안전관리에 관한 각종 간행물 발간
④ 화재 예방과 안전관리의식 고취를 위한 대국민 홍보

19 기본   22년 2회 기출

다음 중 「소방기본법령」에 따라 화재예방상 필요하다고 인정되거나 화재위험경보시 발령하는 소방신호의 종류로 옳은 것은?

① 경계신호   ② 발화신호
③ 경보신호   ④ 훈련신호

20 기본   21년 1회 기출

「소방기본법령」상 소방신호의 방법으로 틀린 것은?

① 타종에 의한 훈련신호는 연 3타 반복
② 싸이렌에 의한 발화신호는 5초 간격을 두고, 10초씩 3회
③ 타종에 의한 해제신호는 상당한 간격을 두고 1타씩 반복
④ 싸이렌에 의한 경계신호는 5초 간격을 두고, 30초씩 3회

21 기본   20년 4회 기출

「소방기본법령」상 소방안전교육사의 배치대상별 배치기준으로 틀린 것은?

① 소방청: 2명 이상 배치
② 소방서: 1명 이상 배치
③ 소방본부: 2명 이상 배치
④ 한국소방안전원(본회): 1명 이상 배치

22 기본   21년 4회 기출

「소방기본법령」상 소방본부 종합상황실의 실장이 서면·팩스 또는 컴퓨터 통신 등으로 소방청 종합상황실에 보고하여야 하는 화재의 기준이 아닌 것은?

① 이재민이 100인 이상 발생한 화재
② 재산피해액이 50억원 이상 발생한 화재
③ 사망자가 3인 이상 발생하거나 사상자가 5인 이상 발생한 화재
④ 층수가 5층 이상이거나 병상이 30개 이상인 종합병원에서 발생한 화재

23 기본   21년 4회 기출

「소방기본법령」상 소방활동장비와 설비의 구입 및 설치 시 국고보조의 대상이 아닌 것은?

① 소방자동차
② 사무용 집기
③ 소방헬리콥터 및 소방정
④ 소방전용통신설비 및 전산설비

24 기본   18년 2회 기출

「소방기본법령」상 소방활동구역의 설정권자로 옳은 것은?

① 소방본부장
② 소방서장
③ 소방대장
④ 시·도지사

25 기본   21년 2회 기출

「소방기본법령」상 소방대장은 화재, 재난·재해 그 밖의 위급한 상황이 발생한 현장에 소방활동구역을 정하여 소방활동에 필요한 자로서 대통령령으로 정하는 사람 외에는 그 구역에의 출입을 제한할 수 있다. 다음 중 소방활동구역에 출입할 수 없는 사람은?

① 소방활동구역 안에 있는 소방대상물의 소유자·관리자 또는 점유자
② 전기·가스·수도·통신·교통의 업무에 종사하는 사람으로서 원활한 소방활동을 위하여 필요한 사람
③ 시·도지사가 소방활동을 위하여 출입을 허가한 사람
④ 의사·간호사 그 밖에 구조·구급업무에 종사하는 사람

26 기본   19년 2회 기출

「소방기본법령」상 소방활동구역의 출입자에 해당되지 않는 자는?

① 소방활동구역 안에 있는 소방대상물의 소유자·관리자 또는 점유자
② 전기·가스·수도·통신·교통의 업무에 종사하는 사람으로서 원활한 소방활동을 위하여 필요한 자
③ 화재 건물과 관련 있는 부동산 업자
④ 취재인력 등 보도업무에 종사하는 자

27 기본   20년 1회 기출

「소방기본법」에서 규정하는 소방용수시설에 대한 설명으로 틀린 것은?

① 시·도지사는 소방활동에 필요한 소화전·급수탑·저수조를 설치하고 유지·관리하여야 한다.
② 소방본부장 또는 소방서장은 원활한 소방활동을 위하여 소방용수시설에 대한 조사를 월 1회 이상 실시하여야 한다.
③ 소방용수시설 조사의 결과는 2년간 보관하여야 한다.
④ 수도법의 규정에 따라 설치된 소화전도 시·도지사가 유지·관리해야 한다.

28 기본   22년 2회 기출

「소방기본법령」상 상업지역에 소방용수시설 설치 시 소방대상물과의 수평거리 기준은 몇 m 이하인가?

① 100   ② 120
③ 140   ④ 160

29 기본   21년 1회 기출

「소방기본법령」상 소방용수시설의 설치기준 중 급수탑의 급수배관의 구경은 최소 몇 mm 이상이어야 하는가?

① 100   ② 150
③ 200   ④ 250

30 기본   20년 1회 기출

「소방기본법령」에 따른 소방용수시설 급수탑 개폐밸브의 설치기준으로 맞는 것은?

① 지상에서 1.0m 이상 1.5m 이하
② 지상에서 1.2m 이상 1.8m 이하
③ 지상에서 1.5m 이상 1.7m 이하
④ 지상에서 1.5m 이상 2.0m 이하

31 기본   19년 1회 기출

소방용수시설 중 소화전과 급수탑의 설치기준으로 틀린 것은?

① 급수탑 급수배관의 구경은 100mm 이상으로 할 것
② 소화전은 상수도와 연결하여 지하식 또는 지상식의 구조로 할 것
③ 소방용호스와 연결하는 소화전의 연결금속구의 구경은 65mm로 할 것
④ 급수탑의 개폐밸브는 지상에서 1.5m 이상 1.8m 이하의 위치에 설치할 것

32 응용   21년 1회 기출

「소방기본법령」상 저수조의 설치기준으로 틀린 것은?

① 지면으로부터의 낙차가 4.5m 이상일 것
② 흡수 부분의 수심이 0.5m 이상일 것
③ 흡수에 지장이 없도록 토사 및 쓰레기 등을 제거할 수 있는 설비를 갖출 것
④ 흡수관의 투입구가 사각형의 경우에는 한 변의 길이가 60cm 이상, 원형의 경우에는 지름이 60cm 이상일 것

33 기본   18년 1회 기출

「소방기본법령」상 소방용수시설별 설치기준 중 옳은 것은?

① 저수조는 지면으로부터의 낙차가 4.5m 이상일 것
② 소화전은 상수도와 연결하여 지하식 또는 지상식의 구조로 하고, 소방용호스와 연결하는 소화전의 연결금속구의 구경은 50mm로 할 것
③ 저수조 흡수관의 투입구가 사각형의 경우에는 한 변의 길이가 60cm 이상일 것
④ 급수탑 급수배관의 구경은 65mm 이상으로 하고, 개폐밸브는 지상에서 0.8m 이상, 1.5m 이하의 위치에 설치하도록 할 것

34 기본   18년 4회 기출

「소방기본법령」에 따른 소방대원에게 실시할 교육·훈련 횟수 및 기간의 기준 중 다음 ( ) 안에 알맞은 것은?

횟수	기간
(㉠)년마다 1회	(㉡)주 이상

① ㉠ 2, ㉡ 2   ② ㉠ 2, ㉡ 4
③ ㉠ 1, ㉡ 2   ④ ㉠ 1, ㉡ 4

35 [기본]

「소방기본법령」상 출동한 소방대원에게 폭행 또는 협박을 행사하여 화재진압·인명구조 또는 구급활동을 방해한 사람에 대한 벌칙 기준은?

① 500만원 이하의 과태료

② 1년 이하의 징역 또는 1,000만원 이하의 벌금

③ 3년 이하의 징역 또는 3,000만원 이하의 벌금

④ 5년 이하의 징역 또는 5,000만원 이하의 벌금

36 [기본]

「소방기본법령」에 따른 벌칙의 기준이 다른 것은?

① 정당한 사유 없이 불장난, 모닥불, 흡연, 화기 취급, 풍등 등 소형 열기구 날리기, 그 밖에 화재예방상 위험하다고 인정되는 행위의 금지 또는 제한에 따른 명령에 따르지 아니하거나 이를 방해한 사람

② 소방활동 종사 명령에 따른 사람을 구출하는 일 또는 불을 끄거나 번지지 아니하도록 하는 일을 방해한 사람

③ 정당한 사유 없이 소방용수시설 또는 비상소화장치를 사용하거나 소방용수시설 또는 비상소화장치의 효용을 해치거나 그 정당한 사용을 방해한 사람

④ 출동한 소방대의 소방장비를 파손하거나 그 효용을 해하여 화재진압·인명구조 또는 구급활동을 방해하는 행위를 한 사람

37 [기본]

「소방기본법령」상 시장 지역에서 화재로 오인할 만한 우려가 있는 불을 피우거나 연막소독을 하려는 자가 신고를 하지 아니하여 소방자동차를 출동하게 한 자에 대한 과태료 부과·징수권자는?

① 국무총리

② 시·도지사

③ 행정안전부장관

④ 소방본부장 또는 소방서장

대 표 유 형 ② 화재의 예방 및 안전관리에 관한 법

출제경향 CHECK!

화재의 예방 및 안전관리에 관한 법은 약 21%의 문제가 출제되는 중요한 유형입니다.

이 유형에서는 특수가연물과 관련된 문제가 자주 출제되므로 해당 품명과 수량은 확실하게 암기해야 합니다.

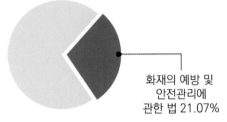

화재의 예방 및 안전관리에 관한 법 21.07%

▲ 출제비율

대표유형 문제

「화재의 예방 및 안전관리에 관한 법령」상 소방청장, 소방본부장 또는 소방서장은 관할구역에 있는 소방대상물에 대하여 화재안전조사를 실시할 수 있다. 화재안전조사 대상과 거리가 먼 것은? (단, 개인 주거에 대하여는 관계인의 승낙을 득한 경우이다.)   19년 4회 기출

① 화재예방강화지구 등 법령에서 화재안전조사를 하도록 규정되어 있는 경우
② 관계인이 법령에 따라 실시하는 소방시설 등, 방화시설, 피난시설 등에 대한 자체점검 등이 불성실하거나 불완전하다고 인정되는 경우
③ 화재가 발생할 우려가 없으나 소방대상물의 정기점검이 필요한 경우
④ 국가적 행사 등 주요 행사가 개최되는 장소에 대하여 소방안전관리 실태를 점검할 필요가 있는 경우

정답 ③

해설 화재가 발생할 우려가 있거나 화재가 발생할 경우 큰 피해가 발생할 수 있는 곳이 화재안전조사 대상이다.

핵심이론 CHECK!

1. 화재안전조사 대상

① 자체점검이 불성실하거나 불완전하다고 인정되는 경우
② 화재예방강화지구 등 법령에서 화재안전조사를 하도록 규정되어 있는 경우
③ 화재예방안전진단이 불성실하거나 불완전하다고 인정되는 경우
④ 국가적 행사 등 주요 행사가 개최되는 장소 및 그 주변의 관계 지역에 대하여 소방안전관리 실태를 조사할 필요가 있는 경우

2. 화재안전조사 결과에 따른 조치명령권자

소방관서장(소방청장, 소방본부장 또는 소방서장)은 관계인에게 조치를 명할 수 있다.

01 [기본]   14년 1회 기출

다음은 화재안전조사에 관한 설명이다. 틀린 것은?

① 화재안전조사 업무를 수행하는 관계 공무원 및 관계 전문가는 그 권한을 표시하는 증표를 지니고 이를 관계인에게 내보여야 한다.

② 화재안전조사 시 관계인의 업무에 지장을 주지 아니 하여야 하나 조사업무를 위해 필요하다고 인정되는 경우 일정 부분 관계인의 업무를 중지시킬 수 있다.

③ 조사업무를 수행하면서 취득한 자료나 알게 된 비밀을 다른 사람에게 제공 또는 누설하거나 목적 외의 용도로 사용하여서는 아니 된다.

④ 화재안전조사 업무를 수행하는 관계 공무원 및 관계 전문가는 관계인의 정당한 업무를 방해하여서는 아니 된다.

02 [기본]   19년 1회 기출

화재가 발생하는 경우 인명 또는 재산의 피해가 클 것으로 예상되는 때 소방대상물의 개수·이전·제거, 사용금지 등의 필요한 조치를 명할 수 있는 자는?

① 시·도지사
② 의용소방대장
③ 기초자치단체장
④ 소방본부장 또는 소방서장

03 [기본]   19년 1회 기출

화재안전조사 결과에 따른 조치명령으로 손실을 입어 손실을 보상하는 경우 그 손실을 입은 자는 누구와 손실보상을 협의하여야 하는가?

① 소방서장
② 시·도지사
③ 소방본부장
④ 행정안전부장관

04 [기본]   19년 4회 기출

「화재의 예방 및 안전관리에 관한 법령」상 소방대상물의 개수·이전·제거, 사용의 금지 또는 제한, 사용 폐쇄, 공사의 정지 또는 중지, 그 밖의 필요한 조치로 인하여 손실을 받은 자가 손실보상청구서에 첨부하여야 하는 서류로 틀린 것은?

① 손실보상합의서
② 손실을 증명할 수 있는 사진
③ 손실을 증명할 수 있는 증빙자료
④ 소방대상물의 관계인임을 증명할 수 있는 서류(건축물 대장은 제외)

05 기본 19년 1회 기출

「화재의 예방 및 안전관리에 관한 법령」상 정당한 사유 없이 화재안전조사 결과에 따른 조치명령을 위반한 자에 대한 벌칙으로 옳은 것은?

① 100만원 이하의 벌금
② 300만원 이하의 벌금
③ 1년 이하의 징역 또는 1천만원 이하의 벌금
④ 3년 이하의 징역 또는 3천만원 이하의 벌금

06 기본 21년 4회 기출

「화재의 예방 및 안전관리에 관한 법령」상 천재지변 및 그 밖에 대통령령으로 정하는 사유로 화재안전조사를 받기 곤란하여 화재안전조사의 연기를 신청하려는 자는 화재안전조사 시작 최대 며칠 전까지 연기신청서 및 증명서류를 제출해야 하는가?

① 3
② 5
③ 7
④ 10

07 기본 21년 2회 기출

「화재의 예방 및 안전관리에 관한 법령」상 화재의 예방상 위험하다고 인정되는 행위를 하는 사람에게 행위의 금지 또는 제한 명령을 할 수 있는 사람은?

① 소방본부장
② 시·도지사
③ 의용소방대원
④ 소방대상물의 관리자

08 기본 18년 1회 기출

「화재의 예방 및 안전관리에 관한 법령」상 소방안전 특별관리시설물의 대상 기준 중 틀린 것은?

① 수련시설
② 항만시설
③ 전력용 및 통신용 지하구
④ 지정문화유산 및 천연기념물 등인 시설

09 기본 18년 4회 기출

「화재의 예방 및 안전관리에 관한 법령」에 따른 소방안전 특별관리시설물의 안전관리 대상인 전통시장의 기준 중 다음 (   ) 안에 알맞은 것은?

> 전통시장으로서 대통령령으로 정하는 전통시장: 점포가 (   )개 이상인 전통시장

① 100
② 300
③ 500
④ 600

10 기본 22년 1회 기출

「화재의 예방 및 안전관리에 관한 법령」상 화재가 발생할 우려가 높거나 화재가 발생하는 경우 그로 인하여 피해가 클 것으로 예상되는 지역을 화재예방강화지구로 지정할 수 있는 자는?

① 한국소방안전원장
② 소방시설관리사
③ 소방본부장
④ 시·도지사

11 [기본]

「화재의 예방 및 안전관리에 관한 법령」상 화재예방강화지구의 지정대상이 아닌 것은? (단, 소방청장·소방본부장 또는 소방서장이 화재예방강화지구로 지정할 필요가 있다고 인정하는 지역은 제외한다.)

① 시장지역
② 농촌지역
③ 목조건물이 밀집한 지역
④ 공장·창고가 밀집한 지역

12 [기본]

「화재의 예방 및 안전관리에 관한 법령」상 소방관서장은 소방상 필요한 훈련 및 교육을 실시하고자 하는 때에는 화재예방강화지구 안의 관계인에게 훈련 또는 교육 며칠 전까지 그 사실을 통보하여야 하는가?

① 5
② 7
③ 10
④ 14

13 [기본]

「화재의 예방 및 안전관리에 관한 법령」상 관리의 권원이 분리된 특정소방대상물에 소방안전관리자를 선임하여야 하는 특정소방대상물 중 복합건축물은 지하층을 제외한 층수가 몇 층 이상이어야 하는가?

① 6층
② 11층
③ 20층
④ 30층

14 [기본]

「화재의 예방 및 안전관리에 관한 법령」상 특수가연물의 수량 기준으로 옳은 것은?

① 면화류: 200kg 이상
② 가연성 고체류: 500kg 이상
③ 나무껍질 및 대팻밥: 300kg 이상
④ 넝마 및 종이부스러기: 400kg 이상

15 [기본]

「화재의 예방 및 안전관리에 관한 법령」에 따른 특수가연물의 기준 중 다음 ( ) 안에 알맞은 것은?

품명	수량
나무껍질 및 대팻밥	(㉠)kg 이상
면화류	(㉡)kg 이상

① ㉠ 200, ㉡ 400
② ㉠ 200, ㉡ 1,000
③ ㉠ 400, ㉡ 200
④ ㉠ 400, ㉡ 1,000

16 [기본]
21년 2회 기출

「화재의 예방 및 안전관리에 관한 법령」상 특수가연물의 저장 및 취급기준이 아닌 것은? (단, 석탄·목탄류를 발전용으로 저장하는 경우는 제외한다.)

① 품명별로 구분하여 쌓는다.

② 쌓는 높이는 20m 이하가 되도록 한다.

③ 쌓는 부분 바닥면적의 사이는 실내의 경우 1.2m 또는 쌓는 높이의 $\frac{1}{2}$ 중 큰 값 이상으로 한다.

④ 특수가연물을 저장 또는 취급하는 장소에는 품명·최대저장수량 및 화기취급의 금지 표지를 설치해야 한다.

17 [기본]
22년 2회 기출

「화재의 예방 및 안전관리에 관한 법령」상 특수가연물의 저장 및 취급의 기준 중 (   ) 안에 들어갈 내용으로 옳은 것은? (단, 석탄·목탄류의 경우는 제외한다.)

> 쌓는 높이는 (㉠)m 이하가 되도록 하고, 쌓는 부분의 바닥면적은 (㉡)m² 이하가 되도록 할 것

① ㉠ 15, ㉡ 200

② ㉠ 15, ㉡ 300

③ ㉠ 10, ㉡ 30

④ ㉠ 10, ㉡ 50

18 [응용]
18년 1회 기출

「화재의 예방 및 안전관리에 관한 법령」상 특수가연물의 저장 및 취급의 기준 중 다음 (   ) 안에 알맞은 것은? (단, 석탄·목탄류를 발전용으로 저장하는 경우는 제외한다.)

> 살수설비를 설치하거나 방사능력 범위에 해당 특수가연물이 포함되도록 대형수동식소화기를 설치하는 경우에는 쌓는 높이를 (㉠)m 이하, 석탄·목탄류의 경우에는 쌓는 부분의 바닥면적을 (㉡)m² 이하로 할 수 있다.

① ㉠ 10, ㉡ 50

② ㉠ 10, ㉡ 200

③ ㉠ 15, ㉡ 200

④ ㉠ 15, ㉡ 300

19 [기본]
19년 1회 기출

「화재의 예방 및 안전관리에 관한 법령」상 보일러, 난로, 건조설비, 가스·전기시설, 그 밖에 화재발생 우려가 있는 설비 또는 기구 등의 위치·구조 및 관리와 화재 예방을 위하여 불을 사용할 때 지켜야 하는 사항은 무엇으로 정하는가?

① 총리령

② 대통령령

③ 시·도 조례

④ 행정안전부령

20 [기본] 22년 2회 기출

「화재의 예방 및 안전관리에 관한 법령」상 보일러 등의 위치·구조 및 관리와 화재예방을 위하여 불의 사용에 있어서 지켜야 하는 사항 중 보일러에 경유·등유 등 액체연료를 사용하는 경우에 연료탱크는 보일러 본체로부터 수평거리 최소 몇 m 이상의 간격을 두어 설치해야 하는가?

① 0.5 ② 0.6
③ 1 ④ 2

21 [기본] 22년 1회 기출

「화재의 예방 및 안전관리에 관한 법령」상 일반음식점에서 음식조리를 위해 불을 사용하는 설비를 설치하는 경우 지켜야 하는 사항으로 틀린 것은?

① 주방시설에는 동물 또는 식물의 기름을 제거할 수 있는 필터 등을 설치할 것
② 열을 발생하는 조리기구는 반자 또는 선반으로부터 0.6미터 이상 떨어지게 할 것
③ 주방설비에 부속된 배출덕트는 0.2밀리미터 이상의 아연도금강판으로 설치할 것
④ 열을 발생하는 조리기구로부터 0.15미터 이내의 거리에 있는 가연성 주요구조부는 석면판 또는 단열성이 있는 불연재료로 덮어 씌울 것

22 [기본] 20년 1회 기출

「화재의 예방 및 안전관리에 관한 법령」상 불꽃을 사용하는 용접·용단 기구의 용접 또는 용단 작업장에서 지켜야 하는 사항 중 다음 (   ) 안에 알맞은 것은?

- 용접 또는 용단 작업자로부터 반경 (㉠)m 이내에 소화기를 갖추어 둘 것
- 용접 또는 용단 작업장 주변 반경 (㉡)m 이내에는 가연물을 쌓아두거나 놓아두지 말 것. 다만, 가연물의 제거가 곤란하여 방화포 등으로 방호조치를 한 경우는 제외한다.

① ㉠ 3, ㉡ 5 ② ㉠ 5, ㉡ 3
③ ㉠ 5, ㉡ 10 ④ ㉠ 10, ㉡ 5

23 [기본] 20년 2회 기출

「화재의 예방 및 안전관리에 관한 법령」상 1급 소방안전관리 대상물에 해당하는 건축물은?

① 지하구
② 층수가 15층인 공공업무시설
③ 연면적 10,000m² 이상인 특정소방대상물
④ 층수가 20층이고, 지상으로부터 높이가 100m인 아파트

24 기본   19년 1회 기출

1급 소방안전관리대상물이 아닌 것은?

① 15층인 특정소방대상물(아파트는 제외)
② 가연성가스를 2,000톤 저장·취급하는 시설
③ 21층인 아파트로서 300세대인 것
④ 연면적 20,000m²인 문화집회 및 운동시설

25 기본   21년 4회 기출

「화재의 예방 및 안전관리에 관한 법령」상 1급 소방안전관리대상물의 소방안전관리자 선임대상 기준 중 ( ) 안에 알맞은 내용은?

> 소방공무원으로 ( ) 근무한 경력이 있는 사람으로서 1급 소방안전관리자 자격증을 받은 사람

① 1년 이상   ② 2년 이상
③ 3년 이상   ④ 7년 이상

26 응용   22년 1회 기출

「화재의 예방 및 안전관리에 관한 법령」에 따라 2급 소방안전관리대상물의 소방안전관리자 선임기준으로 틀린 것은?

① 위험물기능사 자격을 가진 사람으로 2급 소방안전관리자 자격증을 발급받은 사람
② 소방공무원으로 3년 이상 근무한 경력이 있는 사람으로 2급 소방안전관리자 자격증을 발급받은 사람
③ 의용소방대원으로 5년 이상 근무한 경력이 있는 사람으로 2급 소방안전관리자 자격증을 발급받은 사람
④ 위험물산업기사 자격을 가진 사람으로 2급 소방안전관리자 자격증을 발급받은 사람

27 기본   21년 4회 기출

「화재의 예방 및 안전관리에 관한 법령」상 옮긴 물건 등의 보관기간은 해당 소방관서의 인터넷 홈페이지에 공고하는 기간의 종료일 다음 날부터 며칠로 하는가?

① 3   ② 4
③ 5   ④ 7

28 기본   21년 2회 기출

「화재의 예방 및 안전관리에 관한 법령」상 화재안전
조사위원회의 위원에 해당하지 아니하는 사람은?

① 소방기술사

② 소방시설관리사

③ 소방 관련 분야의 석사 이상 학위를 취득한
  사람

④ 소방 관련 법인 또는 단체에서 소방 관련
  업무에 3년 이상 종사한 사람

29 기본   21년 1회 기출

「화재의 예방 및 안전관리에 관한 법령」상 특정소
방대상물의 관계인이 수행하여야 하는 소방안전
관리 업무가 아닌 것은?

① 소방훈련의 지도·감독

② 화기(火氣) 취급의 감독

③ 피난시설, 방화구획 및 방화시설의 관리

④ 소방시설이나 그 밖의 소방 관련 시설의 관리

30 기본   20년 1회 기출

「화재의 예방 및 안전관리에 관한 법령」상 소방안
전관리대상물의 소방안전관리자의 업무가 아닌
것은?

① 소방시설 공사

② 소방훈련 및 교육

③ 소방계획서의 작성 및 시행

④ 자위소방대의 구성·운영·교육

31 기본   21년 1회 기출

「화재의 예방 및 안전관리에 관한 법령」상 소방안
전관리대상물의 소방계획서에 포함되어야 하는
사항이 아닌 것은?

① 소방시설·피난시설 및 방화시설의 점검·정
  비계획

② 「위험물안전관리법」에 따라 예방규정을 정
  하는 제조소 등의 위험물 저장·취급에 관한
  사항

③ 소방안전관리대상물의 근무자 및 거주자의
  자위소방대 조직과 대원의 임무에 관한 사항

④ 방화구획, 제연구획, 건축물의 내부 마감재
  료 및 방염대상 물품의 사용현황과 그 밖의
  방화구조 및 설비의 유지·관리계획

32 기본

「화재의 예방 및 안전관리에 관한 법령」상 특정소방대상물의 관계인은 소방안전관리자를 기준일로부터 30일 이내에 선임하여야 한다. 다음 중 기준일로 틀린 것은?

① 소방안전관리자를 해임한 경우: 소방안전관리자를 해임한 날
② 특정소방대상물을 양수하여 관계인의 권리를 취득한 경우: 해당 권리를 취득한 날
③ 신축으로 해당 특정소방대상물의 소방안전관리자를 신규로 선임하여야 하는 경우: 해당 특정소방대상물의 완공일
④ 증축으로 인하여 특정소방대상물이 소방안전관리대상물로 된 경우: 증축공사의 개시일

34 응용

특수가연물의 저장 및 취급기준을 2회 위반한 경우 과태료 기준은 얼마인가?

① 100만원
② 200만원
③ 300만원
④ 400만원

33 기본

「화재의 예방 및 안전관리에 관한 법령」에 따른 소방안전관리업무를 하지 아니한 특정소방대상물의 관계인에게는 몇 만원 이하의 과태료를 부과하는가?

① 100
② 200
③ 300
④ 400

35 기본

「화재의 예방 및 안전관리에 관한 법령」상 소방안전관리대상물의 소방안전관리자가 소방훈련 및 교육을 하지 않은 경우 1차 위반 시 과태료 금액 기준으로 옳은 것은?

① 200만원
② 100만원
③ 50만원
④ 30만원

출제경향 CHECK!

소방시설 설치 및 관리에 관한 법은 약 29%의 문제가 출제되는 가장 중요한 유형입니다.

이 유형에서는 특정소방대상물에 설치해야 하는 소방시설의 종류와 과태료 관련 기준이 자주 출제됩니다.

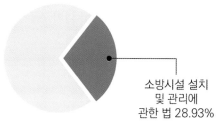

소방시설 설치
및 관리에
관한 법 28.93%

▲ 출제비율

대표유형 문제

「소방시설 설치 및 관리에 관한 법령」상 용어의 정의 중 (　) 안에 알맞은 것은?　　21년 4회 기출

> 특정소방대상물이란 소방시설을 설치하여야 하는 소방대상물로서 (　)으로 정하는 것을 말한다.

① 대통령령　　　　　　　　　　② 국토교통부령
③ 행정안전부령　　　　　　　　④ 고용노동부령

정답　①

해설　특정소방대상물이란 소방시설을 설치하여야 하는 소방대상물로서 대통령령으로 정하는 것을 말한다.

핵심이론 CHECK!

「소방시설법」상 용어 정의

① 소방시설이란 소화설비, 경보설비, 피난구조설비, 소화용수설비, 그 밖에 소화활동설비로서 대통령령으로 정하는 것을 말한다.

② 소방시설 등이란 소방시설과 비상구(非常口), 그 밖에 소방 관련 시설로서 대통령령으로 정하는 것을 말한다.

③ 특정소방대상물이란 건축물 등의 규모·용도 및 수용인원 등을 고려하여 소방시설을 설치하여야 하는 소방대상물로서 대통령령으로 정하는 것을 말한다.

④ 화재안전성능이란 화재를 예방하고 화재발생 시 피해를 최소화하기 위하여 소방대상물의 재료, 공간 및 설비 등에 요구되는 안전성능을 말한다.

⑤ 성능위주설계란 건축물 등의 재료, 공간, 이용자, 화재 특성 등을 종합적으로 고려하여 공학적 방법으로 화재 위험성을 평가하고 그 결과에 따라 화재안전성능이 확보될 수 있도록 특정소방대상물을 설계하는 것을 말한다.

01 기본   20년 4회 기출

「소방시설 설치 및 관리에 관한 법령」상 주택의 소유자가 소방시설을 설치하여야 하는 대상이 아닌 것은?

① 아파트   ② 연립주택

③ 다세대주택   ④ 다가구주택

02 기본   18년 1회 기출

「소방시설 설치 및 관리에 관한 법령」상 중앙소방기술심의위원회의 심의사항이 아닌 것은?

① 화재안전기준에 관한 사항

② 소방시설의 설계 및 공사감리의 방법에 관한 사항

③ 소방시설에 하자가 있는지의 판단에 관한 사항

④ 소방시설공사의 하자를 판단하는 기준에 관한 사항

03 기본   19년 2회 기출

다음 중 품질이 우수하다고 인정되는 소방용품에 대하여 우수품질인증을 할 수 있는 자는?

① 산업통상자원부장관

② 시·도지사

③ 소방청장

④ 소방본부장 또는 소방서장

04 기본   16년 4회 기출

소방용품의 형식승인을 반드시 취소하여야 하는 경우가 아닌 것은?

① 거짓 또는 부정한 방법으로 형식승인을 받은 경우

② 시험시설의 시설기준에 미달되는 경우

③ 거짓 또는 부정한 방법으로 제품검사를 받은 경우

④ 변경승인을 받지 아니한 경우

05 기본   17년 4회 기출

대통령령으로 정하는 특정소방대상물의 소방시설 중 내진설계 대상이 아닌 것은?

① 옥내소화전설비

② 스프링클러설비

③ 물분무소화설비

④ 연결살수설비

06 기본   20년 4회 기출

「소방시설 설치 및 관리에 관한 법령」상 특정소방대상물로서 숙박시설에 해당되지 않는 것은?

① 오피스텔

② 일반형 숙박시설

③ 생활형 숙박시설

④ 근린생활시설에 해당하지 않는 고시원

07 기본   19년 2회 기출

「소방시설 설치 및 관리에 관한 법령」상 특정소방대상물 중 오피스텔은 어느 시설에 해당하는가?

① 숙박시설   ② 일반업무시설

③ 공동주택   ④ 근린생활시설

10 기본   15년 2회 기출

특정소방대상물 중 노유자 시설에 해당되지 않는 것은?

① 요양병원

② 아동복지시설

③ 장애인 직업재활시설

④ 노인의료복지시설

08 기본   19년 4회 기출

항공기격납고는 특정소방대상물 중 어느 시설에 해당되는가?

① 위험물 저장 및 처리 시설

② 항공기 및 자동차 관련 시설

③ 창고시설

④ 업무시설

11 응용   14년 1회 기출

다음 중 특정소방대상물에 대한 설명으로 옳은 것은?

① 의원은 근린생활시설이다.

② 동물원 및 식물원은 동식물 관련 시설이다.

③ 종교집회장은 면적에 상관없이 문화집회 및 운동시설이다.

④ 철도시설(정비창 포함)은 항공기 및 자동차 관련 시설이다.

09 기본   16년 4회 기출

특정소방대상물 중 의료시설에 해당되지 않는 것은?

① 노숙인 재활시설

② 장애인 의료재활시설

③ 정신의료기관

④ 마약진료소

12 기본   19년 2회 기출

「소방시설 설치 및 관리에 관한 법령」상 둘 이상의 특정소방대상물이 내화구조로 된 연결통로가 벽이 없는 구조로서 그 길이가 몇 m 이하인 경우 하나의 소방대상물로 보는가?

① 6   ② 9

③ 10   ④ 12

13 기본   18년 2회 기출

「소방시설 설치 및 관리에 관한 법령」상 소방용품이 아닌 것은?

① 소화약제 외의 것을 이용한 간이소화용구
② 자동소화장치
③ 가스누설경보기
④ 소화용으로 사용하는 방염제

14 기본   15년 2회 기출

다음 중 소방용품에 해당되지 않는 것은?

① 방염도료
② 소방호스
③ 공기호흡기
④ 휴대용비상조명등

15 기본   21년 2회 기출

「소방시설 설치 및 관리에 관한 법령」상 소화설비를 구성하는 제품 또는 기기에 해당하지 않는 것은?

① 가스누설경보기
② 소방호스
③ 스프링클러헤드
④ 분말자동소화장치

16 기본   22년 2회 기출

「소방시설 설치 및 관리에 관한 법령」상 자동화재탐지설비를 설치하여야 하는 특정소방대상물의 기준으로 틀린 것은?

① 공장 및 창고시설로서 「화재예방법 시행령」에서 정하는 수량의 500배 이상의 특수가연물을 저장·취급하는 것
② 지하가(터널은 제외)로서 연면적 600m^2 이상인 것
③ 숙박시설이 있는 수련시설로서 수용인원 100명 이상인 것
④ 장례시설 및 복합건축물로서 연면적 600m^2 이상인 것

17 기본   21년 1회 기출

「소방시설 설치 및 관리에 관한 법령」상 자동화재탐지설비를 설치하여야 하는 특정소방대상물에 대한 기준 중 (   ) 안에 알맞은 것은?

> 근린생활시설(목욕장 제외), 의료시설(정신의료기관 또는 요양병원 제외), 위락시설, 장례시설 및 복합건축물로서 연면적 (   )m^2 이상인 것

① 400   ② 600
③ 1,000   ④ 3,500

18 응용   21년 4회 기출

「소방시설 설치 및 관리에 관한 법령」상 특정소방대상물의 관계인이 특정소방대상물의 규모·용도 및 수용인원 등을 고려하여 갖추어야 하는 소방시설의 종류에 대한 기준 중 다음 ( ) 안에 알맞은 것은?

> 화재안전기준에 따라 소화기구를 설치하여야 하는 특정소방대상물은 연면적 (㉠)m^2 이상인 것. 다만, 노유자 시설의 경우에는 투척용 소화용구 등을 화재안전기준에 따라 산정한 소화기 수량의 (㉡) 이상으로 설치할 수 있다.

① ㉠ 33, ㉡ 1/2   ② ㉠ 33, ㉡ 1/5
③ ㉠ 50, ㉡ 1/2   ④ ㉠ 50, ㉡ 1/5

19 응용   20년 2회 기출

「소방시설 설치 및 관리에 관한 법령」상 지하가 중 터널로서 길이가 1,000m일 때 설치하지 않아도 되는 소방시설은?

① 인명구조기구
② 옥내소화전설비
③ 연결송수관설비
④ 무선통신보조설비

20 기본   21년 1회 기출

「소방시설 설치 및 관리에 관한 법령」상 지하가는 연면적이 최소 몇 m^2 이상이어야 스프링클러설비를 설치하여야 하는 특정소방대상물에 해당하는가? (단, 터널은 제외한다.)

① 100   ② 200
③ 1,000   ④ 2,000

21 기본   15년 2회 기출

다음 중 스프링클러설비를 의무적으로 설치하여야 하는 기준으로 틀린 것은?

① 숙박시설로 11층 이상인 것
② 지하가로 연면적이 1,000m^2 이상인 것
③ 판매시설로 수용인원이 300인 이상인 것
④ 복합건축물로 연면적 5,000m^2 이상인 것

22 기본   19년 1회 기출

아파트로 층수가 20층인 특정소방대상물에서 스프링클러설비를 하여야 하는 층수는? (단, 아파트는 신축을 실시하는 경우이다.)

① 전층   ② 15층 이상
③ 11층 이상   ④ 6층 이상

23 [기본]

「소방시설 설치 및 관리에 관한 법령」상 스프링클러설비를 설치하여야 하는 특정소방대상물의 기준으로 틀린 것은? (단, 위험물 저장 및 처리 시설 중 가스시설 또는 지하구는 제외한다.)

① 복합건축물로서 연면적 3,500m² 이상인 경우에는 모든 층

② 창고시설(물류터미널은 제외)로서 바닥면적 합계가 5,000m² 이상인 경우에는 모든 층

③ 숙박이 가능한 수련시설 용도로 사용되는 시설의 바닥면적의 합계가 600m² 이상인 것은 모든 층

④ 판매시설, 운수시설 및 창고시설(물류터미널로 한정)로서 바닥면적의 합계가 5,000m² 이상이거나 수용인원이 500명 이상인 경우에는 모든 층

24 [기본]

「소방시설 설치 및 관리에 관한 법령」상 간이스프링클러설비를 설치하여야 하는 특정소방대상물의 기준으로 옳은 것은?

① 근린생활시설로 사용하는 부분의 바닥면적 합계가 1,000m² 이상인 것은 모든 층

② 교육연구시설 내에 있는 합숙소로서 연면적 500m² 이상인 것

③ 의료재활시설을 제외한 요양병원으로 사용되는 바닥면적의 합계가 300m² 이상 600m² 미만인 시설

④ 정신의료기관 또는 의료재활시설로 사용되는 바닥면적의 합계가 600m² 미만인 시설

25 [기본]

「소방시설 설치 및 관리에 관한 법령」상 단독경보형감지기를 설치하여야 하는 특정소방대상물의 기준 중 옳은 것은?

① 연면적 400m² 미만의 유치원

② 연면적 600m² 미만의 숙박시설

③ 교육연구시설 내에 있는 연면적 1,000m² 미만의 기숙사

④ 수련시설 내에 있는 합숙소 또는 기숙사로서 연면적 1,000m² 미만인 것

26 [기본]

「소방시설 설치 및 관리에 관한 법령」상 비상경보설비를 설치하여야 할 특정소방대상물의 기준 중 옳은 것은? (단, 지하구 모래·석재 등 불연재료 창고 및 위험물 저장·처리 시설 중 가스시설은 제외한다.)

① 지하층 또는 무창층의 바닥면적이 50m²이상인 것

② 연면적이 400m² 이상인 것

③ 지하가 중 터널로서 길이가 300m 이상인 것

④ 30명 이상의 근로자가 작업하는 옥내 작업장

27 [기본]

교육연구시설 중 학교의 지하층은 바닥면적의 합계가 몇 m^2 이상인 경우 연결살수설비를 설치해야 하는가?

① 500
② 600
③ 700
④ 1,000

28 [기본]

「소방시설 설치 및 관리에 관한 법령」에 따른 임시소방시설 중 간이소화장치를 설치하여야 하는 공사의 작업 현장의 규모의 기준 중 다음 (   ) 안에 알맞은 것은?

- 연면적 (㉠)m^2 이상
- 지하층·무창층 또는 (㉡)층 이상의 층의 경우 해당 층의 바닥면적이 (㉢)m^2 이상인 경우만 해당

① ㉠ 1,000, ㉡ 6, ㉢ 150
② ㉠ 1,000, ㉡ 6, ㉢ 600
③ ㉠ 3,000, ㉡ 4, ㉢ 150
④ ㉠ 3,000, ㉡ 4, ㉢ 600

29 [기본]

「소방시설 설치 및 관리에 관한 법령」상 건축허가 등을 할 때 미리 소방본부장 또는 소방서장의 동의를 받아야 하는 건축물 등의 범위기준이 아닌 것은?

① 노유자 시설 및 수련시설로서 연면적 100m^2 이상인 건축물
② 지하층 또는 무창층이 있는 건축물로서 바닥면적이 150m^2 이상인 층이 있는 것
③ 차고·주차장으로 사용되는 바닥면적이 200m^2 이상인 층이 있는 건축물이나 주차시설
④ 장애인 의료재활시설로서 연면적 300m^2 이상인 건축물

30 [기본]

「소방시설 설치 및 관리에 관한 법령」상 건축허가 등을 할 때 미리 소방본부장 또는 소방서장의 동의를 받아야 하는 건축물 등의 범위가 아닌 것은?

① 연면적 200m^2 이상인 노유자 시설 및 수련시설
② 항공기격납고, 관망탑
③ 차고·주차장으로 사용되는 바닥면적이 100m^2 이상인 층이 있는 건축물
④ 지하층 또는 무창층이 있는 건축물로서 바닥면적이 150m^2 이상인 층이 있는 것

31 [기본]

「소방시설 설치 및 관리에 관한 법령」상 건축허가 등의 동의 대상물의 범위로 틀린 것은?

① 항공기 격납고
② 방송용 송·수신탑
③ 연면적이 400m² 이상인 건축물
④ 지하층 또는 무창층이 있는 건축물로서 바닥면적이 50m² 이상인 층이 있는 것

33 [기본]

소방본부장 또는 소방서장은 건축허가 등의 동의 요구 서류를 접수한 날부터 최대 며칠 이내에 건축허가 등의 동의 여부를 회신하여야 하는가? (단, 허가 신청한 건축물은 지상으로부터 높이가 200m인 아파트이다.)

① 5일   ② 7일
③ 10일   ④ 15일

34 [기본]

「소방시설 설치 및 관리에 관한 법령」상 건축허가 등의 동의를 요구한 기관이 그 건축허가 등을 취소하였을 때, 취소한 날부터 최대 며칠 이내에 건축물 등의 시공지 또는 소재지를 관할하는 소방본부장 또는 소방서장에게 그 사실을 통보하여야 하는가?

① 3일   ② 4일
③ 7일   ④ 10일

32 [기본]

「소방시설 설치 및 관리에 관한 법령」상 건축허가 등의 동의 대상물의 범위기준 중 틀린 것은?

① 건축 등을 하려는 학교시설: 연면적 200m² 이상
② 노유자 시설: 연면적 200m² 이상
③ 정신의료기관(입원실이 없는 정신건강의학과 의원은 제외): 연면적 300m² 이상
④ 장애인 의료재활시설: 연면적 300m² 이상

35 [기본]

「소방시설 설치 및 관리에 관한 법령」에 따른 성능위주설계를 해야 하는 특정소방대상물의 범위 기준 중 틀린 것은?

① 연면적 30,000m² 이상인 특정소방대상물로서 공항시설
② 연면적 100,000m² 이하인 특정소방대상물(단, 아파트 등은 제외)
③ 지하층을 포함한 층수가 30층 이상인 특정소방대상물 (단, 아파트 등은 제외)
④ 하나의 건축물에 영화상영관이 10개 이상인 특정소방대상물

36 기본   15년 3회 기출

소방시설관리사 시험을 시행하고자 하는 때에는 응시자격 등 필요한 사항을 시험 시행일 며칠 전까지 인터넷 홈페이지에 공고하여야 하는가?

① 15
② 30
③ 60
④ 90

37 기본   21년 2회 기출

「소방시설 설치 및 관리에 관한 법령」상 펄프공장의 작업장, 음료수 공장의 충전을 하는 작업장 등과 같이 화재안전기준을 적용하기 어려운 특정소방대상물에 설치하지 아니할 수 있는 소방시설의 종류가 아닌 것은?

① 상수도소화용수설비
② 스프링클러설비
③ 연결송수관설비
④ 연결살수설비

38 기본   18년 1회 기출

「소방시설 설치 및 관리에 관한 법령」상 화재안전기준을 달리 적용하여야 하는 특수한 용도 또는 구조를 가진 특정소방대상물인 원자력발전소에 설치하지 아니할 수 있는 소방시설은?

① 물분무등소화설비
② 스프링클러설비
③ 상수도소화용수설비
④ 연결살수설비

39 기본   20년 4회 기출

「소방시설 설치 및 관리에 관한 법령」상 수용인원 산정 방법 중 다음과 같은 시설의 수용인원은 몇 명인가?

숙박시설이 있는 특정소방대상물로서 종사자 수는 5명, 숙박시설은 모두 2인용 침대이며 침대수량은 50개이다.

① 55
② 75
③ 85
④ 105

40 응용   19년 4회 기출

다음 조건을 참고하여 숙박시설이 있는 특정소방대상물의 수용인원 산정 수로 옳은 것은?

침대가 있는 숙박시설로서 1인용 침대의 수는 20개이고, 2인용 침대의 수는 10개이며 종업원 수는 3명이다.

① 33명
② 40명
③ 43명
④ 46명

41 응용   20년 2회 기출

「소방시설 설치 및 관리에 관한 법령」상 수용인원 산정 방법 중 침대가 없는 숙박시설로서 해당 특정소방대상물의 종사자의 수는 5명, 복도, 계단 및 화장실의 바닥면적을 제외한 바닥면적이 158m²인 경우의 수용인원은 약 몇 명인가?

① 37
② 45
③ 58
④ 84

42 기본

「소방시설 설치 및 관리에 관한 법령」상 특정소방대상물의 수용인원 산정방법으로 옳은 것은?

① 침대가 없는 숙박시설은 해당 특정소방대상물의 종사자 수에 숙박시설의 바닥면적의 합계를 $4.6m^2$로 나누어 얻은 수를 합한 수로 한다.

② 강의실로 쓰이는 특정소방대상물은 해당용도로 사용하는 바닥면적의 합계를 $4.6m^2$로 나누어 얻은 수로 한다.

③ 관람석이 없을 경우 강당, 문화 및 집회시설, 운동시설, 종교시설은 해당용도로 사용하는 바닥면적의 합계를 $4.6m^2$로 나누어 얻은 수로 한다.

④ 백화점은 해당 용도로 사용하는 바닥면적의 합계를 $4.6m^2$로 나누어 얻은 수로 한다.

43 기본

「소방시설 설치 및 관리에 관한 법령」에 따른 특정소방대상물의 수용인원의 산정방법 기준 중 틀린 것은?

① 침대가 있는 숙박시설의 경우는 해당 특정소방대상물의 종사자 수에 침대수(2인용 침대는 2인으로 산정)를 합한 수

② 침대가 없는 숙박시설의 경우는 해당 특정소방대상물의 종사자 수에 숙박시설 바닥면적의 합계를 $3m^2$로 나누어 얻은 수를 합한 수

③ 강의실 용도로 쓰이는 특정소방대상물의 경우는 해당 용도로 사용하는 바닥면적의 합계를 $1.9m^2$로 나누어 얻은 수

④ 문화 및 집회시설의 경우는 해당 용도로 사용하는 바닥면적의 합계를 $2.6m^2$로 나누어 얻은 수

44 기본

「소방시설 설치 및 관리에 관한 법령」상 특정소방대상물의 소방시설 설치의 면제기준에 따라 연결살수설비의 설치를 면제받을 수 있는 경우는?

① 송수구를 부설한 간이스프링클러설비를 설치하였을 때

② 송수구를 부설한 옥내소화전설비를 설치하였을 때

③ 송수구를 부설한 옥외소화전설비를 설치하였을 때

④ 송수구를 부설한 연결송수관설비를 설치하였을 때

45 [기본]   21년 1회 기출

「소방시설 설치 및 관리에 관한 법령」상 특정소방대상물의 소방시설 설치의 면제기준 중 다음 (   ) 안에 알맞은 것은?

> 물분무등소화설비를 설치하여야 하는 차고·주차장에 (   )를 설치한 경우에는 그 설비의 유효범위에서 설치가 면제된다.

① 옥내소화전설비
② 스프링클러설비
③ 간이스프링클러설비
④ 할로겐화합물 및 불활성기체소화설비

46 [기본]   20년 4회 기출

「소방시설 설치 및 관리에 관한 법령」상 소방시설이 아닌 것은?

① 소화설비   ② 경보설비
③ 방화설비   ④ 소화활동설비

47 [기본]   22년 1회 기출

「소방시설 설치 및 관리에 관한 법령」상 소방시설의 종류에 대한 설명으로 옳은 것은?

① 소화기구, 옥외소화전설비는 소화설비에 해당된다.
② 유도등, 비상조명등은 경보설비에 해당된다.
③ 소화수조, 저수조는 소화활동설비에 해당된다.
④ 연결송수관설비는 소화용수설비에 해당된다.

48 [기본]   19년 2회 기출

소방시설을 구분하는 경우 소화설비에 해당되지 않는 것은?

① 스프링클러설비
② 제연설비
③ 자동확산소화기
④ 옥외소화전설비

49 [응용]   15년 2회 기출

소방시설 중 화재를 진압하거나 인명구조활동을 위하여 사용하는 설비로 나열된 것은?

① 상수도소화용수설비, 연결송수관설비
② 연결살수설비, 제연설비
③ 연소방지설비, 피난기구
④ 무선통신보조설비, 통합감시시설

50 [기본]   20년 1회 기출

「소방시설 설치 및 관리에 관한 법령」상 소방시설 중 경보설비가 아닌 것은?

① 통합감시시설
② 가스누설경보기
③ 비상콘센트설비
④ 자동화재속보설비

51 기본   19년 4회 기출

소방대상물의 방염 등과 관련하여 방염성능기준은 무엇으로 정하는가?

① 대통령령   ② 행정안전부령
③ 소방청훈령   ④ 소방청예규

52 기본   22년 2회 기출

「소방시설 설치 및 관리에 관한 법령」상 방염성능기준 이상의 실내장식물 등을 설치하여야 하는 특정소방대상물이 아닌 것은?

① 방송국
② 종합병원
③ 11층 이상의 아파트
④ 숙박이 가능한 수련시설

53 기본   22년 2회 기출

「소방시설 설치 및 관리에 관한 법령」상 제조 또는 가공 공정에서 방염처리를 한 물품 중 방염대상물품이 아닌 것은?

① 카펫
② 전시용 합판
③ 창문에 설치하는 커튼류
④ 두께가 2mm 미만인 종이벽지

54 기본   15년 2회 기출

"무창층"이라 함은 지상층 중 개구부 면적의 합계가 해당 층의 바닥면적의 얼마 이하가 되는 층을 말하는가?

① 1/3   ② 1/10
③ 1/30   ④ 1/300

55 기본   22년 2회 기출

「소방시설 설치 및 관리에 관한 법령」상 무창층으로 판정하기 위한 개구부가 갖추어야 할 요건으로 틀린 것은?

① 크기는 반지름 30cm 이상의 원이 내접할 수 있을 것
② 해당 층의 바닥면으로부터 개구부 밑부분까지 높이가 1.2m 이내일 것
③ 도로 또는 차량이 진입할 수 있는 빈터를 향할 것
④ 화재 시 건축물로부터 쉽게 피난할 수 있도록 창살이나 그 밖의 장애물이 설치되지 않을 것

56 기본   21년 4회 기출

「소방시설 설치 및 관리에 관한 법령」상 분말 형태의 소화약제를 사용하는 소화기의 내용연수로 옳은 것은? (단, 소방용품의 성능을 확인받아 그 사용기한을 연장하는 경우는 제외한다.)

① 3년   ② 5년
③ 7년   ④ 10년

57 [기본]

「소방시설 설치 및 관리에 관한 법령」상 대통령령 또는 화재안전기준이 변경되어 그 기준이 강화되는 경우 기존 특정소방대상물의 소방시설 중 강화된 기준을 설치장소와 관계 없이 적용하여야 하는 것은? (단, 건축물의 신축·개축·재축·이전 및 대수선 중인 특정소방대상물을 포함한다.)

① 제연설비
② 비상경보설비
③ 옥내소화전설비
④ 화재조기진압용 스프링클러설비

58 [기본]

「소방시설 설치 및 관리에 관한 법령」에 따른 관리업자로 선임된 소방시설관리사 및 소방기술사는 자체점검을 실시한 경우에 그 점검이 끝난 날부터 며칠 이내에 소방시설 등의 자체점검 실시결과 보고서를 관계인에게 제출해야 하는가?

① 10일   ② 15일
③ 30일   ④ 60일

59 [기본]

행정안전부령으로 정하는 연소 우려가 있는 구조에 대한 기준 중 다음 (   ) 안에 알맞은 것은?

> 건축물대장의 건축물 현황도에 표시된 대지 경계선 안에 둘 이상의 건축물이 있는 경우로서 각각의 건축물이 다른 건축물의 외벽으로부터 수평거리가 1층의 경우에는 (㉠)m 이하, 2층 이상의 층의 경우에는 (㉡)m 이하인 경우이고 개구부가 다른 건축물을 향하여 설치되어 있는 경우를 말한다.

① ㉠ 3, ㉡ 5   ② ㉠ 5, ㉡ 8
③ ㉠ 6, ㉡ 8   ④ ㉠ 6, ㉡ 10

60 [기본]

「소방시설 설치 및 관리에 관한 법령」상 종합점검 실시대상이 되는 특정소방대상물의 기준 중 다음 (   ) 안에 알맞은 것은?

> • (㉠)가 설치된 특정소방대상물
> • 물분무등소화설비[호스릴(hose Reel) 방식의 물분무등소화설비만을 설치한 경우는 제외]가 설치된 연면적 (㉡)m² 이상인 특정소방대상물(제조소 등은 제외)

① ㉠ 스프링클러설비, ㉡ 2,000
② ㉠ 스프링클러설비, ㉡ 5,000
③ ㉠ 옥내소화전설비, ㉡ 2,000
④ ㉠ 옥내소화전설비, ㉡ 5,000

61 기본　　　　　　　　　　22년 1회 기출

「소방시설 설치 및 관리에 관한 법령」상 소방시설 등에 대한 자체점검 중 종합점검 대상인 것은?

① 제연설비가 설치되지 않은 터널
② 스프링클러설비가 설치된 연면적이 5,000m² 이고, 12층인 아파트
③ 물분무등소화설비가 설치된 연면적이 5,000m² 인 위험물 제조소
④ 호스릴 방식의 물분무등소화설비만을 설치 한 연면적 3,000m²인 특정소방대상물

62 기본　　　　　　　　　　20년 4회 기출

「소방시설 설치 및 관리에 관한 법령」상 소방시설 등의 자체점검 중 종합점검을 받아야 하는 특정소 방대상물 대상 기준으로 틀린 것은?

① 제연설비가 설치된 터널
② 스프링클러설비가 설치된 특정소방대상물
③ 공공기관 중 연면적이 1,000m² 이상인 것 으로서 옥내소화전설비 또는 자동화재탐지 설비가 설치된 것(단, 소방대가 근무하는 공공기관은 제외)
④ 호스릴 방식의 물분무등소화설비만이 설치 된 연면적 5,000m² 이상인 특정소방대상 물 (단, 위험물 제조소 등은 제외)

63 기본　　　　　　　　　　19년 2회 기출

소방시설관리업자가 기술인력을 변경하는 경우 시·도지사에게 제출하여야 하는 서류로 틀린 것은?

① 소방시설관리업 등록수첩
② 변경된 기술인력의 기술자격증(경력수첩)
③ 소방기술인력대장
④ 사업자등록증 사본

64 기본　　　　　　　　　　21년 2회 기출

「소방시설 설치 및 관리에 관한 법령」상 시·도지 사가 소방시설 등의 자체점검을 하지 아니한 관리 업자에게 영업정지를 명할 수 있으나, 이로 인해 국민에게 심한 불편을 줄 때에는 영업정지 처분을 갈음하여 과징금 처분을 한다. 과징금의 기준은?

① 1,000만원 이하
② 2,000만원 이하
③ 3,000만원 이하
④ 5,000만원 이하

65 [기본]

「소방시설 설치 및 관리에 관한 법령」상 형식승인을 받지 아니한 소방용품을 판매하거나 판매 목적으로 진열하거나 소방시설공사에 사용한 자에 대한 벌칙 기준은?

① 3년 이하의 징역 또는 3,000만원 이하의 벌금

② 2년 이하의 징역 또는 1,500만원 이하의 벌금

③ 1년 이하의 징역 또는 1,000만원 이하의 벌금

④ 1년 이하의 징역 또는 500만원 이하의 벌금

66 [기본]

「소방시설 설치 및 관리에 관한 법령」상 1년 이하의 징역 또는 1천만원 이하의 벌금 기준에 해당하는 경우는?

① 소방용품의 형식승인을 받지 아니하고 소방용품을 제조하거나 수입한 자

② 형식승인을 받은 소방용품에 대하여 제품검사를 받지 아니한 자

③ 거짓이나 그 밖의 부정한 방법으로 제품검사 전문기관으로 지정을 받은 자

④ 소방용품에 대하여 형상 등의 일부를 변경한 후 형식승인의 변경승인을 받지 아니한 자

67 [기본]

「소방시설 설치 및 관리에 관한 법령」상 관리업자가 소방시설 등의 점검을 마친 후 점검기록표에 기록하고 이를 해당 특정소방대상물에 부착하여야 하나 이를 위반하고 점검기록표를 기록하지 아니하거나 특정소방대상물의 출입자가 쉽게 볼 수 있는 장소에 게시하지 아니하였을 때 과태료 기준은?

① 100만원 이하의 과태료

② 200만원 이하의 과태료

③ 300만원 이하의 과태료

④ 500만원 이하의 과태료

68 [기본]

피난시설, 방화구획 또는 방화시설을 폐쇄·훼손·변경 등의 행위를 3차 이상 위반한 경우에 대한 과태료 부과기준으로 옳은 것은?

① 200만원

② 300만원

③ 500만원

④ 1,000만원

소방시설공사업법

소방시설공사업법의 출제비율은 약 13%로 5가지 유형 중 가장 낮지만 매회 최소 2문항 이상은 출제되므로 소홀히 할 수는 없는 유형입니다.
이 유형에서는 감독과 감리와 관련된 문제의 출제비중이 높으므로 대비가 필요합니다.

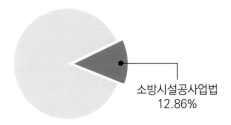

소방시설공사업법
12.86%

▲ 출제비율

대표유형 문제

「소방시설공사업법령」상 정의된 업종 중 소방시설업의 종류에 해당되지 않는 것은?　　20년 4회 기출

① 소방시설설계업　　　　　　　　② 소방시설공사업
③ 소방시설정비업　　　　　　　　④ 소방공사감리업

　정답　 ③

　해설　 소방시설설계업, 소방시설공사업, 소방공사감리업, 방염처리업이 소방시설업이다.

핵심이론 CHECK!

1. 소방시설업의 종류

① 소방시설설계업: 소방시설 공사에 기본이 되는 공사계획, 설계도면, 설계 설명서, 기술계산서 및 이와 관련된 서류(설계도서)를 작성하는 영업
② 소방시설공사업: 설계도서에 따라 소방시설을 신설, 증설, 개설, 이전 및 정비(시공)하는 영업
③ 소방공사감리업: 소방시설공사에 관한 발주자의 권한을 대행하여 소방시설공사가 설계도서와 관계 법령에 따라 적법하게 시공되는지를 확인하고, 품질·시공 관리에 대한 기술지도를 하는(감리) 영업
④ 방염처리업: 방염대상물품에 대하여 방염처리하는 영업

2. 소방시설업의 등록

소방시설공사 등을 하려는 자는 업종별로 자본금(개인인 경우에는 자산 평가액), 기술인력 등 대통령령으로 정하는 요건을 갖추어 특별시장·광역시장·특별자치시장·도지사 또는 특별자치도지사(시·도지사)에게 소방시설업을 등록하여야 한다.

01 [기본] 20년 1회 기출

「소방시설공사업법령」에 따른 소방시설업의 등록 권자는?

① 국무총리

② 소방서장

③ 시·도지사

④ 한국소방안전원장

02 [기본] 22년 1회 기출

「소방시설공사업법령」상 소방시설업자가 소방시설공사 등을 맡긴 특정소방대상물의 관계인에게 지체 없이 그 사실을 알려야 하는 경우가 아닌 것은?

① 소방시설업자의 지위를 승계한 경우

② 소방시설업의 등록취소처분 또는 영업정지 처분을 받은 경우

③ 휴업하거나 폐업한 경우

④ 소방시설업의 주소지가 변경된 경우

03 [기본] 18년 1회 기출

「소방시설공사업법」상 특정소방대상물의 관계인 또는 발주자가 해당 도급계약의 수급인을 도급계약 해지할 수 있는 경우의 기준 중 틀린 것은?

① 하도급계약의 적정성 심사 결과 하수급인 또는 하도급계약 내용의 변경 요구에 정당한 사유 없이 따르지 아니하는 경우

② 정당한 사유 없이 15일 이상 소방시설공사를 계속하지 아니하는 경우

③ 소방시설업이 등록취소되거나 영업정지된 경우

④ 소방시설업을 휴업하거나 폐업한 경우

04 [기본] 22년 1회 기출

「소방시설공사업법령」상 소방시설업의 감독을 위하여 필요할 때에 소방시설업자나 관계인에게 필요한 보고나 자료 제출을 명할 수 있는 사람이 아닌 것은?

① 시·도지사   ② 119안전센터장

③ 소방서장   ④ 소방본부장

05 [기본] 22년 1회 기출

「소방시설공사업법령」상 감리업자는 소방시설공사가 설계도서 또는 화재안전기준에 적합하지 아니한 때에는 가장 먼저 누구에게 알려야 하는가?

① 감리업체 대표자   ② 시공자

③ 관계인   ④ 소방서장

06 [기본]
22년 1회 기출

「소방시설공사업법령」상 소방공사감리업을 등록한 자가 수행하여야 할 업무가 아닌 것은?

① 완공된 소방시설 등의 성능시험
② 소방시설 등 설계 변경사항의 적합성 검토
③ 소방시설 등의 설치계획표의 적법성 검토
④ 소방용품 형식승인 및 제품검사의 기술기준에 대한 적합성 검토

07 [기본]
20년 1회 기출

「소방시설공사업법령」에 따른 소방시설업 등록이 가능한 사람은?

① 피성년후견인
② 「위험물안전관리법」에 따른 금고 이상의 형의 집행유예를 선고받고 그 유예기간 중에 있는 사람
③ 등록하려는 소방시설업 등록이 취소된 날부터 3년이 지난 사람
④ 「소방기본법」에 따른 금고 이상의 실형을 선고받고 그 집행이 면제된 날부터 1년이 지난 사람

08 [응용]
22년 1회 기출

「소방시설공사업법령」상 소방시설업 등록의 결격사유에 해당되지 않는 법인은?

① 법인의 대표자가 피성년후견인인 경우
② 법인의 임원이 피성년후견인인 경우
③ 법인의 대표자가 「소방시설공사업법」에 따라 소방시설업 등록이 취소된 지 2년이 지나지 아니한 자인 경우
④ 법인의 임원이 「소방시설공사업법」에 따라 소방시설업 등록이 취소된 지 2년이 지나지 아니한 자인 경우

09 [기본]
14년 1회 기출

소방시설의 하자가 발생한 경우 통보를 받은 공사업자는 며칠 이내에 이를 보수하거나 보수 일정을 기록한 하자보수계획을 관계인에게 서면으로 알려야 하는가?

① 3일
② 7일
③ 14일
④ 30일

10 [기본]

「소방시설공사업법령」상 일반 소방시설설계업(기계분야)의 영업범위에 대한 기준 중 (   ) 안에 알맞은 내용은? (단, 공장의 경우는 제외한다.)

> 연면적 (   )m² 미만의 특정소방대상물(제연설비가 설치되는 특정소방대상물은 제외)에 설치되는 기계 분야 소방시설의 설계

① 10,000　　② 20,000
③ 30,000　　④ 50,000

11 [기본]

「소방시설공사업법령」상 전문 소방시설공사업의 등록기준 및 영업범위의 기준에 대한 설명으로 틀린 것은?

① 법인인 경우 자본금은 최소 1억원 이상이다.
② 개인인 경우 자산평가액은 최소 1억원 이상이다.
③ 주된 기술인력 최소 1명 이상, 보조기술인력 최소 3명 이상을 둔다.
④ 영업범위는 특정소방대상물에 설치되는 기계분야 및 전기분야 소방시설의 공사·개설·이전 및 정비이다.

12 [기본]

「소방시설공사업법령」에 따른 완공검사를 위한 현장확인 대상 특정소방대상물의 범위 기준으로 틀린 것은?

① 연면적 1만제곱미터 이상이거나 11층 이상인 특정소방대상물(아파트는 제외)
② 가연성 가스를 제조·저장 또는 취급하는 시설 중 지상에 노출된 가연성 가스탱크의 저장용량 합계가 1,000t 이상인 시설
③ 호스릴 방식의 소화설비가 설치되는 특정소방대상물
④ 문화 및 집회시설, 종교시설, 판매시설, 노유자 시설, 수련시설, 운동시설, 숙박시설, 창고시설, 지하상가

13 [기본]

「소방시설공사업법령」상 하자보수를 하여야 하는 소방시설 중 하자보수 보증기간이 3년이 아닌 것은?

① 자동소화장치
② 비상방송설비
③ 스프링클러설비
④ 상수도소화용수설비

14 기본

「소방시설공사업법령」상 상주공사감리 대상기준 중 다음 ㉠, ㉡, ㉢에 알맞은 것은?

> • 연면적 (㉠)m² 이상의 특정소방대상물(아파트는 제외)에 대한 소방시설의 공사
> • 지하층을 포함한 층수가 (㉡)층 이상으로서 (㉢) 세대 이상인 아파트에 대한 소방시설의 공사

① ㉠ 10,000, ㉡ 11, ㉢ 600
② ㉠ 10,000, ㉡ 16, ㉢ 500
③ ㉠ 30,000, ㉡ 11, ㉢ 600
④ ㉠ 30,000, ㉡ 16, ㉢ 500

15 기본

「소방시설공사업법령」상 공사감리자 지정대상 특정소방대상물의 범위가 아닌 것은?

① 물분무등소화설비(호스릴 방식의 소화설비는 제외)를 신설·개설하거나 방호·방수 구역을 증설할 때
② 제연설비를 신설·개설하거나 제연구역을 증설할 때
③ 연소방지설비를 신설·개설하거나 살수구역을 증설할 때
④ 캐비닛형 간이스프링클러설비를 신설·개설하거나 방호·방수구역을 증설할 때

16 기본

「소방시설공사업법령」상 소방공사감리를 실시함에 있어 용도와 구조에서 특별히 안전성과 보안성이 요구되는 소방대상물로서 소방 시설물에 대한 감리를 감리업자가 아닌 자가 감리할 수 있는 장소는?

① 정보기관의 청사
② 교도소 등 교정관련시설
③ 국방 관계시설 설치장소
④ 「원자력안전법」상 관계시설이 설치되는 장소

17 기본

「소방시설공사업법령」에 따른 소방시설공사 중 특정소방대상물에 설치된 소방시설 등을 구성하는 것의 전부 또는 일부를 개설, 이전 또는 정비하는 공사의 착공신고 대상이 아닌 것은?

① 수신반
② 소화펌프
③ 동력(감시)제어반
④ 제연설비의 제연구역

18 기본 　　CBT 복원

다음 중 중급기술자의 학력·경력자에 대한 기준으로 옳은 것은?

① 박사학위를 취득한 후 1년 이상 소방관련 업무를 수행한 자
② 석사학위를 취득한 후 2년 이상 소방관련 업무를 수행한 자
③ 학사학위를 취득한 후 6년 이상 소방관련 업무를 수행한 자
④ 전문학사학위를 취득한 후 10년 이상 소방관련 업무를 수행한 자

19 기본 　　22년 1회 기출

「소방시설공사업법령」상 소방시설업에 대한 행정처분기준에서 1차 행정처분 사항으로 등록취소에 해당하는 것은?

① 거짓이나 그 밖의 부정한 방법으로 등록한 경우
② 소방시설업자의 지위를 승계한 사실을 소방시설공사 등을 맡긴 특정소방대상물의 관계인에게 통지를 하지 아니한 경우
③ 화재안전기준 등에 적합하게 설계·시공을 하지 아니하거나, 법에 따라 적합하게 감리를 하지 아니한 경우
④ 등록을 한 후 정당한 사유 없이 1년이 지날 때까지 영업을 시작하지 아니하거나 계속하여 1년 이상 휴업한 때

20 기본 　　16년 4회 기출

「소방시설공사업법」상 소방시설업 등록신청서 및 첨부서류에 기재되어야 할 내용이 명확하지 아니한 경우 서류의 보완 기간은 며칠 이내인가?

① 14
② 10
③ 7
④ 5

21 기본 　　14년 1회 기출

소방공사 감리원 배치 시 배치일로부터 며칠 이내에 관련서류를 첨부하여 소방본부장 또는 소방서장에게 알려야 하는가?

① 3일
② 7일
③ 14일
④ 30일

22 기본   20년 4회 기출

「소방시설공사업법」상 도급을 받은 자가 제3자에게 소방시설공사의 시공을 하도급한 경우에 대한 벌칙 기준으로 옳은 것은? (단, 대통령령으로 정하는 경우는 제외한다.)

① 100만원 이하의 벌금
② 300만원 이하의 벌금
③ 1년 이하의 징역 또는 1,000만원 이하의 벌금
④ 3년 이하의 징역 또는 1,500만원 이하의 벌금

24 기본   21년 4회 기출

「소방시설공사업법령」상 소방시설공사업자가 소속 소방기술자를 소방시설공사 현장에 배치하지 않았을 경우의 과태료 기준은?

① 100만원 이하   ② 200만원 이하
③ 300만원 이하   ④ 400만원 이하

23 기본   22년 2회 기출

「소방시설공사업법령」상 소방시설업의 등록을 하지 아니하고 영업을 한 자에 대한 벌칙기준으로 옳은 것은?

① 1년 이하의 징역 또는 1천만원 이하의 벌금
② 2년 이하의 징역 또는 2천만원 이하의 벌금
③ 3년 이하의 징역 또는 3천만원 이하의 벌금
④ 5년 이하의 징역 또는 5천만원 이하의 벌금

위험물안전관리법은 약 20%의 출제비율을 가지고, 소방원론과 유사한 내용이 많은 유형입니다.
이 유형에서는 위험물의 품명, 지정수량과 관련된 문제의 출제 비중이 높은데 이러한 문제를 잘 이해하면 소방원론 문제도 풀 수 있으므로 확실하게 학습하는 것이 좋습니다.

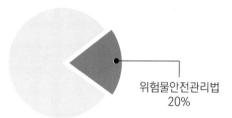

위험물안전관리법
20%

▲ 출제비율

대표유형 문제

「위험물안전관리법령」에 따라 위험물안전관리자를 해임하거나 퇴직한 때에는 해임하거나 퇴직한 날부터 며칠 이내에 다시 안전관리자를 선임하여야 하는가?   20년 1회 기출

① 30일   ② 35일
③ 40일   ④ 55일

정답 ①

해설 안전관리자를 선임한 제조소 등의 관계인은 그 안전관리자를 해임하거나 안전관리자가 퇴직한 때에는 해임하거나 퇴직한 날부터 30일 이내에 다시 안전관리자를 선임하여야 한다.

핵심이론 CHECK!

1. 위험물안전관리자의 선임

제조소 등의 관계인은 그 안전관리자를 해임하거나 안전관리자가 퇴직한 때에는 해임하거나 퇴직한 날부터 30일 이내에 다시 안전관리자를 선임하여야 한다.

2. 위험물의 저장 및 취급의 제한 및 위험물 시설의 설치·변경

① 시·도의 조례가 정하는 바에 따라 관할 소방서장의 승인을 받아 지정수량 이상의 위험물을 90일 이내의 기간 동안 임시로 저장 또는 취급하는 경우 제조소 등이 아닌 장소에서 지정수량 이상의 위험물을 취급할 수 있다.

② 제조소 등의 위치·구조 또는 설비의 변경 없이 당해 제조소 등에서 저장하거나 취급하는 위험물의 품명·수량 또는 지정수량의 배수를 변경하고자 하는 자는 변경하고자 하는 날의 1일 전까지 행정안전부령이 정하는 바에 따라 시·도지사에게 신고하여야 한다.

01 기본   22년 1회 기출

「위험물안전관리법령」상 제조소 등의 관계인은 위험물의 안전관리에 관한 직무를 수행하게 하기 위하여 제조소 등마다 위험물의 취급에 관한 자격이 있는 자를 위험물안전관리자로 선임하여야 한다. 이 경우 제조소 등의 관계인이 지켜야 할 기준으로 틀린 것은?

① 제조소 등의 관계인은 안전관리자를 해임하거나 안전관리자가 퇴직한 때에는 해임하거나 퇴직한 날부터 15일 이내에 다시 안전관리자를 선임하여야 한다.
② 제조소 등의 관계인이 안전관리자를 선임한 경우에는 선임한 날부터 14일 이내에 소방본부장 또는 소방서장에게 신고하여야 한다.
③ 제조소 등의 관계인은 안전관리자가 여행·질병 그 밖의 사유로 인하여 일시적으로 직무를 수행할 수 없는 경우에는 「국가기술자격법」에 따른 위험물의 취급에 관한 자격취득자 또는 위험물 안전에 관한 기본지식과 경험이 있는 자를 대리자로 지정하여 그 직무를 대행하게 하여야한다. 이 경우 대행하는 기간은 30일을 초과할 수 없다.
④ 안전관리자는 위험물을 취급하는 작업을 하는 때에는 작업자에게 안전관리에 관한 필요한 지시를 하는 등 위험물의 취급에 관한 안전관리와 감독을 하여야 하고, 제조소 등의 관계인은 안전관리자의 위험물 안전관리에 관한 의견을 존중하고 그 권고에 따라야 한다.

02 기본   22년 1회 기출

「위험물안전관리법령」상 제조소 등이 아닌 장소에서 지정수량 이상의 위험물 취급에 대한 설명으로 틀린 것은?

① 임시로 저장 또는 취급하는 장소에서의 저장 또는 취급의 기준은 시·도의 조례로 정한다.
② 필요한 승인을 받아 지정수량 이상의 위험물을 120일 이내의 기간 동안 임시로 저장 또는 취급하는 경우 제조소 등이 아닌 장소에서 지정수량 이상의 위험물을 취급할 수 있다.
③ 제조소 등이 아닌 장소에서 지정수량 이상의 위험물을 취급할 경우 관할 소방서장의 승인을 받아야 한다.
④ 군부대가 지정수량 이상의 위험물을 군사목적으로 임시로 저장 또는 취급하는 경우 제조소 등이 아닌 장소에서 지정수량 이상의 위험물을 취급할 수 있다.

03 기본   18년 2회 기출

「위험물안전관리법」상 지정수량 미만인 위험물의 저장 또는 취급에 관한 기술상의 기준은 무엇으로 정하는가?

① 대통령령   ② 총리령
③ 시·도의 조례   ④ 행정안전부령

04 기본   20년 2회 기출

「위험물안전관리법령」상 위험물 시설의 설치 및 변경 등에 관한 기준 중 다음 (　) 안에 들어갈 내용으로 옳은 것은?

> 제조소 등의 위치·구조 또는 설비의 변경 없이 당해 제조소 등에서 저장하거나 취급하는 위험물의 품명·수량 또는 지정수량의 배수를 변경하고자 하는 자는 변경하고자 하는 날의 (㉠)일 전까지 (㉡)이 정하는 바에 따라 (㉢)에게 신고하여야 한다.

① ㉠: 1, ㉡: 대통령령, ㉢: 소방본부장
② ㉠: 1, ㉡: 행정안전부령, ㉢: 시·도지사
③ ㉠: 14, ㉡: 대통령령, ㉢: 소방서장
④ ㉠: 14, ㉡: 행정안전부령, ㉢: 시·도지사

05 기본   21년 1회 기출

「위험물안전관리법령」상 시·도지사의 허가를 받지 아니하고 당해 제조소 등을 설치할 수 있는 기준 중 다음 (　) 안에 알맞은 것은?

> 농예용·축산용 또는 수산용으로 필요한 난방시설 또는 건조시설을 위한 지정수량 (　)배 이하의 저장소

① 20   ② 30
③ 40   ④ 50

06 기본   20년 2회 기출

「위험물안전관리법령」상 허가를 받지 아니하고 당해 제조소 등을 설치하거나 그 위치·구조 또는 설비를 변경할 수 있으며, 신고를 하지 아니하고 위험물의 품명·수량 또는 지정수량의 배수를 변경할 수 있는 기준으로 옳은 것은?

① 축산용으로 필요한 건조시설을 위한 지정수량 40배 이하의 저장소
② 수산용으로 필요한 건조시설을 위한 지정수량 30배 이하의 저장소
③ 농예용으로 필요한 난방시설을 위한 지정수량 40배 이하의 저장소
④ 주택의 난방시설(공동주택의 중앙난방시설 제외)을 위한 저장소

07 기본   19년 2회 기출

「위험물안전관리법령」상 청문을 실시하여 처분해야 하는 것은?

① 제조소 등 설치허가의 취소
② 제조소 등 영업정지 처분
③ 탱크시험자의 영업정지 처분
④ 과징금 부과 처분

08 기본   22년 2회 기출

「위험물안전관리법령」에서 정하는 제3류 위험물에 해당하는 것은?

① 나트륨   ② 염소산염류
③ 무기과산화물   ④ 유기과산화물

09 기본 21년 2회 기출

「위험물안전관리법령」상 위험물별 성질로서 틀린 것은?

① 제1류: 산화성 고체
② 제2류: 가연성 고체
③ 제4류: 인화성 액체
④ 제6류: 인화성 고체

10 기본 19년 4회 기출

제6류 위험물에 속하지 않는 것은?

① 질산
② 과산화수소
③ 과염소산
④ 과염소산염류

11 기본 14년 1회 기출

다음 위험물 중 자기반응성 물질은 어느 것인가?

① 황린
② 염소산염류
③ 알카리토금속
④ 질산에스테르류

12 기본 19년 2회 기출

산화성 고체인 제1류 위험물에 해당되는 것은?

① 질산염류
② 특수인화물
③ 과염소산
④ 유기과산화물

13 기본 21년 4회 기출

「위험물안전관리법령」상 제4류 위험물 중 경유의 지정수량은 몇 리터인가?

① 500
② 1,000
③ 1,500
④ 2,000

14 기본 15년 2회 기출

제4류 위험물로서 제1석유류인 수용성 액체의 지정수량은 몇 리터인가?

① 100
② 200
③ 300
④ 400

15 [기본]

제2류 위험물의 품명에 따른 지정수량의 연결이 틀린 것은?

① 황화린 – 100kg
② 유황 – 300kg
③ 철분 – 500kg
④ 인화성 고체 – 1,000kg

16 [기본]

「위험물안전관리법령」상 제4류 위험물별 지정수량 기준의 연결이 틀린 것은?

① 특수인화물 – 50L
② 알코올류 – 400L
③ 동식물유류 – 1,000L
④ 제4석유류 – 6,000L

17 [응용]

「위험물안전관리법령」상 위험물 중 제1석유류에 속하는 것은?

① 경유   ② 등유
③ 중유   ④ 아세톤

18 [응용]

경유의 저장량이 2,000리터, 중유의 저장량이 4,000리터, 등유의 저장량이 2,000리터인 저장소에 있어서 지정수량의 배수는?

① 동일   ② 6배
③ 3배   ④ 2배

19 [기본]

고형알코올 그 밖에 1기압 상태에서 인화점이 40℃ 미만인 고체에 해당하는 것은?

① 가연성 고체
② 산화성 고체
③ 인화성 고체
④ 자연발화성물질

20 [응용]

「위험물안전관리법령」상 위험물 및 지정수량에 대한 기준 중 다음 (   ) 안에 알맞은 것은?

> 금속분이라 함은 알칼리금속·알칼리토류금속·철 및 마그네슘 외의 금속의 분말을 말하고, 구리분·니켈분 및 (㉠) 마이크로미터의 체를 통과하는 것이 (㉡) 중량퍼센트 미만인 것은 제외한다.

① ㉠ 150, ㉡ 50
② ㉠ 53, ㉡ 50
③ ㉠ 50, ㉡ 150
④ ㉠ 50, ㉡ 53

21 기본   20년 4회 기출

「위험물안전관리법령」상 관계인이 예방규정을 정하여야 하는 위험물을 취급하는 제조소의 지정수량 기준으로 옳은 것은?

① 지정수량의 10배 이상
② 지정수량의 100배 이상
③ 지정수량의 150배 이상
④ 지정수량의 200배 이상

22 심화   22년 2회 기출

「위험물안전관리법령」상 관계인이 예방규정을 정하여야 하는 위험물 제조소 등에 해당하지 않는 것은?

① 지정수량 10배의 특수인화물을 취급하는 일반취급소
② 지정수량 20배의 휘발유를 고정된 탱크에 주입하는 일반취급소
③ 지정수량 40배의 제3석유류를 용기에 옮겨 담는 일반취급소
④ 지정수량 15배의 알코올을 버너에 소비하는 장치로 이루어진 일반취급소

23 기본   21년 4회 기출

「위험물안전관리법령」상 정기점검의 대상인 제조소 등의 기준으로 틀린 것은?

① 지하탱크저장소
② 이동탱크저장소
③ 지정수량의 10배 이상의 위험물을 취급하는 제조소
④ 지정수량의 20배 이상의 위험물을 저장하는 옥외탱크저장소

24 기본   17년 4회 기출

정기점검의 대상이 되는 제조소 등이 아닌 것은?

① 옥내탱크저장소
② 지하탱크저장소
③ 이동탱크저장소
④ 이송취급소

25 기본   21년 4회 기출

「위험물안전관리법령」의 자체소방대 기준에 대한 설명으로 틀린 것은?

> 다량의 위험물을 저장·취급하는 제조소 등으로서 대통령령이 정하는 제조소 등이 있는 동일한 사업소에서 대통령령이 정하는 수량 이상의 위험물을 저장 또는 취급하는 경우 당해 사업소의 관계인은 대통령령이 정하는 바에 따라 당해 사업소에 자체소방대를 설치하여야 한다.

① "대통령령이 정하는 제조소 등"은 제4류 위험물을 취급하는 제조소를 포함한다.
② "대통령령이 정하는 제조소 등"은 제4류 위험물을 취급하는 일반취급소를 포함한다.
③ "대통령령이 정하는 수량 이상의 위험물"은 제4류 위험물의 최대수량의 합이 지정수량의 3천배 이상인 것을 포함한다.
④ "대통령령이 정하는 제조소 등"은 보일러로 위험물을 소비하는 일반취급소를 포함한다.

26 기본   21년 2회 기출

「위험물안전관리법령」상 제조소 또는 일반취급소에서 취급하는 제4류 위험물의 최대 수량의 합이 지정수량의 48만배 이상인 사업소의 자체소방대에 두는 화학소방자동차 및 인원 기준으로 다음 ( )안에 알맞은 것은?

화학소방자동차	자체소방대원의 수
(㉠)	(㉡)

① ㉠ 1대, ㉡ 5인
② ㉠ 2대, ㉡ 10인
③ ㉠ 3대, ㉡ 15인
④ ㉠ 4대, ㉡ 20인

27 기본   20년 2회 기출

「위험물안전관리법령」상 위험물취급소의 구분에 해당하지 않는 것은?

① 이송취급소
② 관리취급소
③ 판매취급소
④ 일반취급소

28 기본   17년 4회 기출

위험물안전관리자로 선임할 수 있는 위험물 취급 자격자가 취급할 수 있는 위험물 기준으로 틀린 것은?

① 위험물기능장 자격 취득자: 모든 위험물
② 안전관리자 교육이수자: 위험물 중 제4류 위험물
③ 소방공무원으로 근무한 경력이 3년 이상인 자: 위험물 중 제4류 위험물
④ 위험물산업기사 자격 취득자: 위험물 중 제4류 위험물

29 기본   18년 2회 기출

「위험물안전관리법령」상 위험물의 안전관리와 관련된 업무를 수행하는 자로서 소방청장이 실시하는 안전교육 대상자가 아닌 것은?

① 안전관리자로 선임된 자
② 탱크시험자의 기술인력으로 종사하는 자
③ 위험물운송자로 종사하는 자
④ 제조소 등의 관계인

30 기본   21년 4회 기출

「위험물안전관리법령」상 제조소 등에 설치하여야 할 자동화재탐지설비의 설치기준 중 ( ) 안에 알맞은 내용은? (단, 광전식분리형 감지기 설치는 제외한다.)

> 하나의 경계구역의 면적은 (㉠)m² 이하로 하고 그 한 변의 길이는 (㉡)m 이하로 할 것. 다만, 당해 건축물 그 밖의 공작물의 주요한 출입구에서 그 내부의 전체를 볼 수 있는 경우에 있어서는 그 면적은 1,000m² 이하로 할 수 있다.

① ㉠ 300, ㉡ 20
② ㉠ 400, ㉡ 30
③ ㉠ 500, ㉡ 40
④ ㉠ 600, ㉡ 50

31 응용   15년 2회 기출

위험물 제조소 등에 자동화재탐지설비를 설치하여야 할 대상은?

① 옥내에서 지정수량 50배의 위험물을 저장·취급하고 있는 일반취급소
② 하루에 지정수량 50배의 위험물을 제조하고 있는 제조소
③ 지정수량의 100배의 위험물을 저장·취급하고 있는 옥내저장소
④ 연면적 100m² 이상의 제조소

32 기본   19년 2회 기출

지정수량의 최소 몇 배 이상의 위험물을 취급하는 제조소에는 피뢰침을 설치해야 하는가? (단, 제6류 위험물을 취급하는 위험물 제조소는 제외하고, 제조소 주위의 상황에 따라 안전상 지장이 없는 경우도 제외한다.)

① 5배
② 10배
③ 50배
④ 100배

33 응용   19년 1회 기출

제3류 위험물 중 금수성 물품에 적응성이 있는 소화약제는?

① 물
② 강화액
③ 팽창질석
④ 인산염류분말

34 기본   22년 2회 기출

「위험물안전관리법령」상 제4류 위험물을 저장·취급하는 제조소에 "화기엄금"이란 주의사항을 표시하는 게시판을 설치할 경우 게시판의 색상은?

① 청색바탕에 백색문자
② 적색바탕에 백색문자
③ 백색바탕에 적색문자
④ 백색바탕에 흑색문자

35 [기본]

위험물 제조소 게시판의 바탕 및 문자의 색으로 올바르게 연결된 것은?

① 바탕- 백색, 문자 -청색
② 바탕- 청색, 문자 -흑색
③ 바탕- 흑색, 문자 -백색
④ 바탕- 백색, 문자 -흑색

36 [기본]

「위험물안전관리법령」상 유별을 달리하는 위험물을 혼재하여 저장할 수 있는 것으로 짝지어진 것은?

① 제1류-제2류   ② 제2류-제3류
③ 제3류-제4류   ④ 제5류-제6류

37 [기본]

「위험물안전관리법령」상 옥내주유취급소에 있어서 당해 사무소 등의 출입구 및 피난구와 당해 피난구로 통하는 통로·계단 및 출입구에 설치해야 하는 피난설비는?

① 유도등   ② 구조대
③ 피난사다리   ④ 완강기

38 [기본]

「위험물안전관리법령」상 위험물을 취급함에 있어서 정전기가 발생할 우려가 있는 설비에 설치할 수 있는 정전기 제거설비 방법이 아닌 것은?

① 접지에 의한 방법
② 공기를 이온화하는 방법
③ 자동적으로 압력의 상승을 정지시키는 방법
④ 공기 중의 상대습도를 70% 이상으로 하는 방법

39 [기본]

「위험물안전관리법령」상 소화난이도등급 I 의 옥내탱크저장소에서 유황만을 저장·취급할 경우 설치하여야 하는 소화설비로 옳은 것은?

① 물분무소화설비
② 스프링클러설비
③ 포소화설비
④ 옥내소화전설비

40 기본 21년 1회 기출

「위험물안전관리법령」상 인화성 액체 위험물(이황화탄소를 제외)의 옥외탱크저장소의 탱크 주위에 설치하여야 하는 방유제의 기준 중 틀린 것은?

① 방유제의 용량은 방유제 안에 설치된 탱크가 하나인 때에는 그 탱크 용량의 110% 이상으로 할 것

② 방유제의 용량은 방유제 안에 설치된 탱크가 2기 이상인 때에는 그 탱크 중 용량이 최대인 것의 용량의 110% 이상으로 할 것

③ 방유제는 높이 1m 이상 2m 이하, 두께 0.2m 이상, 지하매설깊이 0.5m 이상으로 할 것

④ 방유제 내의 면적은 80,000m^2 이하로 할 것

41 기본 18년 4회 기출

「위험물안전관리법령」에 따른 인화성 액체 위험물(이황화탄소 제외)의 옥외탱크저장소의 탱크 주위에 설치하는 방유제의 설치기준 중 옳은 것은?

① 방유제의 높이는 0.5m 이상 2.0m 이하로 할 것

② 방유제 내의 면적은 100,000m^2 이하로 할 것

③ 방유제의 용량은 방유제 안에 설치된 탱크가 2기 이상인 때에는 그 탱크 중 용량이 최대인 것의 용량의 120% 이상으로 할 것

④ 높이가 1m를 넘는 방유제 및 간막이 둑의 안팎에는 방유제 내에 출입하기 위한 계단 또는 경사로를 약 50m마다 설치할 것

42 응용 18년 4회 기출

「위험물안전관리법령」에 따른 위험물제조소의 옥외에 있는 위험물취급탱크 용량이 100m^3 및 180m^{3}인 2개의 취급탱크 주위에 하나의 방유제를 설치하는 경우 방유제의 최소 용량은 몇 m^{3}이어야 하는가?

① 100 ② 140

③ 180 ④ 280

43 기본 18년 1회 기출

「위험물안전관리법령」상 제조소의 위치·구조 및 설비의 기준 중 위험물을 취급하는 건축물, 그 밖의 시설의 주위에는 그 취급하는 위험물을 최대수량이 지정수량의 10배 이하인 경우 보유하여야 할 공지의 너비는 몇 m 이상 이어야 하는가?

① 3 ② 5

③ 8 ④ 10

44 기본   20년 2회 기출

「위험물안전관리법령」상 제조소의 기준에 따라 건축물의 외벽 또는 이에 상당하는 공작물의 외측으로부터 제조소의 외벽 또는 이에 상당하는 공작물의 외측까지의 안전거리 기준으로 틀린 것은? (단, 제6류 위험물을 취급하는 제조소를 제외하고, 건축물에 불연재료로 된 방화상 유효한 담 또는 벽을 설치하지 않은 경우이다.)

① 「의료법」에 의한 종합병원에 있어서는 30m 이상

② 「도시가스사업법」에 의한 가스공급시설에 있어서는 20m 이상

③ 사용전압 35,000V를 초과하는 특고압가 공전선에 있어서는 5m 이상

④ 「문화재보호법」에 의한 유형문화재와 기념물 중 지정문화재에 있어서는 30m 이상

45 기본   21년 1회 기출

「위험물안전관리법령」상 위험물의 유별 저장·취급의 공통기준 중 다음 ( ) 안에 알맞은 것은?

> ( ) 위험물은 산화제와의 접촉·혼합이나 불티·불꽃·고온체와의 접근 또는 과열을 피하는 한편, 철분·금속분·마그네슘 및 이를 함유한 것에 있어서는 물이나 산과의 접촉을 피하고 인화성 고체에 있어서는 함부로 증기를 발생시키지 아니하여야 한다.

① 제1류   ② 제2류
③ 제3류   ④ 제4류

46 기본   20년 1회 기출

「위험물안전관리법령」상 정밀정기검사를 받아야 하는 특정·준특정옥외탱크저장소의 관계인은 특정·준특정옥외탱크저장소의 설치허가에 따른 완공검사합격확인증을 발급받은 날부터 몇 년 이내에 정밀정기검사를 받아야 하는가?

① 9   ② 10
③ 11   ④ 12

47 응용   20년 1회 기출

「위험물안전관리법령」상 제조소 등의 경보설비 설치기준에 대한 설명으로 틀린 것은?

① 제조소 및 일반취급소의 연면적이 500m² 이상인 것에는 자동화재탐지설비를 설치한다.

② 자동신호장치를 갖춘 스프링클러설비 또는 물분무등소화설비를 설치한 제조소 등에 있어서는 자동화재탐지설비를 설치한 것으로 본다.

③ 경보설비는 자동화재탐지설비·자동화재속보설비·비상경보설비(비상벨장치 또는 경종 포함)·확성장치(휴대용확성기 포함) 및 비상방송설비로 구분한다.

④ 지정수량의 10배 이상의 위험물을 저장 또는 취급하는 제조소 등(이동탱크저장소를 포함)에는 화재발생시 이를 알릴 수 있는 경보설비를 설치하여야 한다.

48 기본   14년 1회 기출

제조소 중 위험물을 취급하는 건축물은 특수한 경우를 제외하고 어떤 구조로 하여야 하는가?

① 지하층이 없는 구조이어야 한다.
② 지하층이 있는 구조이어야 한다.
③ 지하층이 있는 1층 이내의 건축물이어야 한다.
④ 지하층이 있는 2층 이내의 건축물이어야 한다.

49 응용   21년 1회 기출

「위험물안전관리법령」상 업무상 과실로 제조소 등에서 위험물을 유출·방출 또는 확산시켜 사람의 생명·신체 또는 재산에 대하여 위험을 발생시킨 자에 대한 벌칙 기준은?

① 5년 이하의 금고 또는 2,000만원 이하의 벌금
② 5년 이하의 금고 또는 7,000만원 이하의 벌금
③ 7년 이하의 금고 또는 2,000만원 이하의 벌금
④ 7년 이하의 금고 또는 7,000만원 이하의 벌금

50 기본   19년 1회 기출

위험물운송자 자격을 취득하지 아니한 자가 위험물 이송탱크저장소 운전 시의 벌칙으로 옳은 것은?

① 100만원 이하의 벌금
② 300만원 이하의 벌금
③ 500만원 이하의 벌금
④ 1,000만원 이하의 벌금

51 기본   20년 1회 기출

「위험물안전관리법령」상 다음의 규정을 위반하여 위험물의 운송에 관한 기준을 따르지 아니한 자에 대한 과태료 기준은?

> 위험물운송자는 이동탱크저장소에 의하여 위험물을 운송하는 때에는 행정안전부령으로 정하는 기준을 준수하는 등 당해 위험물의 안전확보를 위하여 세심한 주의를 기울여야 한다.

① 100만원 이하
② 300만원 이하
③ 500만원 이하
④ 1,000만원 이하

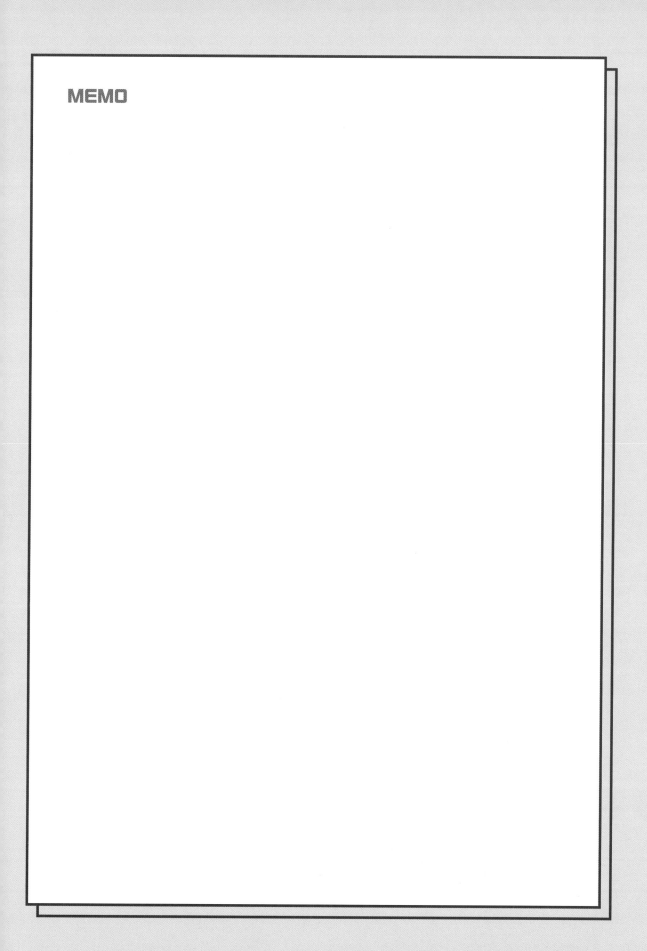

MEMO

소방설비기사 필수기출 400제

정답 및 해설

엔지니어랩 연구소에서 제시하는 합격전략

소방설비기사 필기 공통과목 필수기출 400제의 정답 및 해설은 단순히 문제의 정답이 왜 답이 되는지만을 설명하는 형식이 아니라 핵심이론을 이해하고 문제를 해석하여 실전에 적용할 수 있도록 다음의 단계로 구성하였습니다.
유형별 기출문제에 나온 문제를 단순히 답만 체크하는 것이 아니라 문제를 이해하며 공부함으로써 쉽고 빠르게 합격할 수 있습니다.

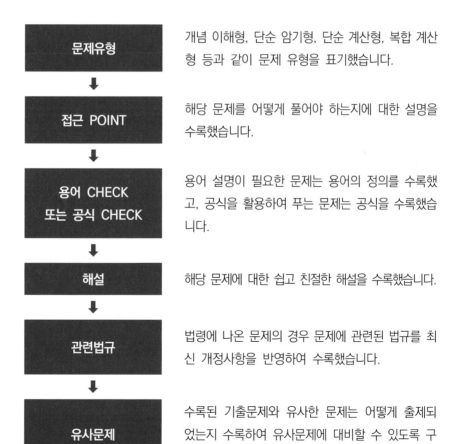

문제유형 — 개념 이해형, 단순 암기형, 단순 계산형, 복합 계산형 등과 같이 문제 유형을 표기했습니다.

접근 POINT — 해당 문제를 어떻게 풀어야 하는지에 대한 설명을 수록했습니다.

용어 CHECK 또는 공식 CHECK — 용어 설명이 필요한 문제는 용어의 정의를 수록했고, 공식을 활용하여 푸는 문제는 공식을 수록했습니다.

해설 — 해당 문제에 대한 쉽고 친절한 해설을 수록했습니다.

관련법규 — 법령에 나온 문제의 경우 문제에 관련된 법규를 최신 개정사항을 반영하여 수록했습니다.

유사문제 — 수록된 기출문제와 유사한 문제는 어떻게 출제되었는지 수록하여 유사문제에 대비할 수 있도록 구성했습니다.

SUBJECT 01 소방원론

대표유형 ❶

연소이론   10쪽

01	02	03	04	05	06	07	08	09	10
③	②	②	③	③	①	④	①	④	④

11	12	13	14	15	16	17	18	19	20
④	①	②	③	②	③	②	③	①	②

21	22	23	24	25	26	27	28	29	30
④	③	①	①	②	①	①	③	③	④

31	32	33	34	35	36	37	38	39	40
②	①	①	③	④	②	④	②	④	③

41	42	43	44	45	46	47			
②	③	③	②	④	①	④			

01 개념 이해형   난이도 下

┃ 정답   ③

┃ 접근 POINT

연소의 형태를 구분할 수 있어야 한다.

┃ 해설

촛불(양초)의 주성분은 파라핀이다.
파라핀과 같이 가열했을 때 고체에서 액체로, 액체에서 기체로 상태가 변하여 그 기체가 연소하는 것을 증발연소라고 한다.

┃ 관련개념

연소의 형태

구분	내용
표면연소	• 고체의 연소형태이다. • 열분해에 의해 가연성 가스가 발생하지 않고 물질 자체가 연소하는 것이다. • 숯, 목탄, 금속분 연소이다.
분해연소	• 고체의 연소형태이다. • 열분해에 의해 발생하는 가스와 산소가 혼합하여 연소한다. • 석탄, 종이, 플라스틱 연소이다.
증발연소	• 고체와 액체의 연소형태이다. • 가열시 고체에서 액체로, 액체에서 기체로 상태가 변하여 연소한다.(액체는 액체에서 기체로만 상태가 변함) • 황, 파라핀(양초), 나프탈렌, 가솔린, 등유 연소이다.
자기연소	• 고체의 연소형태이다. • 열분해에 의해 산소를 직접 발생하면서 연소한다. • 제5류 위험물 연소이다.
확산연소	• 기체의 연소형태이다. • 기체연료가 공기 중의 산소와 혼합하면서 연소한다. • 메탄, 아세틸렌, 일산화탄소, 수소 연소이다.

02 | 개념 이해형
난이도 下

▮ 정답 ②

▮ 접근 POINT

연소의 형태를 구분할 수 있어야 한다.

▮ 해설

표면연소는 열분해에 의해 가연성 가스가 발생하지 않고 물질 자체가 연소하는 것이다.
나프탈렌은 주된 연소의 형태가 증발연소이다.

03 | 개념 이해형
난이도 下

▮ 정답 ②

▮ 접근 POINT

조연성 가스란 자기 자신은 연소하지 않으면서 다른 물질이 연소하는 것을 도와주는 가스라는 의미를 기억해야 한다.

▮ 해설

산소, 불소, 염소, 오존 등이 대표적인 조연성 가스이다.

▮ 유사문제

가장 대표적인 조연성 가스는 산소이다.
좀 더 쉬운 문제로 보기에 산소만 주어진 경우도 있다.
조연성 가스라는 문구가 있으면 가장 먼저 산소를 떠올려야 한다.

04 | 개념 이해형
난이도 下

▮ 정답 ③

▮ 접근 POINT

불활성 가스는 화학적으로 반응성이 없다는 뜻으로 불연성 물질과 비슷한 뜻이다.

▮ 해설

주기율표에서 18족에 해당되는 물질은 화학적 반응성이 거의 없는 불활성 가스이다.
헬륨(He), 네온(Ne), 아르곤(Ar), 크립톤(Kr), 크세논(Xe), 라돈(Rn)이 주기율표 18족의 불활성 가스이다.

▮ 선지분석

① 수증기는 물이 기체 상태로 변한 것으로 산소와 더 이상 반응하지 않는 불연성 물질이라고 할 수 있지만 주기율표 18족에 해당되지 않으므로 이 문제에서 가장 적합한 답은 아르곤이다.

②, ④ 일산화탄소와 아세틸렌은 가연성 기체이다.

▮ 유사문제

기출문제에서는 헬륨(He), 네온(Ne), 아르곤(Ar)이 불활성 가스를 선택하는 보기로 자주 출제된다.

05 개념 이해형

난이도 下

정답 ③

접근 POINT

가연성 가스가 아닌 물질은 불활성 가스이다.

해설

아르곤(Ar)은 주기율표상 18족 원소로 불연성 가스이다.

일산화탄소, 프로판, 메탄은 모두 가연성 가스이다.

06 개념 이해형

난이도 中

정답 ①

접근 POINT

가장 대표적인 산소 공급원은 공기이고, 물질 내부에 산소를 가지고 있는 제1류 위험물도 산소 공급원이 될 수 있다.

해설

탄화칼슘(CaC_2)은 제3류 위험물로 산소 공급원이 될 수 없다.

과산화나트륨(Na_2O_2), 질산나트륨($NaNO_3$)은 모두 제1류 위험물이고, 물질 내부에 산소를 가지고 있기 때문에 산소 공급원이 될 수 있다.

07 개념 이해형

난이도 中

정답 ④

접근 POINT

불에 잘 타는 성질이 가연성이고, 인체에 유해한 성질이 독성이다.

해설

황화수소(H_2S)는 공기 중에서 청색 불꽃을 내면서 연소하고, 사람이 흡입하면 목숨을 잃을 정도로 독성이 강하다.

선지분석

① 질소는 가연성이 없고, 독성도 없다.
② 수소는 가연성 가스이지만 독성은 없다.
③ 염소는 제1차 세계대전에서 독가스로 사용될 정도로 독성은 있지만 염소 자체가 가연성이 있지는 않다.

08 단순 암기형

난이도 下

정답 ①

접근 POINT

응용되어 출제되지는 않으므로 MOC가 가장 작은 물질이 무엇인지 아는 정도로 접근하면 된다.

해설

MOC(Minimum Oxygen Concentration: 최소 산소 농도)는 화염을 전파하기 위해 필요한 최소한의 산소농도이다.

메탄의 MOC: 약 10[vol%]

에탄의 MOC: 약 10.5[vol%]

프로판의 MOC: 약 11[vol%]

부탄의 MOC: 약 11.7[vol%]

09 단순 암기형 난이도 下

∎ 정답 ④

∎ 접근 POINT

단순한 문제로 이렇게 출제될 수도 있지만 계산 문제를 풀기 위해서 공기 중의 산소의 농도는 암기하고 있어야 한다.

∎ 해설

공기 중의 산소의 농도는 약 21[vol%]이다.

10 단순 계산형 난이도 下

∎ 정답 ④

∎ 접근 POINT

방사된 이산화탄소의 농도를 구하는 공식만 알고 있다면 쉽게 풀 수 있다.

∎ 공식 CHECK

방사된 이산화탄소(CO_2)의 농도

$$CO_2의\ 농도[\%] = \frac{21 - O_2의\ 농도[\%]}{21} \times 100$$

∎ 해설

$$CO_2의\ 농도[\%] = \frac{21 - 12}{21} \times 100 = 42.857[\%]$$

∎ 유사문제

다음과 같이 숫자가 바뀌어 출제되는 경향이 있으므로 공식에 수치를 넣어 답을 구하는 것을 연습해야 한다.

밀폐된 공간에 이산화탄소를 방사하여 산소의 체적 농도가 11[%]가 되게 하기 위해 방사해야 할 이산화탄소의 농도는?

$$CO_2의\ 농도[\%] = \frac{21 - 11}{21} \times 100 = 47.619[\%]$$

11 단순 계산형 난이도 下

∎ 정답 ④

∎ 접근 POINT

방사된 이산화탄소의 농도를 구하는 공식만 알고 있다면 쉽게 풀 수 있다.

∎ 공식 CHECK

방사된 이산화탄소(CO_2)의 농도

$$CO_2의\ 농도[\%] = \frac{21 - O_2의\ 농도[\%]}{21} \times 100$$

∎ 해설

$$CO_2의\ 농도[\%] = \frac{21 - 10}{21} \times 100 = 52.38[\%]$$

12 단순 계산형   난이도 中

정답 ①

접근 POINT

방사된 이산화탄소(CO_2)의 농도를 구하는 식을 이용하면 되는데 이산화탄소(CO_2)의 농도가 주어지고 산소(O_2)의 농도를 구해야 하는 문제이다.

공식 CHECK

방사된 이산화탄소(CO_2)의 농도

$$CO_2의 농도[\%] = \frac{21 - O_2의 농도[\%]}{21} \times 100$$

해설

$$37 = \frac{21 - O_2의 농도[\%]}{21} \times 100$$

$$\frac{37}{100} = \frac{21 - O_2의 농도[\%]}{21}$$

$$O_2의 농도[\%] = 21 - \left(\frac{37}{100} \times 21\right) = 13.23[\%]$$

13 단순 계산형   난이도 下

정답 ②

접근 POINT

mol과 분자량에 대한 기본적인 이해가 있으면 쉽게 접근할 수 있다.

해설

(1) 이산화탄소(CO_2)의 분자량 구하기

    C(탄소)의 원자량=12

    O(산소)의 원자량=16

CO_2(이산화탄소)의 분자량

=12+(16×2)=44

(2) 이산화탄소 20[g]의 mol 수 구하기

이산화탄소의 분자량이 44라는 의미는 이산화탄소 1mol이 44g이라는 뜻이다.

이 관계를 이용하여 비례식을 만들면 다음과 같다.

$$44g : 1mol = 20g : x$$

$$x = \frac{20g \times 1mol}{44g} = 0.454mol$$

관련개념

원자량

H, C, N, O의 원자량은 문제에서 주어지지 않는 경우가 많기 때문에 암기하고 있어야 한다.

원자	원자량
H(수소)	1
C(탄소)	12
N(질소)	14
O(산소)	16

14 복합 계산형   난이도 上

정답 ③

접근 POINT

방사된 이산화탄소의 농도를 구한 후 혼합공기의 비율을 산정하여 분자량을 계산해야 하는 복합적인 계산문제이다.

▎공식 CHECK

방사된 이산화탄소(CO_2)의 농도

$$CO_2의 \ 농도\,[\%] = \frac{21 - O_2의 \ 농도\,[\%]}{21} \times 100$$

▎해설

(1) 방사된 이산화탄소의 농도 계산

$$CO_2의 \ 농도\,[\%] = \frac{21 - 14}{21} \times 100$$
$$= 33.33\,[\%]$$

(2) 소화약제 방출 후 공기의 부피비율 계산

산소(O_2)의 부피비=14[%](문제에 주어짐)

이산화소(CO_2)의 부피비
=33.33[%](위에서 구함)

질소(N_2)의 부피비
=100-14-33.33=52.67[%]
(화재 시 발생한 연소가스는 무시)

(3) 혼합공기의 분자량 계산

산소(O_2)의 분자량=16×2=32

이산화소(CO_2)의 분자량=12+(16×2)=44

질소(N_2)의 분자량=14×2=28

혼합공기의 분자량은 다음과 같다.

$(32 \times 0.14) + (44 \times 0.3333) + (28 \times 0.5267) = 33.89$

---

15 단순 계산형　　　　　　난이도 中

▎정답 ②

▎접근 POINT

원자량만 알면 풀 수가 없고 수소의 완전연소반응식을 작성할 수 있어야 풀 수 있는 문제이다.

▎해설

수소의 완전연소반응식은 다음과 같다.

$2H_2 + O_2 \rightarrow 2H_2O$

수소(H)의 원자량은 1이고, 수소 분자(H_2)의 분자량은 2이다.

산소(O)의 원자량은 16이고, 산소 분자(O_2)의 분자량은 32이다.

수소의 완전연소반응식에서 수소 분자(H_2) 4[kg]이 완전연소할 때 산소 분자(O_2) 32[kg]이 필요함을 알 수 있다.

이 관계를 비례식으로 만들어서 수소 1[kg]이 완전연소할 때 필요한 산소량을 구한다.

$4\,[kg] : 32\,[kg] = 1\,[kg] : x$

$x = \dfrac{32 \times 1}{4} = 8\,[kg]$

---

16 단순 계산형　　　　　　난이도 下

▎정답 ②

▎접근 POINT

C, O, H의 원자량, 분자량 구하는 방법, 증기비중 구하는 공식을 알고 있어야 풀 수 있다.

▎공식 CHECK

증기비중

$$증기비중 = \frac{분자량}{29}$$

29는 공기의 평균 분자량이다.

해설

(1) 이산화탄소(CO_2)의 분자량 구하기

　　C(탄소)의 원자량=12

　　O(산소)의 원자량=16

　　CO_2(이산화탄소)의 분자량

　　=12+(16×2)=44

　　이산화탄소는 C가 1개, O가 2개로 구성되어 있다.

(2) 이산화탄소(CO_2)의 증기비중 구하기

$$증기비중 = \frac{분자량}{29} = \frac{44}{29} = 1.517$$

17 단순 계산형　　　　　　난이도 中

정답　③

접근 POINT

화학적인 기본개념이 있어야 풀 수 있는 문제로 이상기체상태방정식을 이용해서 풀 수 있다.

공식 CHECK

이상기체상태방정식

$$PV = \frac{w}{M}RT$$

P: 압력[atm]

V: 부피[L]

w: 무게[g]

M: 분자량[g/mol]

R: 기체상수0.082[atm·L/mol·K]

T: 절대온도[K]

해설

$PV = \dfrac{w}{M}RT$ 식을 이항하여 M식으로 정리한다.

$$M = \frac{wRT}{PV} = \frac{22 \times 0.082 \times 273}{1 \times 11.2}$$

$$= 43.972[g/mol]$$

T는 절대온도[K]이고 문제에서는 섭씨온도[℃]로 주어졌으므로 다음과 같이 환산해야 한다.

0[℃]+273=273K

18 단순 계산형　　　　　　난이도 中

정답　①

접근 POINT

화학적인 기본개념이 있어야 풀 수 있는 문제로 이상기체상태방정식을 이용해서 풀 수 있다.

공식 CHECK

이상기체상태방정식

$$PV = \frac{w}{M}RT$$

P: 압력[atm]

V: 부피[m^3]

w: 무게[kg]

M: 분자량[kg/kmol]

R: 기체상수0.082[atm·m^3/kmol·K]

T: 절대온도[K]

해설

$PV = \dfrac{w}{M}RT$ 식을 이항하여 w식으로 정리한다.

$$w = \frac{PVM}{RT} = \frac{1 \times 44.8 \times 44}{0.082 \times 273} = 88.055[kg]$$

M은 이산화탄소의 분자량으로 다음과 같다.

CO_2의 분자량=$12+(16 \times 2)=44kg/kmol$

문제에서 무게의 단위는 [kg], 부피의 단위는 [m^3]으로 주어졌으므로 단위를 맞추어야 한다.

19 복합 계산형
난이도 上

정답 ①

접근 POINT

조건을 해석하여 보일-샤를의 법칙을 활용해야 하는 문제로 난이도가 높은 문제이다.

공식 CHECK

보일-샤를의 법칙

$$\frac{P_1 V_1}{T_1} = \frac{P_2 V_2}{T_2}$$

P_1, P_2: 기압[MPa]

V_1, V_2: 부피[m^3]

T_1, T_2: 절대온도[K]

해설

$\frac{P_1 V_1}{T_1} = \frac{P_2 V_2}{T_2}$ 식을 문제에서 구하고자 하는

P_2를 기준으로 정리한다.

$$P_2 = \frac{P_1 V_1}{T_1} \times \frac{T_2}{V_2}$$

문제에서 이상기체라고 가정했고, 위험물 탱크 안에서 일어나는 반응으로 부피는 일정하다고 볼 수 있으므로 V_1, V_2는 무시한다.

$$P_2 = \frac{P_1}{T_1} \times T_2 = \frac{0.3}{273} \times 373 = 0.409[MPa]$$

20 개념 이해형
난이도 下

정답 ②

접근 POINT

깍두기를 크게 썰었을 때와 잘게 썰었을 때 공기와의 접촉면적이 어떻게 달라지는지 생각하면 답을 고를 수 있다.

해설

고체 가연물이 덩어리 상태에서 가루 상태가 되면 공기와의 접촉면이 더 커져서 연소가 잘 된다. 연소반응은 가연물이 공기(산소)와 반응하는 것이므로 공기와의 접촉면이 더 커지면 연소가 더 잘 된다.

21 개념 이해형
난이도 下

정답 ④

접근 POINT

불이 잘 붙는 가연물질의 특징을 생각해 본다.

해설

연소란 가연물질이 산소와 결합하는 반응이다. 가연물질은 산소와 결합할 때 발열량이 큰 물질이다.

관련개념

가연물질의 구비조건

• 발열량이 클 것

• 표면적이 넓을 것

• 열전도율이 작을 것

• 화학적 활성이 클 것

- 열의 축적이 용이할 것
- 산소와 친화력이 클 것
- 활성화에너지가 작을 것

22 단순 암기형 난이도 下

| 정답 ③

| 접근 POINT

응용되어 출제되지는 않으므로 해당되는 플라스틱의 종류를 알고 있으면 된다.

| 해설

열을 가하면 부드럽게 되는 것을 열가소성이라고 하고, 열을 가하면 경화(딱딱해짐)되는 것을 열경화성이라고 한다.

플라스틱의 분류

열가소성 플라스틱	열경화성 플라스틱
• 폴리에틸렌수지 • 폴리스티렌수지 • 폴리염화비닐(PVC)	• 페놀수지 • 요소수지 • 멜라민수지

23 단순 암기형 난이도 中

| 정답 ①

| 접근 POINT

모든 원소 중에서 F가 전기음성도가 가장 크다. 전기음성도가 가장 큰 원소를 고르라는 문제의 답은 F를 고르면 된다.

| 해설

전기음성도는 원자가 전자를 끌어당기는 능력이다.

전자는 (-)전하를 띄기 때문에 전자를 잘 끌어당길수록 (-)전하를 띄는 경향이 강하다. 따라서 전자를 끌어당기는 능력을 전기음성도라고 정의한다고 이해할 수 있다.

보기에 제시된 원소의 전기음성도 크기는 다음과 같다.

$F > Cl > Br > I$

| 관련개념

할로겐족

보기에 주어진 F(불소), Cl(염소), Br(브로민), I(요오드)를 할로겐족이라고 한다.

24 단순 암기형 난이도 中

| 정답 ①

| 접근 POINT

할로겐족에서 전기음성도 순서와 소화효과 순서는 반대이다.

| 해설

할로겐원소의 소화효과

$I > Br > Cl > F$

| 유사문제

좀더 단순한 문제로 할로겐족 원소가 무엇인지를 묻는 문제도 출제되었다.

F(불소), Cl(염소), Br(브로민), I(요오드)가 할로겐족 원소이다.

25 개념 이해형   난이도 下

┃ 정답 ②

┃ 접근 POINT

두꺼운 벽과 얇은 벽 중 이동열량이 더 많은 쪽이 어디인지 생각해 본다.

┃ 해설

전도와 관련된 식은 다음과 같다.

$$Q = \frac{kA(T_2 - T_1)}{l}$$

Q: 이동열량[W]

k: 열전도도[W/m·K]

A: 단면적[m^2]

$T_2 - T_1$: 온도차[K]

l: 전열체의 두께[m]

이동열량(Q)는 전열체의 열전도도(k), 단면적(A), 온도차($T_2 - T_1$)에 비례하고, 전열체의 두께(l)에 반비례한다.

26 개념 이해형   난이도 下

┃ 정답 ①

┃ 접근 POINT

열을 흡수하는 것은 점화원이 될 수 없다.

┃ 해설

융해열은 고체를 융해하여 액체로 바꾸는데 필요한 에너지로 열을 흡수하는 것이기 때문에 점화원이 될 수 없다.

┃ 유사문제

점화원이 될 수 없는 것으로 융해열 외에 기화열(증발열), 흡착열 등도 보기로 출제된 적이 있다.

27 개념 이해형   난이도 下

┃ 정답 ①

┃ 접근 POINT

연소범위의 의미만 알고 있다면 쉽게 접근할 수 있는 문제이다.

┃ 해설

에테르의 연소범위가 1.9~48[vol%]라는 것은 공기 중에 에테르의 증기가 1.9~48[vol%] 있을 때 연소한다는 의미이다.

연소범위가 넓을수록 연소 위험성이 더 크고, 공기 중에 에테르 증기가 차지하는 비율이 48[vol%]를 넘으면 연소범위를 벗어나기 때문에 연소하지 않는다.

28 단순 암기형   난이도 下

┃ 정답 ③

┃ 접근 POINT

연소범위는 실험으로 측정한 값으로 자주 나오는 물질의 연소범위는 암기해야 한다.

| 해설

공기 중에서의 연소범위(=폭발범위)

가스	하한계[vol%]	상한계[vol%]
아세틸렌(C_2H_2)	2.5	81
수소(H_2)	4	75
에테르($C_2H_5OC_2H_5$)	1.7	48
이황화탄소(CS_2)	1	50
일산화탄소(CO)	12.5	74
암모니아(NH_3)	15	28
메탄(CH_4)	5	15
에탄(C_2H_6)	3	12.4
프로판(C_3H_8)	2.1	9.5
부탄(C_4H_{10})	1.8	8.4

29 단순 암기형   난이도 下

| 정답 ③

| 접근 POINT

연소범위는 실험으로 측정한 값으로 자주 나오는 물질의 연소범위는 암기해야 한다.

| 해설

수소의 연소범위는 약 4~75[vol%]이다.

30 단순 암기형   난이도 下

| 정답 ④

| 접근 POINT

연소범위는 실험으로 측정한 값으로 자주 나오는 물질의 연소범위는 암기해야 한다.

| 해설

프로판 가스의 연소범위는 약 2.1~9.5[vol%]이다.

31 단순 계산형   난이도 中

| 정답 ②

| 접근 POINT

혼합가스의 폭발하한계 공식을 알고 있어야 풀수 있는 문제이므로 공식을 정확하게 암기해야한다.

| 공식 CHECK

혼합가스의 폭발하한계(L)

$$L = \frac{100}{\dfrac{V_1}{L_1} + \dfrac{V_2}{L_2} + \dfrac{V_3}{L_3}}$$

V_1, V_2, V_3: 가연성 가스의 부피[vol%]

L_1, L_2, L_3: 가연성 가스의 폭발하한계[vol%]

| 해설

$$L = \frac{100}{\dfrac{V_1}{L_1} + \dfrac{V_2}{L_2} + \dfrac{V_3}{L_3}} = \frac{100}{\dfrac{50}{2.2} + \dfrac{40}{1.9} + \dfrac{10}{2.4}}$$
$$= 2.085[vol\%]$$

32 복합 계산형   난이도 上

┃ 정답 ①

┃ 접근 POINT

각 물질의 연소범위만 주어졌다면 쉬운 문제일 수 있지만 연소범위가 주어지지 않고 위험도 값을 묻고 있으므로 난이도가 높은 문제이다.

┃ 공식 CHECK

위험도 공식

$$H = \frac{U - L}{L}$$

H: 위험도
U: 연소상한계
L: 연소하한계

┃ 해설

① 디에틸에테르의 연소범위: 1.7~48[vol%]

$$H = \frac{U - L}{L} = \frac{48 - 1.7}{1.7} = 27.235$$

② 수소의 연소범위: 4~75[vol%]

$$H = \frac{U - L}{L} = \frac{75 - 4}{4} = 17.75$$

③ 에틸렌의 연소범위: 2.7~36[vol%]

$$H = \frac{U - L}{L} = \frac{36 - 2.7}{2.7} = 12.333$$

④ 부탄의 연소범위: 1.8~8.4[vol%]

$$H = \frac{U - L}{L} = \frac{8.4 - 1.8}{1.8} = 3.666$$

┃ 유사문제

디에틸에테르는 에테르로 부르기도 하고 실제 문제에서도 에테르로 출제되기도 한다.
이황화탄소의 위험도도 자주 출제된다.

이황화탄소의 연소범위: 1~50[vol%]

$$H = \frac{U - L}{L} = \frac{50 - 1}{1} = 49$$

이황화탄소는 위험물 중에서도 위험도가 큰 물질이다.

33 단순 암기형   난이도 下

┃ 정답 ①

┃ 접근 POINT

최소점화에너지는 공식으로 계산하기 보다는 실험적으로 구하는 값이기 때문에 수치를 암기해야 한다.

┃ 해설

프로판가스의 최소점화에너지는 약 0.25[mJ]이다.

34 단순 암기형   난이도 下

┃ 정답 ③

┃ 접근 POINT

열전도도를 직접 계산하는 문제는 잘 출제되지 않으므로 단위가 무엇인지를 암기하는 방식으로 접근하는 것이 좋다.

┃ 해설

열전도도는 물질이 열을 얼마나 잘 전달하는지를 나타내는 특성이다.
열전도도의 단위는 [W/m·K]를 사용하며 이는 단위 면적당 단위 두께를 가진 물질이 일정한 온도 차이에 따라 단위 시간당 전달하는 열의 양을 나타낸다.

35 단순 암기형

난이도 下

┃ 정답 ②

┃ 접근 POINT
스테판-볼쯔만의 법칙을 알고 있다면 직관적으로 답을 고를 수 있다.

┃ 공식 CHECK
스테판-볼쯔만의 법칙
물체(흑체)가 방출하는 복사에너지는 그 절대온도의 4제곱에 비례한다.
$E = \sigma T^4$
E: 복사에너지
σ: 스테판-볼쯔만 상수
T: 절대온도

┃ 해설
스테판-볼쯔만의 법칙에 따르면 물체(흑체)가 방출하는 복사에너지는 그 절대온도의 4제곱에 비례한다.

┃ 유사문제
열의 전달현상 중 복사현상과 가장 관련 깊은 법칙으로 스테판-볼쯔만의 법칙을 고르는 문제도 출제되었다.

36 단순 암기형

난이도 下

┃ 정답 ④

┃ 접근 POINT
스테판-볼쯔만의 법칙을 알고 있다면 공식에 대입해서 답을 고를 수 있다.

┃ 공식 CHECK
스테판-볼쯔만의 법칙
물체(흑체)가 방출하는 복사에너지는 그 절대온도의 4제곱에 비례한다.
$E = \sigma T^4$
E: 복사에너지
σ: 스테판-볼쯔만 상수
T: 절대온도

┃ 해설
스테판-볼쯔만의 법칙에 따라 복사에너지는 그 절대온도의 4제곱에 비례하므로 절대온도가 2배가 되면 복사에너지는 $2^4 = 16$배로 증가한다.

┃ 유사문제
직접 표면온도가 주어지고 열복사량이 몇 배 상승하는지 묻는 문제가 출제되었다.
물체의 표면온도가 250℃에서 650℃로 상승했을 때 열복사량은 몇 배 상승하는가?
$$\frac{E_2}{E_1} = \frac{(650 + 273)^4}{(250 + 273)^4} = 9.7$$
9.7배 상승한다.
σ: 스테판-볼쯔만 상수는 분자, 분모에 공통으로 들어가므로 생략이 가능하다.

37 단순 암기형   난이도 下

| 정답 ②

| 접근 POINT

연탄가스에 중독된 사람이 두통을 일으키고 심하면 목숨을 잃게 되는데 연탄가스에 CO(일산화탄소)가 많이 포함되어 있다.

| 해설

CO(일산화탄소)가 인체에 들어오면 헤모글로빈이 혈액의 산소를 운반하는 작용을 저해하여 심한 두통을 일으키고 심하면 질식하여 목숨을 잃게 된다.

| 관련개념

대표적인 연소가스의 종류 및 특징

구분	특징
일산화탄소 (CO)	• 헤모글로빈이 혈액에서 산소를 운반하는 것을 저해한다. • 사람이 흡입하면 두통을 일으키고 질식, 사망할 수 있다.
이산화탄소 (CO_2)	• 연소가스 중 가장 많다. • 자체의 독성은 거의 없다. • 소화약제로 많이 사용된다.
황화수소 (H_2S)	황이 포함된 연료가 연소할 때 주로 발생하고, 계란 썩는 냄새가 난다.
암모니아 (NH_3)	질소가 포함된 연료가 연소할 때 주로 발생한다.
포스겐 ($COCl_2$)	• 독성이 매우 강하다. • 사염화탄소(CCl_4)를 화재 시에 사용하면 발생된다.
아크롤레인 ($CH_2=CHCHO$)	독성이 있고, 주로 석유제품이 연소할 때 발생된다.

38 단순 암기형   난이도 下

| 정답 ④

| 접근 POINT

독성이 가장 강한 연소 생성물을 묻는 경우 바로 포스겐($COCl_2$)을 떠올려야 한다.

| 해설

포스겐($COCl_2$)은 독성이 매우 강하고, 사염화탄소로 소화할 때 주로 발생하는 물질이다.
사염화탄소는 현재 사용이 금지되었지만 사염화탄소로 소화할 때 발생하는 포스겐($COCl_2$)과 관련된 문제는 종종 출제되고 있다.

39 단순 암기형   난이도 下

| 정답 ④

| 접근 POINT

석유제품이 연소할 때 생성되고 독성이 있다는 점에 주목해야 한다.

| 해설

아크롤레인($CH_2=CHCHO$)은 독성이 있고, 주로 석유제품이 연소할 때 발생된다.
아크롤레인은 알데히드 계통의 가스로 코를 콕 찌르는 듯한 매케한 냄새가 난다.

40 단순 암기형 난이도 下

정답 ③

접근 POINT

계란 썩는 냄새가 난다는 것을 주목해야 한다.

해설

황화수소(H_2S)는 황이 포함된 연료가 연소할 때 주로 발생하고, 계란 썩는 냄새가 난다.

41 단순 암기형 난이도 中

정답 ②

접근 POINT

연소 생성물과 관련된 문제로 보기가 영어로 주어져서 약간 난이도가 있지만 종종 출제되는 문제이므로 정답은 숙지해야 한다.

해설

연소할 때 시안화수소(HCN)을 발생시키는 물질
- 폴리우레탄(Polyurethane)
- 요소[$CO(NH_2)_2$]
- 아닐린($C_6H_5NH_2$)

42 개념 이해형 난이도 下

정답 ③

접근 POINT

물에 소금이 녹는 것을 용해라고 한다. 물에 황산을 넣는 것도 같은 원리이다.

해설

어떤 물질이 액체(물)에 용해될 때 발생하는 열을 용해열이라고 한다.

관련개념

화학적인 열의 종류

구분	내용
연소열	어떤 물질이 연소(완전하게 산화)하는 과정에서 발생하는 열
용해열	어떤 물질이 액체에 용해될 때 발생하는 열
분해열	물질이 분해될 때 발생하는 열
자연발열	외부로부터 열의 공급을 받지 않으면서 온도가 상승하는 현상으로 원인은 산화열이 대표적임

43 개념 이해형 난이도 下

정답 ③

접근 POINT

백열전구에는 전류가 흐르고 빛과 열이 발생한다.

해설

도체에 전류가 흐를 경우 전기저항 때문에 발생하는 열을 저항열이라고 한다.
백열전구에도 전류가 흐르고 전기저항이 있기 때문에 열과 빛이 발생한다.

44 개념 이해형 　　　난이도 下

정답 ②

접근 POINT

자연발화의 가장 큰 원인이 되는 열이 무엇인지 생각해 본다.

해설

불포화 섬유지나 건성유, 석탄 등은 공기 중에서 산소와 결합하여 산화열이 발생하면 자연발화할 수 있다.

45 개념 이해형 　　　난이도 下

정답 ④

접근 POINT

점화원을 기계적인 원인과 화학적인 원인으로 구분할 수 있어야 한다.

해설

점화원의 분류

구분	내용
기계적인 원인	• 충격 • 마찰 • 단열압축
화학적인 원인	• 화합 • 분해 • 혼합 • 중합

46 개념 이해형 　　　난이도 下

정답 ①

접근 POINT

암기 위주로 접근하는 것보다는 우리 생활에서 연기가 어떻게 이동하는지를 생각해 보며 답을 찾는 것이 좋다.

해설

연기의 유동속도는 수평방향이 수직방향보다 느리다.

관련개념

연료 지배형 화재와 환기 지배형 화재의 차이

구분	내용
연료 지배형 화재	• 연료량에 의해 지배된다. • 목조건물에서 주로 발생된다. • 연소속도가 빠르다. • 플래시오버 이전에서 발생한다. • 실내온도가 낮다.
환기 지배형 화재	• 환기량에 의해 지배된다. • 내화구조건물에서 주로 발생된다. • 연소속도가 느리다. • 플래시오버 이후에서 발생한다. • 실내온도가 높다. • 연기 발생량이 많다.

47 개념 이해형 　　　난이도 下

정답 ④

접근 POINT

가정에서 취사용이나 난방용으로 많이 사용하는 가스가 액화석유가스(LPG)이다.

액화석유가스(LPG)는 액화천연가스(LNG)와
는 성분이 다른 것을 기억해야 한다.

┃ 해설

액화천연가스(LNG)는 공기보다 가볍지만 액
화석유가스(LPG)는 공기보다 약 2배 무겁다.

┃ 관련개념

액화석유가스(LPG)의 특징

- 주성분은 프로판(C_3H_8)과 부탄(C_4H_{10})이다.
- 무색, 무취이다.
- 공기보다 무겁다.(누출 시 사고위험이 있음)
- 천연고무를 잘 녹인다.
- 물에는 녹지 않으나 유기용매에는 용해된다.

대표유형 ❷
화재현상　　　19쪽

01	02	03	04	05	06	07	08	09	10
②	①	③	③	②	②	②	①	①	④

11	12	13	14	15	16	17	18	19	20
①	①	②	①	④	③	①	②	②	②

21	22	23	24	25	26	27	28	29	30
④	②	②	①	②	①	④	②	④	③

31	32	33	34	35	36	37	38	39	40
②	④	④	①	③	①	③	①	④	④

41	42	43	44	45	46	47	48
①	④	④	④	②	①	②	

---

01 개념 이해형　　　난이도 下

┃ 정답　②

┃ 접근 POINT

화재와 연소를 구분할 수 있어야 한다.

┃ 해설

①, ③, ④는 화재보다는 연소의 정의에 가깝다.
화재는 사람이 원하지 않는 불이 발생하는 것이
고, 연소는 사람이 제어할 수 있는 불이 발생하
는 것이라고 볼 수 있다.

---

02 개념 이해형　　　난이도 下

┃ 정답　①

┃ 접근 POINT

금속은 열전달율이 크고 나무는 열전달율이 작

다. 금속과 나무 중 더 자연발화가 잘 일어나는 것이 무엇인지 생각해 본다.

┃ 해설

자연발화가 일어나기 위한 조건

- 열전도율이 작을 것
- 적당량의 수분이 존재할 것
- 주위의 온도가 높을 것
- 표면적이 넓을 것
- 발열량이 클 것

03 개념 이해형　　　난이도 下

┃ 정답 ③

┃ 접근 POINT

자연발화는 외부에서 열을 가하지 않았지만 스스로 온도가 높아져서 화재가 발생하는 것이라는 점을 기억해야 한다.

┃ 해설

습도가 높을 경우 가연물 내에 있는 미생물 등의 활동이 활발해져 열의 축적이 일어나 자연발화가 발생할 수 있다.
자연발화를 방지하기 위해서는 높은 습도를 유지하는 것보다 적절한 습도를 유지해야 한다.

┃ 관련개념

자연발화를 방지하는 방법

- 열전도성을 좋게 한다.
- 습도가 높은 곳을 피한다.
- 저장실의 온도를 낮춘다.
- 산소와의 접촉을 차단한다.

- 촉매 물질과의 접촉을 피한다.
- 환기를 해서 통풍이 잘 되게 한다.
- 가연물을 보관할 때 열이 쌓이지 않게 한다.

04 단순 암기형　　　난이도 下

┃ 정답 ③

┃ 접근 POINT

비점은 끓는점이고, 융점은 녹는점이라는 사실을 기억해야 한다.

┃ 해설

비점과 융점, 인화점과 착화점은 낮을수록 화재 위험성이 높다.
착화에너지는 발화하기 위해 필요한 최저 에너지이다. 착화에너지가 작다는 것은 발화하기 위해 필요한 에너지가 적다는 의미이다.
연소범위는 연소에 필요한 혼합가스의 농도 범위로 연소범위가 넓다는 것은 화재가 발생할 수 있는 범위가 넓다는 뜻이다.

05 단순 암기형　　　난이도 下

┃ 정답 ②

┃ 접근 POINT

불이 번지는 모습을 생각해 보면 쉽게 답을 고를 수 있다.

┃ 해설

화재는 일정하게 정해진 형태가 없기 때문에 정

형성을 가지고 있지 않다.
화재는 확대성, 우발성(돌발적으로 발생), 불안정성을 가지고 있다.

06 개념 이해형　　　　　　　난이도 下

정답　②

접근 POINT
응용되어 출제되지는 않지만 산불화재의 형태에 해당되는 것이 무엇인지 이해하고 있어야한다.

해설
산불화재의 형태

구분	설명
지중화	나무가 썩은 유기물이 타는 것
지표화	나무 주위에 떨어져 있는 낙엽이 타는 것
수간화	나무의 기둥부터 타는 것
수관화	나뭇가지부터 타는 것

07 개념 이해형　　　　　　　난이도 下

정답　②

접근 POINT
겨울철에 옷을 벗을 때 정전기가 잘 발생하듯이 정전기는 부도체에서 잘 발생한다.

해설
정전기로 인한 화재를 줄이려면 도체를 사용하여 공사를 해야 한다.

관련개념
정전기를 제거할 수 있는 방법
• 접지를 한다.
• 공기 중의 상대습도를 70[%] 이상으로 한다.
• 공기를 이온화한다.

08 개념 이해형　　　　　　　난이도 下

정답　①

접근 POINT
보일 오버(Boil over) 현상과 슬롭 오버(Slop over) 현상을 구분할 수 있어야 한다.

해설
유류탱크 화재 시 기름 표면에 물을 살수하면 기름이 탱크 밖으로 비산하여 화재가 확대되는 현상은 슬롭 오버(Slop over)이다.
플래시 오버(Flash over)는 실내에서 폭발적으로 화재가 확대되는 현상으로 유류탱크 화재와는 관련이 없다.

관련개념
유류탱크, 가스탱크에서 발생하는 현상

구분	현상
슬롭 오버 (Slop over)	유류탱크 화재 시 기름 표면에 물을 살수하면 기름이 탱크 밖으로 비산하여 화재가 확대되는 현상
보일 오버 (Boil over)	유류 탱크의 화재 시 탱크 바닥(저부)의 물이 뜨거운 열유층에 의하여 수증기로 변하면서 급격한 부피 팽창을 일으켜 유류가 탱크 외부로 분출하는 현상
블레비 (BLEVE)	가연성 액화가스 용기가 과열로 파손되어 가스가 분출된 후 불이 폭발하는 현상

구분	현상
프로스 오버 (Froth over)	탱크 안에 이미 존재한 물이 뜨겁고 점성이 있는 유류를 만나 화재를 수반하지 않고 용기가 넘치는 현상

09 개념 이해형
난이도 下

| 정답 ①

| 접근 POINT

용기가 과열로 파손되었다는 점을 주목해야 한다.

| 해설

가연성 액화가스 용기가 과열로 파손되어 가스가 분출된 후 불이 폭발하는 현상을 블레비(BLEVE)라고 한다.

| 유사문제

블레비(BLEVE)현상과 관련 없는 것을 묻는 문제도 출제되었다.
가연성 액체, 화구(Fire ball)의 형성, 복사열의 대량 방출 등은 블레비 현상과 관련이 있지만 핵분열은 관련이 없다.

10 개념 이해형
난이도 下

| 정답 ④

| 접근 POINT

탱크가 파괴되었다는 점을 주목해야 한다.

| 해설

①은 프로스 오버(Froth over) 현상과 관련 있다.

②는 슬롭 오버(Slop over) 현상과 관련 있다.
③은 보일 오버(Boil over) 현상과 관련 있다.

11 단순 암기형
난이도 下

| 정답 ①

| 접근 POINT

자주 출제되는 문제로 분진폭발의 위험성이 낮은 물질을 암기하고 있어야 한다.

| 해설

시멘트가루, 석회석, 탄산칼슘, 소석회, 팽창질석 등의 물질은 분진폭발의 위험성이 낮다.
밀가루는 일반적으로 폭발이 일어나지 않을 것으로 생각하지만 밀가루가 매우 작은 입자로 공기 중에 다량 분포할 경우 분진폭발이 일어날 수 있다. 실제로 밀가루, 설탕 제조공장 등에서는 분진폭발이 일어나는 경우가 있다.

| 유사문제

분진폭발을 잘 일으키지 않는 물질로 소석회, 팽창질석, 석회석 등의 보기가 주어질 수도 있으므로 대비해야 한다.

12 개념 이해형
난이도 下

| 정답 ①

| 접근 POINT

폭연(deflagration)과 폭굉(detonation)을 구분해야 접근할 수 있다.

┃ 해설

연소속도가 음속보다 느릴 때 나타나는 것은 폭연(deflagration)이다.

┃ 관련개념

폭굉(detonation)의 특징

- 연소속도가 음속보다 빠를 때 나타난다.
- 충격파의 압력에 의하여 온도가 상승한다.
- 압력상승이 폭연에 비해 크다.
- 폭굉의 유도거리는 배관의 지름과 연관된다.

13 단순 암기형 　　　　　　난이도 下

┃ 정답 ②

┃ 접근 POINT

기름 속에 넣어 폭발을 방지한다는 것에 주목해야 한다.

┃ 해설

방폭구조의 종류

- 압력방폭구조(p): 용기 내부에 질소 등의 가스를 충전하여 외부에서 폭발성 가스가 유입되지 않도록 한 구조

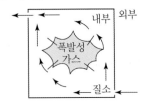

- 내압방폭구조(d): 폭발성 가스가 용기 내부에서 폭발하였을 때 용기가 압력에 견디거나 외부에 폭발성 가스에 인화될 우려가 없도록 한 구조

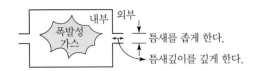

- 유입방폭구조(o): 전기불꽃, 아크 등이 발생하는 부분을 기름 속에 넣어 폭발을 방지하는 구조

- 안전증방폭구조(e): 기기가 운전하는 중에 고온이 되어서는 안 되는 부분에 기계적, 전기적으로 안전도를 증가시킨 구조

- 특수방폭구조(s): 폭발성 가스에 의해 점화되지 않는 것이 시험 등에 의하여 확인된 구조

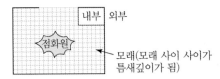

14 단순 암기형 　　　　　　난이도 下

┃ 정답 ①

┃ 접근 POINT

용기 내부에 기체를 압입한다는 점을 주목해야 한다.

∎ 해설

용기 내부에 기체(질소) 등의 가스를 충전하여 외부에서 폭발성 가스가 유입되지 않도록 한 구조를 압력방폭구조라고 한다.

15 개념 이해형　난이도 下

∎ 정답 ④

∎ 접근 POINT

물리적 폭발과 화학적 폭발을 구분할 수 있어야 한다.
물리적 폭발에 해당되는 것이 더 적으므로 물리적 폭발에 해당되는 것을 암기한 뒤 물리적 폭발이 아닌 것은 화학적 폭발이라고 생각해도 된다.

∎ 해설

증기폭발(수증기 폭발)이 대표적인 물리적 폭발이다.

∎ 관련개념

폭발의 종류

구분	내용
화학적 폭발	• 가스폭발 • 분진폭발 • 화학류의 폭발 • 산화폭발 • 분해폭발 • 중합폭발 • 증기운폭발
물리적 폭발	• 증기폭발(수증기 폭발) • 압력 방출에 의한 폭발

16 단순 암기형　난이도 下

∎ 정답 ③

∎ 접근 POINT

화재의 종류에 따른 분류 문제는 자주 출제되고 기본적인 내용만 암기하면 쉽게 답을 고를 수 있다.

∎ 해설

C급 화재는 전기화재이다.

∎ 관련개념

화재의 종류 및 구분

구분	표시색	물질
일반화재 (A급)	백색	일반가연물 종이, 목재, 섬유 등
유류화재 (B급)	황색	가연성 액체(석유) 가연성 가스(액화가스)
전기화재 (C급)	청색	전기설비
금속화재 (D급)	무색	가연성 금속
주방화재 (K급)	–	식용유 화재

17 단순 암기형　난이도 下

∎ 정답 ①

∎ 접근 POINT

종이류, 목재, 섬유류 등 가장 흔히 볼 수 있는 화재가 A급 화재이다.

┃ 해설

일반가연물, 종이, 목재, 섬유 등의 화재를 A급 화재라고 한다.

┃ 유사문제

문제에서 섬유류 화재가 아니라 종이, 나무 등의 화재의 분류를 묻기도 하는데 모두 A급 화재이다.

18 | 개념 이해형   난이도 中

┃ 정답 ②

┃ 접근 POINT

화재의 구분별 소화방법까지 나와 있어 난이도가 약간 있어 보이는 문제이지만 화재의 표시색만 알아도 답은 고를 수 있다.

┃ 해설

B급 화재는 황색으로 표시되는 유류화재이다. 유류는 물보다 가벼운 성질이 있기 때문에 물을 이용하여 소화하면 유류가 물 위에 떠다니면서 화재가 더 확대될 수 있다.

유류화재는 산소와의 접촉을 차단하는 질식소화로 소화한다.

┃ 선지분석

① A급 화재는 백색으로 표시하고, 감전의 위험이 있는 것은 전기화재(C급)에 해당된다.

③ C급 화재는 청색으로 표시하고, 금속의 화재는 D급 화재이다.

④ D급 화재는 무색으로 표시하고 연소 후에 재를 남기는 것은 A급 화재에 좀 더 해당된다.

19 | 개념 이해형   난이도 下

┃ 정답 ②

┃ 접근 POINT

정전기의 발화과정은 응용되어 출제되지는 않으므로 과정을 이해하며 암기해야 한다.

┃ 해설

정전기의 발화과정은 다음과 같다.

전하의 발생 → 전하의 축적 → 방전 → 발화

발생한 전하가 축적되었다가 방전되면 발화한다고 이해할 수 있다.

20 | 개념 이해형   난이도 下

┃ 정답 ②

┃ 접근 POINT

이 문제는 외부에서 열을 가하지 않고 열의 축적으로 인해 화재가 발생한 상황이다.

┃ 해설

대두유가 침적된 기름걸레가 공기 중에서 산화되게 되면 산화열이 축적되어 화재가 발생한다. 이러한 현상을 방지하기 위해서는 기름걸레를 쓰레기통과 같이 밀폐된 곳에 두지 않고 빨랫줄에 걸어 놓아야 한다.

기름걸레를 빨랫줄에 걸어놓으면 산화열은 발생해도 그 열이 축적되지는 않기 때문에 화재가 발생하지 않는다.

21 개념 이해형   난이도 下

정답 ④

접근 POINT

암기보다는 기본 개념 위주로 접근하면 쉽게 답을 고를 수 있다.

해설

절연이란 전기 또는 열을 통하지 않게 하는 것으로 절연을 과다하게 하면 전기화재 발생 가능성이 줄어든다.

22 단순 암기형   난이도 下

정답 ②

접근 POINT

화재강도(Fire Intensity)에 영향을 미치는 인자 3가지를 기억해야 한다.

해설

화재강도(Fire Intensity)에 영향을 미치는 인자

• 화재실의 구조
• 가연물의 비표면적
• 가연물의 배열상태 또는 발열량

23 단순 암기형   난이도 下

정답 ④

접근 POINT

응용되어 출제되지는 않으므로 암기 위주로 접근하면 된다.

해설

ISO(International Organization for Standardization)는 국제 표준화 기구로 과학·기술·경제 분야에서 세계 상호 간에 협력을 위해 설립된 국제기구이다.

TC92는 ISO의 전문기술위원회 중의 하나로서 화재에 대한 국제적인 규정을 제정하고 개정하는 역할을 담당한다.

24 공식 암기형   난이도 下

정답 ①

접근 POINT

화재하중 공식을 알고 있는지 묻는 문제이다.

공식 CHECK

화재하중

$$q = \frac{\Sigma G_t H_t}{HA} = \frac{\Sigma Q}{4,500A}$$

q: 화재하중[kg/m^2]

G_t: 가연물의 양[kg]

H_t: 가연물의 단위발열량[kcal/kg]

H: 목재의 단위발열량[kcal/kg]
   =4,500kcal/kg

A: 바닥면적[m^2]

ΣQ: 가연물의 전체 발열량[kcal]

해설

H: 목재의 단위발열량[kcal/kg]
   =4,500kcal/kg

화재하중 계산 시 목재의 단위발열량을 묻는 문제도 출제되었다.

목재의 단위발열량은 약 4,500kcal/kg이다.

25 개념 이해형
난이도 中

| 정답 ②

| 접근 POINT

발열량이 같은 화재가 발생했을 때 좁은 공간과 넓은 공간 중 어느 곳의 화재가 더 위험성이 있을지 생각해 본다.

| 해설

| 공식 CHECK

화재하중

$$q = \frac{\Sigma G_t H_t}{HA} = \frac{\Sigma Q}{4,500A}$$

q: 화재하중[kg/m^2]

G_t: 가연물의 양[kg]

H_t: 가연물의 단위발열량[kcal/kg]

H: 목재의 단위발열량[kcal/kg]
　=4,500kcal/kg

A: 바닥면적[m^2]

ΣQ: 가연물의 전체 발열량[kcal]

| 해설

가연물의 전체 발열량(ΣQ)이 같을 때 화재하중이 크다는 것은 화재구획의 공간(A)이 작다는 것이다.

화재가혹도는 화재로 인해 건물 내에 있는 재산 및 건물에 피해를 주는 능력의 정도를 나타내는 것으로 화재하중은 같더라도 가연물의 종류에 따라 달라진다.

| 유사문제

좀 더 단순한 문제로 화재하중의 단위를 묻는 문제도 출제되었다.

화재하중의 단위는 kg/m^{2}이다.

26 개념 이해형
난이도 上

| 정답 ①

| 접근 POINT

콘크리트 구조에 대한 이해가 필요한 문제로 다소 난이도가 높은 문제이다.

| 해설

콘크리트는 물, 시멘트, 모래, 자갈의 혼합물이다.

화재가 발생하여 콘크리트가 400[℃] 이하의 열을 받으면 수분 입자가 증발되고, 수분 입자가 증발되면 콘크리트가 박리되어 폭렬되는 현상이 발생한다.

콘크리트에서 화재가 발생하여 400[℃] 이상의 열을 받으면 콘크리트 내에 있는 화학적 결합수가 방출된다. 이 경우 콘크리트가 석회화(중성화)되고 강도가 급격히 저하된다.

27 단순 암기형   난이도 下

▌정답 ④

▌접근 POINT

자주 출제되지는 않지만 건축물의 소실 정도에 따른 화재 형태만 알고 있다면 쉽게 답을 고를 수 있다.

▌해설

건축물의 화재 형태 중 훈소화재는 없다.
훈소란 가연물이 발화되지 못하고 다량의 연기가 발생하는 연소 형태이다.

▌관련개념

건축물의 손실정도에 따른 화재 형태

구분	내용
전소화재	건축물에 화재가 발생하여 건축물의 70% 이상이 소실된 상태
반소화재	건축물에 화재가 발생하여 건축물의 30% 이상 70% 미만 소실된 상태
부분소화재	전소화재, 반소화재에 해당하지 않는 것

28 단순 암기형   난이도 下

▌정답 ②

▌접근 POINT

응용되어 출제되지는 않으므로 의미를 이해하는 수준으로 학습하면 된다.
다른 보기는 출제비중이 낮지만 화재하중은 종종 출제되므로 의미는 이해하고 있어야 한다.

▌해설

화재하중과 화재가혹도

구분	내용
화재 하중	• 화재실 또는 화재구획의 단위 바닥면적에 대한 가연물의 전체 발열량 값이다. • 단위는 $[kg/m^2]$이다.
화재 가혹도	• 화재의 양과 질을 반영한 화재의 강도로 방호공간 안에서 화재를 세기를 나타낸다. • 온도–시간 곡선으로 표시한다.

29 개념 이해형   난이도 下

▌정답 ④

▌접근 POINT

굴뚝효과란 건축물의 내부와 외부의 온도 차이로 인해 공기가 유동하는 것이다.
공기가 움직이는 것과 가장 관련이 적은 보기를 찾을 수 있다.

▌해설

굴뚝효과란 건축물의 내부와 외부의 온도 차이로 건물 내부의 공기가 굴뚝과 같은 긴 통로를 타고 올라가는 현상이다.
굴뚝효과는 건물 내외의 온도차, 화재실의 온도, 건물의 높이에 영향을 받는다.
화재 발생 시 굴뚝효과에 따라 연기가 이동하기 때문에 소방설비를 설계할 때 굴뚝효과를 고려해야 한다.

▌유사문제

굴뚝효과는 저층 건물보다 고층 건물에서 잘 나타난다. 굴뚝효과가 저층 건물에서 주로 나타난다는 오답 보기가 출제된 적이 있다.

30 개념 이해형

난이도 下

▌정답 ③

▌접근 POINT

문이 모두 닫혀 있는 집 안에서 화재가 발생할 경우 플래시 오버(Flash over) 현상이 발생한다.

▌해설

플래시 오버는 실내에서 폭발적으로 화재가 확대되는 현상이다.

▌관련개념

플래시 오버(Flash over) 현상

구분	내용
발생시간	화재 발생 후 5분 이후
실내온도	800~900[℃]
발생시점	화재가 성장기에서 최성기로 넘어갈 때

▌유사문제

플래시 오버는 공기 중의 산소의 농도와 영향이 크다.

플래시 오버에 대한 설명으로 산소의 농도와 무관하다는 것이 오답 보기로 주어진 적이 있다.

31 개념 이해형

난이도 中

▌정답 ②

▌접근 POINT

플래시 오버는 불이 가장 크게 발생하는 시기에 발생된다.

▌해설

플래시 오버(Flash over)의 발생시점은 화재가 성장기에서 최성기로 넘어가는 시기이다.

▌관련개념

플래시 오버(Flash over) 현상

구분	내용
발생시간	화재 발생 후 5분 이후
실내온도	800~900[℃]
발생시점	화재가 성장기에서 최성기로 넘어갈 때

32 단순 암기형

난이도 下

▌정답 ④

▌접근 POINT

관련 수치를 암기하는 방법으로 접근해야 한다.

▌해설

건물화재의 표준시간-온도곡선 중 온도

시간	온도
30분 후	840℃
1시간 후	925℃
2시간 후	1,010℃

33 개념 이해형

난이도 下

▌정답 ④

▌접근 POINT

목재건물과 내화건물의 화재 특성을 비교할 수 있어야 한다.

┃ 해설

목재건물의 화재성상은 고온 단기형이고, 내화
건물의 화재 성상은 저온 장기형이다.

┃ 관련개념

목조건물과 내화건물의 화재 특성

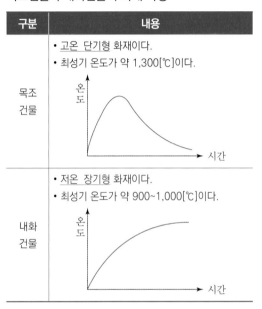

구분	내용
목조 건물	• <u>고온</u> 단기형 화재이다. • 최성기 온도가 약 1,300[℃]이다.
내화 건물	• <u>저온</u> 장기형 화재이다. • 최성기 온도가 약 900~1,000[℃]이다.

34 개념 이해형   난이도 下

┃ 정답   ①

┃ 접근 POINT

목조건물의 화재는 고온 단기형이다. 그래프 중
에서 고온 단기형에 맞는 것을 고르면 된다.

┃ 해설

목조건물의 화재성상은 고온 단기형이다.
a 곡선이 온도가 단기간에 오른 후 바로 온도가
하강하기 때문에 목조건물의 화재 온도 시간 곡
선에 해당된다.

┃ 유사문제

내화건물의 화재 온도 시간 곡선을 묻는 문제도
출제된 적 있다.
내화건물의 경우 저온 장기형 화재이므로 d 곡
선이 해당된다.

35 개념 이해형   난이도 中

┃ 정답   ③

┃ 접근 POINT

목조 건축물과 내화 건축물의 화재 특성을 비교
할 수 있어야 한다.

┃ 해설

목조 건축물의 화재 최성기의 온도는 내화 건축
물보다 높다.

┃ 관련개념

목조 건축물과 내화 건축물의 화재 특성

구분	내용
목조 건축물	• <u>고온</u> 단기형 화재이다. • 최성기 온도가 약 1,300[℃]이다.
내화 건축물	• <u>저온</u> 단기형 화재이다. • 최성기 온도가 약 900~1,000[℃]이다.

36 개념 이해형 난이도 中

정답 ①

접근 POINT

자주 출제되지는 않으나 화재 발생 상황을 생각하면 답을 고를 수 있다.

해설

밀폐된 내화건물의 실내에 화재가 발생하면 화재 발생 시 다양한 연소가스가 생성되기 때문에 기압이 상승한다.

37 단순 암기형 난이도 下

정답 ③

접근 POINT

화재의 발생이 아니라 화재를 확산시키는 요인을 묻고 있다는 점을 주목해야 한다.

해설

건축물의 화재를 확산시키는 요인

종류	내용
비화 (飛火)	화재 시 불티가 바람에 날리거나 상승하는 열기류에 휩쓸려 멀리 있는 가연물에 착화되는 현상
복사열 (輻射熱)	공기를 통하지 않고 복사파에 의해 열이 이동하는 현상
접염 (接炎)	불꽃 또는 열이 직접 접촉해서 불이 다른 곳으로 옮겨 붙는 것

유사문제

비화의 의미를 묻는 문제도 출제된 적이 있으므로 비화, 복사열, 접염 등의 의미는 이해하고 있어야 한다.

38 단순 암기형 난이도 下

정답 ①

접근 POINT

응용되어 출제되지는 않으나 용어가 약간 다르게 출제되기도 하기 때문에 화재 진행과정을 이해해야 한다.

해설

무염착화란 가연물에 불꽃이 없이 착화되는 것이고, 발염착화는 가연물이 불꽃을 발생하면서 착화하는 것이다.
목재 건축물의 화재진행과정에는 무염착화가 발염착화보다 더 먼저 일어난다.

목재 건축물의 화재 진행과정

무염착화 → 발염착화 → 발화 → 최성기

유사문제

맨 앞에 화원, 맨 뒤에 소화가 화재 진행과정으로 들어가고, 발화가 출화로 출제될 수도 있다.
이 경우 화재 진행과정은 다음과 같다.
화원-무염착화-발염착화-출화-최성기-소화

39 개념 이해형 난이도 下

정답 ④

접근 POINT

답을 암기하기 보다는 효율적으로 피난할 수 있는 방법을 생각해 보는 것이 좋다.

ǀ 해설

건물 내 피난동선은 수직동선과 수평동선을 모두 고려해야 한다.

40 단순 암기형

난이도 下

ǀ 정답 ④

ǀ 접근 POINT

제연이라는 의미는 화재 시 연기를 제어하는 것인데 연기를 제어하는 것과 가장 관련이 적은 설비를 찾을 수 있다.

ǀ 해설

소방설비에서 화재 시 연기를 제어하는 방식 중 기계식 제연방식을 가장 많이 사용하고, 그 외에는 자연 제연방식, 스모크 타워 제연방식을 사용한다.

소방설비에서 냉난방설비를 이용한 제연방식은 일반적으로 사용하지 않는다.

41 개념 이해형

난이도 下

ǀ 정답 ①

ǀ 접근 POINT

피난자들이 가장 피난하기 어려운 피난방향이 무엇인지 생각해 본다.

ǀ 해설

①번과 같은 H형이 피난자들의 집중으로 패닉(Panic)현상이 일어날 수 있는 피난방식이다.

ǀ 관련개념

피난방향에 따른 특징

구분	상황
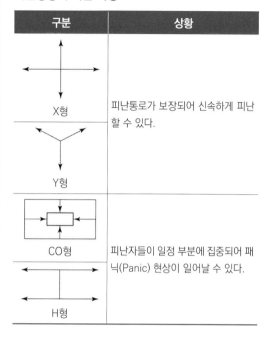 X형	피난통로가 보장되어 신속하게 피난할 수 있다.
Y형	
CO형	피난자들이 일정 부분에 집중되어 패닉(Panic) 현상이 일어날 수 있다.
H형	

ǀ 유사문제

보기가 이번 문제처럼 그림으로 주어지지 않고, H형처럼 문자로 주어질 수도 있다.

42 개념 이해형

난이도 下

ǀ 정답 ③

ǀ 접근 POINT

답을 암기하기보다는 화재가 발생한 상황을 생각하며 답을 고르는 것이 좋다.

ǀ 해설

화재 발생 시 인간은 공포감으로 인하여 빛을 따라 밝은 곳으로 이동하여 외부로 나가고자 하는 경향을 보인다. 이를 지광본능이라고 한다.

| 관련개념

화재 발생 시 인간의 피난 특성

구분	특성
귀소본능	평상시 사용하는 친숙한 피난경로를 선택하려는 경향
지광본능	화재의 공포감으로 인하여 밝은 쪽으로 대피하여 외부로 달아나려고 하는 경향
퇴피본능	화재의 공포감으로 발화의 반대 방향으로 이동하려는 경향
추종본능	최초로 행동을 개시한 사람이나 많은 사람의 행동 방향을 따라서 이동하려는 경향
패닉현상	심한 공포반응으로 움직이지 못하거나 높은 곳에서 뛰어내리는 경향

43 개념 이해형 난이도 下

| 정답 ④

| 접근 POINT

답을 암기하기보다는 패닉 현상과 관련이 적은 보기를 찾으면 된다.

| 해설

패닉(panic) 현상은 화재 발생 시 사람이 심한 공포반응으로 움직이지 못하거나 높은 곳에서 무작정 뛰어내리는 비상식적인 행동을 하는 것이다.
불연내장재를 사용하면 화재가 크게 번지지 않으므로 패닉 현상의 발생원인과 거리가 멀다.

44 개념 이해형 난이도 下

| 정답 ④

| 접근 POINT

영어의 의미를 생각해 본다.
Fail(실패), safe(안전)

| 해설

Fail-safe와 Fool-proof

구분	내용
페일 세이프 Fail-safe	• 하나의 수단이 고장이 나거나 사용이 불가해도 다른 수단을 이용할 수 있도록 고려하는 것이다. • 항상 두 방향 이상의 피난동선을 확보하는 원칙이다.
풀 프르프 Fool-proof	• 누구든지 이해할 수 있도록 피난경로를 간단하게 표현하는 것이다. • 피난수단은 고정식 설비를 위주로 설치한다. • 피난수단은 원시적 방법에 의한 것으로 한다. • 간단한 그림이나 색채를 이용하여 피난동선을 표기한다.

45 개념 이해형 난이도 下

| 정답 ④

| 접근 POINT

영어의 의미를 생각해 본다.
Fool(바보), proof(보호)

| 해설

피난수단을 조작이 간편한 원시적 방법으로 하는 원칙을 Fool-proof라고 한다.

유사문제

Fool-proof의 정의를 다음과 같이 묻는 문제도 출제되었다.

저지능인 상태에서도 쉽게 식별이 가능하도록 그림이나 색채를 이용하는 원칙을 Fool-proof 라고 한다.

---

46 단순 암기형 　　　　　　난이도 下

정답 ②

접근 POINT

감광계수별 가시거리와 상황은 자주 출제되므로 정확히 암기해야 하고, 가시거리가 20~30[m]일 때가 가장 많이 출제되는 경향이 있다.

해설

감광계수와 가시거리

감광계수 [m⁻¹]	가시거리 [m]	상황
0.1	20~30	연기감지기가 작동할 정도의 농도
0.3	5	건물 내부를 잘 아는 사람도 피난에 지장을 느끼는 농도
0.5	3	어두운 것과 밝은 것만 구분할 수 있는 농도
1	1~2	앞이 거의 보이지 않을 정도의 농도
10	0.2~0.5	화재 최성기의 농도
30	–	출화실에서 연기가 분출할 때의 농도

---

47 단순 암기형 　　　　　　난이도 下

정답 ①

접근 POINT

감광계수별 가시거리와 상황은 자주 출제되므로 암기해야 하고, 가시거리가 20~30[m]일 때가 가장 많이 출제되는 경향이 있다.

해설

감광계수[m⁻¹]가 0.1일 때 가시거리가 20~30[m] 정도이고 연기감지기가 작동한다.

유사문제

화재 최성기 때의 감광계수인 10을 묻는 문제도 출제된 적 있다.

---

48 단순 암기형 　　　　　　난이도 下

정답 ②

접근 POINT

감광계수별 가시거리와 상황은 자주 출제되므로 암기해야 한다.

해설

감광계수가 0.3일 때 가시거리는 5[m]이다.

대표유형 ❸

위험물   29쪽

01	02	03	04	05	06	07	08	09	10
③	①	④	④	①	③	④	④	②	④
11	12	13	14	15	16	17	18	19	20
③	②	①	①	②	①	②	②	②	③
21	22	23	24	25	26	27	28	29	30
①	④	②	④	③	③	④	①	③	③
31	32	33	34	35	36	37	38	39	40
④	④	③	④	③	③	①	③	②	①

01 단순 암기형   난이도 下

┃ 정답   ③

┃ 접근 POINT

위험물의 지정수량은 자주 출제되므로 품명별로 구분하여 암기해야 한다.

┃ 해설

① 무기과산화물의 지정수량 - 50[kg]
② 황화린의 지정수량 - 100[kg]
④ 질산에스테르류의 지정수량 - 10[kg]

02 단순 암기형   난이도 下

┃ 정답   ①

┃ 접근 POINT

제1류 위험물의 품명 중 염소산나트륨이 해당되는 것이 무엇인지 알아야 한다.

┃ 해설

염소산나트륨은 제1류 위험물 중 염소산염류에 해당된다.
과염소산은 제6류 위험물이고, 나트륨과 황린은 제3류 위험물이다.

┃ 관련개념

제1류 위험물의 품명과 지정수량

품명	지정수량
아염소산염류, 염소산염류 과염소산염류, 무기과산화물	50[kg]
브롬산염류, 질산염류, 요오드산염류	300[kg]
과망간산염류, 중크롬산염류	1,000[kg]

03 단순 암기형   난이도 下

┃ 정답   ④

┃ 접근 POINT

위험물의 유별과 품명은 자주 출제되므로 암기하고 있어야 한다.

┃ 해설

유황, 황화린, 적린은 모두 제2류 위험물이지만 황린은 제3류 위험물이다.

┃ 유사문제

제2류 위험물의 성질을 묻는 문제도 출제되었다.
제2류 위험물은 가연성 고체이다.

04 단순 암기형 난이도 下

┃ 정답 ④

┃ 접근 POINT

각 위험물의 유별은 위험물의 성질에 따라 분류해 놓은 것으로 정확하게 암기해야 한다.

┃ 해설

제6류 위험물은 산화성 액체이다.

┃ 관련개념

위험물의 유별과 성질

유별	성질
제1류	산화성 고체
제2류	가연성 고체
제3류	자연발화성 물질 및 금수성 물질
제4류	인화성 액체
제5류	자기반응성물질
제6류	산화성 액체

┃ 유사문제

제6류 위험물의 성질을 묻는 문제도 출제되었다.

제6류 위험물은 산화성 액체이고, 불연성 물질이고 비중이 1보다 크다.

제6류 위험물은 유기화합물은 아니고 무기화합물이다.

05 단순 암기형 난이도 下

┃ 정답 ①

┃ 접근 POINT

제4류 위험물 중 특수인화물과 제1석유류를 구분할 수 있어야 한다.

┃ 해설

아세톤은 특수인화물이 아니라 제1석유류이다.

┃ 관련개념

특수인화물과 제1석유류

• 특수인화물은 이황화탄소, 디에틸에테르, 아세트알데히드, 산화프로필렌과 같이 1기압에서 발화점이 섭씨 100도 이하인 것 또는 인화점이 섭씨 영하 20도 이하이고 비점이 섭씨 40도 이하인 것이다.

• 제1석유류는 아세톤, 휘발유 등과 같이 1기압에서 인화점이 섭씨 21도 미만인 것이다.

06 개념 이해형 난이도 中

┃ 정답 ③

┃ 접근 POINT

위험물의 지정수량은 자주 출제되기 때문에 확실하게 암기해야 한다.

┃ 해설

황화린은 제2류 위험물로 지정수량은 100[kg]이다.

| 관련개념

제2류 위험물의 지정수량

품명	지정수량
황화린, 적린, 유황	100[kg]
철분, 금속분, 마그네슘	500[kg]
인화성 고체	1,000[kg]

| 선지분석

① 과염소산은 제6류 위험물이다.

② 황린은 제3류 위험물이다.

④ 산화성 고체는 제1류 위험물의 성질이다.

07 단순 암기형　　　난이도 中

| 정답　④

| 접근 POINT

제4류 위험물의 세부 분류를 묻는 문제로 난이도가 다소 높은 문제이다.

| 해설

① 아세톤, 벤젠은 제1석유류이다.

② 중유, 아닐린은 제3석유류이다.

③ 에테르, 이황화탄소는 특수인화물이다.

| 관련개념

제4류 위험물의 종류

구분	종류
특수인화물	이황화탄소, 디에틸에테르
제1석유류	아세톤, 휘발유, 벤젠
제2석유류	등유, 경유, 클로로벤젠, 아세트산, 아크릴산
제3석유류	중유, 클레오소트유, 아닐린
제4석유류	기어유, 실린더유

| 유사문제

클로로벤젠은 몇 석유류인지 묻는 문제도 출제되었다. 클로로벤젠은 제2석유류이다.

08 개념 이해형　　　난이도 上

| 정답　④

| 접근 POINT

보기에 위험물의 품명과 물질명이 혼재되어 있어 물질명을 보고 품명을 알아야 하는 난이도가 있는 문제이다.

| 해설

① 과산화나트륨은 제1류 위험물 중 무기과산화물에 해당되므로 지정수량은 50[kg]이다.

② 적린은 제2류 위험물로 지정수량이 100[kg]이다.

③ 트리니트로톨루엔은 제5류 위험물 중 니트로화합물로 지정수량은 200[kg]이다.

④ 탄화알루미늄은 제3류 위험물 중 칼슘 또는 알루미늄의 탄화물로 지정수량은 300[kg]이다.

09 단순 암기형 난이도 下

정답 ②

접근 POINT

제5류 위험물을 자기반응성물질이라고 한다. 할로겐간화합물이라는 생소한 용어가 있지만 자기반응성물질의 품명만 암기하고 있다면 풀 수 있는 문제이다.

해설

제5류 위험물의 품명과 지정수량

품명	지정수량
유기과산화물, 질산에스테르류	10[kg]
니트로화합물, 니트로소화합물, 아조화합물, 디아조화합물, 히드라진 유도체	200[kg]
히드록실아민, 히드록실아민염류	100[kg]

응용

할로겐간화합물이란 제6류 위험물 중 행전안전부령으로 정하는 위험물이다.

10 개념 이해형 난이도 中

정답 ④

접근 POINT

물질명을 보고 위험물의 유별(제1류~제6류)을 알아야 하는 문제이다.

해설

① 트리에틸알루미늄은 제3류 위험물 중 알킬알루미늄에 해당된다.

② 황린은 제3류 위험물이다.

③ 칼륨은 제3류 위험물이다.

④ 벤젠은 제4류 위험물 중 제1석유류이다.

11 단순 암기형 난이도 上

정답 ③

접근 POINT

법령에 나온 세부기준을 묻는 문제로 다소 난이도가 높은 문제이다.

모든 법령 기준을 다 암기하기 보다는 출제된 보기 위주로 암기하는 것이 좋다.

해설

과산화수소는 제6류 위험물로서 그 농도가 36 중량퍼센트 이상인 것만 위험물로 분류한다.

12 개념 이해형 난이도 中

정답 ②

접근 POINT

문제에 나이트로기, TNT 등 다소 생소한 용어가 들어가 있지만 제5류 위험물의 연소형태라는 점에 집중하면 답을 고를 수 있다.

해설

가연물, 산소공급원, 열(점화원)을 연소의 3요소라고 한다.

제5류 위험물은 물질 내부에 산소와 가연물을 모두 가지고 있다. 따라서 열(점화원)만 있으면 산소의 공급이 없어도 자기 스스로 연소할 수 있어 제5류 위험물의 연소형태를 자기연소라고 한다.

▌유사문제

제5류 위험물의 소화방법을 묻는 문제도 출제되었다.

제5류 위험물은 물질 내부에 산소를 가지고 있기 때문에 질식소화는 효과가 없으며 다량의 물을 이용한 냉각소화가 효과적이다.

13 개념 이해형 난이도 下

▌정답 ①

▌접근 POINT

위험물은 불이 잘 붙거나 잘 폭발하는 물질이다.

▌해설

과산화수소(H_2O_2)는 제6류 위험물이다.

▌응용

압축산소와 포스겐은 연소하는 물질이 아니기 때문에 위험물이 아니다.

프로판 가스의 경우 잘 연소하기 때문에 위험물로 생각할 수 있지만 「위험물안전관리법령」상 위험물로 분류되지는 않는다.

프로판과 같이 상온에서는 가스 상태이고, 실생활에서는 압축하여 액체로 사용하는 물질은 「고압가스 안전관리법」상 가연성 가스로 분류된다.

14 개념 이해형 난이도 下

▌정답 ①

▌접근 POINT

피부에 상처가 날 때 소독약으로 과산화수소를 사용하는데 이는 물에 과산화수소가 약 2~3% 정도 함유된 것이다.

▌해설

과산화수소는 제6류 위험물로 물에 잘 녹는 수용성 물질이다.

15 개념 이해형 난이도 下

▌정답 ②

▌접근 POINT

제6류 위험물의 성질을 기억하고 있어야 한다.

▌해설

과산화수소와 과염소산은 모두 제6류 위험물로 무기화합물이다.

제5류 위험물이 대부분 유기화합물이다.

16 개념 이해형 난이도 中

▌정답 ①

▌접근 POINT

요오드값은 동식물유류를 구분하는 기준이 되는 것으로 요오드값에 따른 동식물유류의 특징과 구분을 이해해야 한다.

▌해설

요오드값은 유지 100[g]에 흡수되는 요오드의 g수이다. 요오드값이 크다는 것은 요오드가 많이 흡수된다는 것으로 불포화도가 높다는 의미이다.

요오드값에 따라 동식물유류를 건성유, 반건성유, 불건성유로 구분한다.

요오드값이 클수록 자연발화성이 높기 때문에 건성유가 자연발화할 위험성이 크다.

구분	요오드값 기준
건성유	130 이상
반건성유	100~130
불건성유	100 이하

▌유사문제

요오드값이 크면 산소와 잘 결합하기 때문에 자연발화의 위험성이 크다.

"요오드값이 작을수록 자연발화의 위험성이 크다."라는 오답 보기가 출제된 적이 있다.

17 단순 암기형 난이도 下

▌정답 ②

▌접근 POINT

자주 출제되지는 않으나 단순한 문제로 기체의 특성을 알고 있으면 풀 수 있다.

▌해설

에틸아민($C_2H_5NH_2$)은 상온에서 무색의 기체로서 암모니아와 유사한 냄새가 난다.

▌선지분석

① 에틸벤젠($C_6H_5CH_2CH_3$)은 가연성이 있고 휘발유와 비슷한 냄새가 난다.

③ 산화프로필렌(CH_3CHOCH_2)은 제4류 위험물로 알코올과 비슷한 냄새가 난다.

④ 사이클로프로판(C_3H_6)은 마취제의 용도로 사용되는 물질이다.

18 개념 이해형 난이도 下

▌정답 ②

▌접근 POINT

마그네슘과 나트륨, 칼륨이 물과 반응했을 때 생성되는 기체의 종류는 같다.

▌해설

마그네슘(Mg)이 물(H_2O)과 반응하면 수소 기체(H_2)가 발생한다.

$$Mg + 2H_2O \rightarrow Mg(OH)_2 + H_2$$

19 개념 이해형 난이도 下

▌정답 ②

▌접근 POINT

위험물이 물과 반응했을 때 발생되는 가스는 자주 출제되므로 암기해야 한다.

▌해설

탄화칼슘(CaC_2)은 제3류 위험물로 물(H_2O)과 반응하면 아세틸렌(C_2H_2)이 발생한다.

$$CaC_2 + 2H_2O \rightarrow Ca(OH)_2 + C_2H_2$$

20 개념 이해형

난이도 下

정답 ③

접근 POINT

물과 반응했을 때 위험한 반응을 하는 것과 위험한 반응을 하지 않는 것을 구분해야 한다.

해설

칼륨(K)은 물(H_2O)과 반응하면 수소 기체(H_2)를 발생한다.

$2K + 2H_2O \rightarrow 2KOH + H_2$

유사문제

칼륨에 화재가 발생한 경우 주수소화를 하면 안 되는 이유를 묻는 문제도 출제되었다.

칼륨이 물을 만나면 수소 기체가 발생하기 때문에 주수소화를 하면 화재의 위험성이 커진다.

선지분석

① 과산화칼슘은 제1류 위험물로 화재 발생 시 물을 이용하여 소화할 수 있다.

② 메탄올은 제4류 위험물로 물과 잘 섞인다.

④ 과산화수소는 제6류 위험물로 물과 잘 섞인다.

21 개념 이해형

난이도 下

정답 ①

접근 POINT

제1류 위험물의 분자 내부에는 산소가 들어있다는 사실을 기억해야 한다.

해설

과산화칼륨(K_2O_2)이 물(H_2O)과 반응하면 산소 기체(O_2)가 발생한다.

$2K_2O_2 + 2H_2O \rightarrow 4KOH + O_2$

22 개념 이해형

난이도 下

정답 ④

접근 POINT

위험물이 물과 반응했을 때 발생되는 가스는 자주 출제되므로 암기해야 한다.

모든 물질을 암기하고 있지 않더라도 위험물의 분자식을 알고 있고 화학반응식을 세울 수 있으면 위험물이 물과 반응했을 때 생성되는 기체를 유추할 수 있다.

해설

인화칼슘(Ca_3P_2)은 제3류 위험물로 물과 반응하면 포스핀 가스(PH_3)가 발생한다.

$Ca_3P_2 + 6H_2O \rightarrow 3Ca(OH)_2 + 2PH_3$

23 개념 이해형

난이도 下

정답 ②

접근 POINT

탄화알루미늄은 탄소(C)와 알루미늄(Al)으로 이루어진 물질로 황(S) 성분은 없다.

해설

탄화알루미늄(Al_4C_3)은 제3류 위험물로 물과 반응하면 메탄가스(CH_4)가 발생한다.

$$Al_4C_3 + 12H_2O \rightarrow 4Al(OH)_3 + 3CH_4$$

24 개념 이해형   난이도 中

▎정답 ③

▎접근 POINT

보기 중 위험물에 해당되는 물질과 해당되지 않는 물질을 구분해 본다.

▎해설

산화칼슘(CaO)는 「위험물안전관리법령」상 위험물이 아니고 물과 반응하여 가연성 기체를 발생시키지 않는다.

▎선지분석

① 칼륨(K)은 물과 반응하면 수소(H_2)가 발생한다.
② 인화아연(Zn_3P_2)은 물과 반응하면 포스핀(PH_3)이 발생한다.
④ 탄화알루미늄(Al_4C_3)은 물과 반응하면 메탄(CH_4)이 발생한다.

25 개념 이해형   난이도 下

▎정답 ③

▎접근 POINT

포스핀의 화학식은 PH_3로 가연물에 인(P) 성분이 들어있을 때 발생하는 가스이다.

▎해설

인화알루미늄(AlP)은 제3류 위험물로 물과 반응하면 포스핀 가스(PH_3)가 발생한다.

$$AlP + 3H_2O \rightarrow Al(OH)_3 + PH_3$$

26 개념 이해형   난이도 上

▎정답 ③

▎접근 POINT

물과 접촉했을 때 위험한 물질을 고르는 문제는 자주 출제되었지만 이 문제는 위험물을 화학식으로만 주어졌고 물과 접촉하여 가연성 기체를 발생시키는 위험물은 보기로 주어지지 않았기 때문에 난이도가 높은 문제이다.

▎해설

① 염소산나트륨($NaClO_3$)은 제1류 위험물로 물과 접촉 시 위험성이 높지 않아 화재 발생 시 물로 소화할 수 있다.
② 적린(P)은 제2류 위험물로 물과 접촉 시 위험성이 높지 않아 화재 발생 시 물로 소화할 수 있다.
③ 과산화나트륨(Na_2O_2)은 제1류 위험물이지만 물과 반응하여 산소 기체(O_2)를 발생시키므로 물과 접촉 시 위험성이 있다.

$$2Na_2O_2 + 2H_2O \rightarrow 4NaOH + O_2$$

④ TNT[$C_6H_2CH_3(NO_2)_3$]은 제5류 위험물로 물과 접촉 시 위험성이 높지 않아 화재 발생 시 물로 소화할 수 있다.

27 단순 암기형 난이도 下

정답 ④

접근 POINT

인화점은 공식으로 구하는 것이 아니라 실험적으로 측정한 값이다.

인화점 관련 문제는 인화점을 순서대로 나열한 것을 찾는 문제가 주로 출제되므로 자주 출제되는 물질의 인화점 순서를 기억해야 한다.

해설

자주 출제되는 위험물의 인화점

디에틸에테르(에테르)가 보기에 있다면 디에틸에테르의 인화점이 산화프로필렌, 이황화탄소보다 더 낮다는 것을 주목해야 한다.

물질	인화점
디에틸에테르	-40[℃]
산화프로필렌	-37[℃]
이황화탄소	-30[℃]
아세톤	-18.5[℃]
벤젠	-11[℃]
톨루엔	4[℃]
에틸알코올	13[℃]
등유	39[℃] 이상

28 단순 암기형 난이도 下

정답 ①

접근 POINT

각 물질의 정확한 인화점은 암기하지 못하고 있더라도 인화점의 순서만 안다면 풀 수 있는 문제이다.

해설

산화프로필렌의 인화점이 약 -37[℃]로 가장 낮다. 이황화탄소의 인화점은 약 -30[℃], 메틸알코올의 인화점은 약 11[℃], 등유의 인화점은 약 39[℃] 이상이다.

유사문제

인화점의 정의를 묻는 문제도 출제되었다.

인화점은 가연성 액체에서 발생하는 증기와 공기의 혼합기체에 불꽃을 대었을 때 연소가 일어나는 최저온도이다.

29 단순 암기형 난이도 下

정답 ③

접근 POINT

착화온도는 착화점, 발화점, 발화온도와 같은 용어로 특수인화물에 해당되는 위험물이 착화온도도 낮다.

해설

자주 출제되는 위험물의 착화온도

구분	착화온도
이황화탄소	90[℃]
디에틸에테르	180[℃]
휘발유	280~456[℃]
아세톤	465[℃]
톨루엔	480[℃]
벤젠	497[℃]

30 개념 이해형 　　　　　난이도 下

정답　③

접근 POINT

경유는 물보다 가벼운 액체로 물 위에 뜨는 성질
이 있음을 기억해야 한다.

해설

경유는 제4류 위험물로 물보다 비중이 가벼운
(물보다 가벼운) 성질이 있다.

경유 화재 시 주수소화(물을 이용한 소화)하면
경유가 물 위에 떠서 다른 곳으로 이동하면서 화
재면을 확대시킬 수 있다.

경유와 같은 제4류 위험물을 화재 시에는 포소
화약제를 사용하여 질식소화하는 것이 가장 효
과적이다.

유사문제

물을 이용한 소화설비 중 제4류 위험물에 사용
가능한 소화설비를 묻는 문제도 출제되었다.

물을 이용한 소화설비 중 물을 매우 작은 입자
형태로 분무하는 물분무 소화설비는 제4류 위
험물 화재에 사용가능하다.

31 개념 이해형 　　　　　난이도 上

정답　④

접근 POINT

제1류 위험물의 세부 특징을 묻는 문제로 다소
난이도가 높은 문제이다.

제1류 위험물은 산화성 고체이고, 제2류 위험
물이 가연성 고체라는 것을 기억해야 한다.

해설

염소산염류, 과염소산염류, 알칼리금속의 과산
화물, 질산염류, 과망간산염류는 모두 제1류 위
험물이다.

제1류 위험물은 폭발성을 지니고 있어 화약류
취급 시와 같이 주의를 요해야 하는 것은 맞는
설명이다.

제1류 위험물은 산화성 고체로 그 자체로는 불
연성 물질로 가연성 물질이 아니고 제2류 위험
물이 가연성 고체이다.

제1류 위험물은 가연성 고체는 아니지만 산화
성 고체로 산소 공급원 역할을 할 수 있으므로
가연물, 유기물, 기타 산화되기 쉬운 물질과 혼
합하여 보관하면 폭발할 수 있다.

32 개념 이해형 　　　　　난이도 中

정답　④

접근 POINT

보기 중에서 물에 넣어도 안전한 물질은 하나밖
에 없다.

해설

황린(P_4)은 발화점이 30~50[℃] 정도로 위험물
중에서도 발화점이 낮은 편이다.

황린(P_4)은 물과 반응하지 않는 성질이 있고, 자
연발화를 방지하기 위해 물속에 보관한다.

응용

나트륨(Na)은 물(H_2O)과 반응하면 수소 기체
(H_2)가 발생한다.

$$2Na + 2H_2O \rightarrow 2NaOH + H_2$$

탄화칼슘(CaC_2)은 물(H_2O)과 반응하면 아세틸렌(C_2H_2)이 발생한다.

$$CaC_2 + 2H_2O \rightarrow Ca(OH)_2 + C_2H_2$$

칼륨(K)은 물(H_2O)과 반응하면 수소 기체(H_2)를 발생한다.

$$2K + 2H_2O \rightarrow 2KOH + H_2$$

33 개념 이해형   난이도 中

정답 ③

접근 POINT

휘발유, 등유 등이 제4류 위험물이다.
제4류 위험물은 물보다 가벼운 특징을 가지고 있다는 점을 기억해야 한다.

해설

제4류 위험물은 물보다 가볍기 때문에 물을 이용하여 소화하면 화재 발생 부분이 물 위에 떠서 이동하여 화재면을 확대시킬 수 있다.
제4류 위험물 화재 시 포소화약제 또는 이산화탄소 소화약제 등을 이용하여 질식소화하는 것이 가장 효과적이다.

유사문제

제4류 위험물의 특징을 묻는 문제도 출제되었다.
제4류 위험물은 인화성 액체로서 인화점이 낮을수록 증기발생이 용이하다.

34 단순 암기형   난이도 中

정답 ④

접근 POINT

위험물의 운반용기 외부에 표시해야 하는 주의사항은 법에 명시되어 있어 암기해야 한다.
제6류 위험물 운반용기 외부에 표시해야 하는 주의사항이 가장 많이 출제되었다.

해설

위험물의 운반용기 외부에 표시하여야 하는 주의사항

- 제1류 위험물 중 알칼리금속의 과산화물 또는 이를 함유한 것에 있어서는 화기·충격주의, 물기엄금 및 가연물접촉주의
- 제2류 위험물 중 철분·금속분·마그네슘 또는 이들 중 어느 하나 이상을 함유한 것에 있어서는 화기주의 및 물기엄금, 인화성 고체에 있어서는 화기엄금
- 제3류 위험물 중 자연발화성 물질에 있어서는 화기엄금 및 공기접촉엄금, 금수성 물질에 있어서는 물기엄금
- 제4류 위험물에 있어서는 화기엄금
- 제5류 위험물에 있어서는 화기엄금 및 충격주의
- 제6류 위험물에 있어서는 가연물접촉주의

35 개념 이해형   난이도 中

정답 ③

접근 POINT

위험물 중에서 물과 접촉하면 위험한 물질은 자주 출제되므로 알고 있어야 한다.

▮ 해설

마그네슘(Mg)은 물과 접촉하면 가연성이 있는 수소 기체(H_2)가 발생하므로 보관 시 수분과 접촉하지 않도록 해야 한다.

▮ 선지분석

① 유황은 분진폭발을 잘 일으키는 물질이기 때문에 정전기가 축적되면 분진폭발의 위험성이 더 커지므로 정전기가 축적되지 않도록 저장해야 한다.

② 적린은 가연성 고체이기 때문에 화기와 가까이 있으면 화재가 발생할 우려가 크기 때문에 화기로부터 격리하여 저장해야 한다.

④ 황화린은 가연성 고체이기 때문에 산소를 공급할 수 있는 산화제와 함께 저장하면 화재 발생 위험이 증가되므로 산화제와 격리하여 저장해야 한다.

---

36 개념 이해형   난이도 中

▮ 정답   ③

▮ 접근 POINT

위험물 중에서 물에 저장하는 가장 대표적인 물질은 황린과 이황화탄소이다.

▮ 해설

이황화탄소(CS_2)는 인화점이 약 -30℃로 매우 낮고, 증기가 유독하지만 물과 반응하지 않기 때문에 물속에 보관한다.

▮ 응용

나트륨(Na)과 수소화칼슘(CaH_2)은 물과 반응하면 수소 기체(H_2)가 발생하기 때문에 물에 저장할 수 없다.

탄화칼슘(CaC_2)은 물(H_2O)과 반응하면 아세틸렌(C_2H_2)이 발생하기 때문에 물에 저장할 수 없다.

---

37 개념 이해형   난이도 中

▮ 정답   ①

▮ 접근 POINT

제3류 위험물은 황린을 제외하고는 대부분 주수소화(물을 이용한 소화)는 할 수 없다.

▮ 해설

부틸리튬(C_4H_9Li)은 제3류 위험물로 물과 반응하면 가연성이 있는 부탄가스(C_4H_{10})가 생성되므로 화재가 발생했을 때 주수소화(물을 이용한 소화)는 할 수 없다.

$$C_4H_9Li + H_2O \rightarrow LiOH + C_4H_{10}$$

▮ 선지분석

②, ③ 질산에틸과 니트로셀룰로오스는 제5류 위험물로 화재 발생 시 물을 이용하여 소화하는 것이 가장 효과적이다.

④ 적린은 제2류 위험물로 물을 이용하여 소화할 수 있다.

38 개념 이해형
난이도 中

정답 ③

접근 POINT

팽창질석, 팽창진주암, 마른 모래는 제1류~제6류 위험물에 모두 사용할 수 있는 소화약제이기 때문에 해당 물질이 보기로 제시되면 거의 다 정답이 된다.

해설

알킬알루미늄은 제3류 위험물 중 금수성 물질로 다른 물질과 매우 격렬하게 반응하는 위험한 물질이다.

알킬알루미늄은 물과 폭발적으로 반응하여 인화성 가스를 발생하는 등 위험성이 크기 때문에 다른 소화약제를 사용할 수 없고 팽창질석, 팽창진주암, 마른 모래만 사용 가능하다.

39 개념 이해형
난이도 中

정답 ②

접근 POINT

제3류 위험물은 황린을 제외하고는 대부분 물과 위험한 반응을 하기 때문에 화재 발생 시 주수소화(물을 이용하여 소화)할 수 없다.

해설

마그네슘(Mg)은 물(H_2O)과 반응하면 수소 기체(H_2)를 발생한다.

$Mg + 2H_2O \rightarrow Mg(OH)_2 + H_2$

선지분석

① 적린(P)는 제2류 위험물로 화재 발생 시 주수소화할 수 있다.
③ 과염소산칼륨($KClO_4$)은 제1류 위험물로 화재 발생 시 주수소화할 수 있다.
④ 유황(S)는 제2류 위험물로 화재 발생 시 주수소화할 수 있다.

40 개념 이해형
난이도 下

정답 ①

접근 POINT

인화점을 한자로 하면 끌어들인 인(引), 불 화(火), 점 점(點)으로 인화점의 의미만 알고 있다면 직관적으로 답을 고를 수 있다.

해설

인화점이란 휘발유와 같이 액체 위험물에서 발생하는 증기가 공기와 섞여 있는 경우 불꽃을 대었을 때 순간적으로 연소가 시작되는 최저의 온도이다.

인화점이 20[℃]라는 것은 공기에 해당 위험물의 증기가 있고, 불꽃이 있을 경우 온도가 20[℃]가 넘으면 연소가 시작된다는 의미이므로 여름철에 창고가 더워질수록 인화의 위험성이 커진다.

대표유형 ❹

소방안전   37쪽

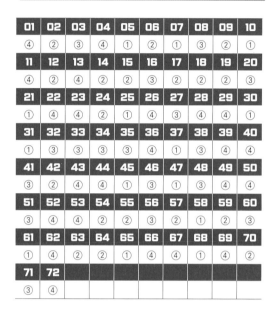

01	02	03	04	05	06	07	08	09	10
④	②	③	④	①	④	①	③	②	①
11	12	13	14	15	16	17	18	19	20
④	②	④	②	②	③	②	②	②	③
21	22	23	24	25	26	27	28	29	30
①	②	③	②	②	④	③	④	④	①
31	32	33	34	35	36	37	38	39	40
①	①	③	③	③	④	①	③	④	④
41	42	43	44	45	46	47	48	49	50
③	②	④	④	③	③	①	③	④	③
51	52	53	54	55	56	57	58	59	60
③	②	④	②	②	③	②	①	②	③
61	62	63	64	65	66	67	68	69	70
①	④	②	②	①	④	④	①	④	②
71	72								
③	④								

01 단순 암기형   난이도 下

▌정답   ④

▌접근 POINT

법에 나온 기준을 알고 있는지 묻는 문제로 암기
위주로 접근해야 한다.

▌해설

「제연설비의 화재안전기술기준」 제연설비의 풍속

• 예상 제연구역에 공기가 유입되는 순간의 풍
  속은 5[m/s] 이하가 되도록 해야 한다.

• 배출기의 흡입측 풍도 안의 풍속은 15[m/s]
  이하로 하고 배출측 풍속은 20[m/s] 이하로
  한다.

• 유입풍도 안의 풍속은 20[m/s] 이하로 한다.

02 단순 암기형   난이도 下

▌정답   ②

▌접근 POINT

소방관계법규 과목에 더 어울리는 문제이나 소
방원론에도 종종 출제된다.
법에 정한 규정을 묻는 문제로 암기 위주로 접근
해야 한다.

▌해설

소방안전관리자의 업무에 자체소방대를 운용
하는 것은 포함되어 있지 않다.

▌관련법규

「화재예방법」 제24조 소방안전관리자의 업무

특정소방대상물(소방안전관리대상물은 제외)
의 관계인과 소방안전관리대상물의 소방안전
관리자는 다음 각 호의 업무를 수행한다.

• 피난시설, 방화구획 및 방화시설의 관리
• 소방시설이나 그 밖의 소방 관련 시설의 관리
• 화기(火氣) 취급의 감독
• 화재발생 시 초기대응
• 그 밖에 소방안전관리에 필요한 업무

03 단순 암기형

| 정답 ③

| 접근 POINT

개구부는 화재가 발생한 긴급한 상황에서 피난할 수 있는 구조로 되어 있어야 한다는 점을 기억해야 한다.

| 해설

① 지름 50[cm] 이상의 원이 통과할 수 있는 것
② 높이가 1.2[m] 이내일 것
④ 창살이나 방해물이 설치되지 않은 것

| 관련법규

「소방시설법 시행령」 제2조 개구부의 조건

무창층이란 지상층 중 다음 각 목의 요건을 모두 갖춘 개구부의 면적의 합계가 해당 층의 바닥면적의 30분의 1 이하가 되는 층을 말한다.

• 크기는 지름 50[cm] 이상의 원이 통과할 수 있을 것
• 해당 층의 바닥면으로부터 개구부 밑부분까지의 높이가 1.2[m] 이내일 것
• 도로 또는 차량이 진입할 수 있는 빈터를 향할 것
• 화재 시 건축물로부터 쉽게 피난할 수 있도록 창살이나 그 밖의 장애물이 설치되지 않을 것
• 내부 또는 외부에서 쉽게 부수거나 열 수 있을 것

04 단순 암기형

| 정답 ④

| 접근 POINT

법에 나온 기준을 알고 있는지 묻는 문제로 스프링클러가 설치되어 있다는 점에 주목해야 한다.

| 해설

스프링클러가 설치되어 있지 않다면 ①번이 답이지만 문제에 스프링클러가 설치되어 있다고 제시되어 있으므로 3배인 ④번이 답이 된다.

| 관련법규

「건축물방화구조규칙」 제14조 방화구획 설치기준

• 10층 이하의 층은 바닥면적 1,000[m²](스프링클러 기타 이와 유사한 자동식 소화설비를 설치한 경우에는 바닥면적 3,000[m²])이내마다 구획한다.
• 매층마다 구획할 것. 다만, 지하 1층에서 지상으로 직접 연결하는 경사로 부위는 제외한다.
• 11층 이상의 층은 바닥면적 200[m²](스프링클러 기타 이와 유사한 자동식 소화설비를 설치한 경우에는 600[m²])이내마다 구획한다.

05 단순 암기형

| 정답 ①

| 접근 POINT

법에 나온 기준을 암기하고 있는지 묻는 문제로 암기 위주로 접근해야 한다.

┃ 해설

「건축법 시행령」제34조 직통계단의 설치

- 건축물의 피난층 외의 층에서는 피난층 또는 지상으로 통하는 직통계단을 거실의 각 부분으로부터 계단에 이르는 보행거리가 30[m] 이하가 되도록 설치해야 한다.
- 건축물의 주요구조부가 <u>내화구조 또는 불연재료로 된 건축물은 그 보행거리가 50[m]</u>(층수가 16층 이상인 공동주택의 경우 16층 이상인 층에 대해서는 40[m]) 이하가 되도록 설치할 수 있다.
- 자동화 생산시설에 스프링클러 등 자동식 소화설비를 설치한 공장으로서 국토교통부령으로 정하는 공장인 경우에는 그 보행거리가 75[m](무인화 공장인 경우에는 100[m]) 이하가 되도록 설치할 수 있다.

06 단순 암기형   난이도 下

┃ 정답 ②

┃ 접근 POINT

법에 나온 기준을 암기하고 있는지 묻는 문제로 일반 벽과 외벽 중 비내력벽을 구분해야 한다.

┃ 해설

「건축물방화구조규칙」제3조 내화구조

(1) 벽의 경우

- <u>철근콘크리트조 또는 철골철근콘크리트조로서 두께가 10[cm] 이상인 것</u>
- 골구를 철골조로 하고 그 양면을 두께 4[cm] 이상의 철망모르타르 또는 두께 5[cm] 이상의 콘크리트블록·벽돌 또는 석재로 덮은 것

- 철재로 보강된 콘크리트블록조·벽돌조 또는 석조로서 철재에 덮은 콘크리트블록 등의 두께가 5[cm] 이상인 것
- <u>벽돌조로서 두께가 19[cm] 이상인 것</u>
- 고온·고압의 증기로 양생된 경량기포 콘크리트패널 또는 경량기포 콘크리트블록조로서 두께가 10[cm] 이상인 것

(2) 외벽 중 비내력벽인 경우

- <u>철근콘크리트조 또는 철골철근콘크리트조로서 두께가 7[cm] 이상인 것</u>
- 골구를 철골조로 하고 그 양면을 두께 3[cm] 이상의 철망모르타르 또는 두께 4[cm] 이상의 콘크리트블록·벽돌 또는 석재로 덮은 것
- 철재로 보강된 콘크리트블록조·벽돌조 또는 석조로서 철재에 덮은 콘크리트블록등의 두께가 4[cm] 이상인 것
- 무근콘크리트조·콘크리트블록조·벽돌조 또는 석조로서 그 두께가 7[cm] 이상인 것

07 단순 암기형   난이도 下

┃ 정답 ①

┃ 접근 POINT

법에 나온 기준을 암기하고 있는지 묻는 문제로 암기 위주로 접근해야 한다.

┃ 해설

「건축물방화구조규칙」제22조 연소할 우려가 있는 부분

연소할 우려가 있는 부분은 인접대지경계선·도로 중심선 또는 동일한 대지 안에 있는 2동 이상의 건축물 상호의 외벽 간의 중심선으로부터 1

층에 있어서는 3[m] 이내, 2층 이상에 있어서는 5[m] 이내의 거리에 있는 건축물의 각 부분을 말한다.

08 단순 암기형

난이도 下

| 정답 ③

| 접근 POINT

건축관계법규에 나온 기준으로 수치를 정확하게 암기해야 한다.

| 해설

「건축물방화구조규칙」 제21조 방화벽의 구조

- 내화구조로서 홀로 설 수 있는 구조일 것
- 방화벽의 양쪽 끝과 윗쪽 끝을 건축물의 외벽면 및 지붕면으로부터 0.5[m] 이상 튀어나오게 할 것
- 방화벽에 설치하는 출입문의 너비 및 높이는 각각 2.5[m] 이하로 하고, 해당 출입문에는 60+방화문 또는 60분방화문을 설치할 것

| 유사문제

문제가 변형되어 출제되기도 하지만 ㉠, ㉡과 관련된 수치 기준만 정확하게 암기하고 있으면 대부분 풀 수 있다.

09 단순 암기형

난이도 下

| 정답 ②

| 접근 POINT

법에 정해진 규정을 묻는 문제로 이해보다는 암기 위주로 접근해야 한다.

| 해설

「건축물방화구조규칙」 제3조 내화구조

구분	기준
벽·바닥	철근콘크리트조 또는 철골철근콘크리트조로서 두께가 10[cm] 이상인 것
기둥	철골을 두께 5[cm] 이상의 콘크리트로 덮은 것
보	철골을 두께 6[cm] 이상의 철망모르타르 또는 두께 5[cm] 이상의 콘크리트로 덮은 것

10 단순 암기형

난이도 下

| 정답 ①

| 접근 POINT

내화구조가 아닌 방화구조를 묻고 있는 것을 놓치지 않아야 한다.

| 해설

「건축물방화구조규칙」 제4조 방화구조의 기준

- 철망모르타르로서 그 바름두께가 2[cm] 이상인 것
- 석고판 위에 시멘트모르타르 또는 회반죽을 바른 것으로서 그 두께의 합계가 2.5[cm] 이상인 것
- 시멘트모르타르 위에 타일을 붙인 것으로서

그 두께의 합계가 2.5cm] 이상인 것
• 심벽에 흙으로 맞벽치기한 것

11 단순 암기형   난이도 下

정답 ④

접근 POINT

법령에 나온 개념을 묻는 문제로 주요구조부의 종류를 암기하고 있어야 한다.

해설

「건축법」제2조 정의
"주요구조부"란 내력벽(耐力壁), 기둥, 바닥, 보, 지붕틀 및 주계단(主階段)을 말한다.

유사문제

주요구조부가 아닌 것을 묻는 문제도 출제된다. 작은 보, 천장은 주요구조부가 아닌 것에 주의해야 한다.

12 단순 암기형   난이도 下

정답 ②

접근 POINT

출제 당시 법에는 갑종방화문 을종방화문이었으나 법이 개정되어 60분+방화문, 60분 방화문, 30분 방화문으로 용어가 개정되었다.
용어가 방화문의 성능을 직접적으로 표현하는 방식으로 개정되어 답을 좀더 쉽게 고를 수 있게 된 경우이다.

해설

「건축법 시행령」제64조 방화문의 구분
• 60분+ 방화문: 연기 및 불꽃을 차단할 수 있는 시간이 60분 이상이고, 열을 차단할 수 있는 시간이 30분 이상인 방화문
• 60분 방화문: 연기 및 불꽃을 차단할 수 있는 시간이 60분 이상인 방화문
• 30분 방화문: 연기 및 불꽃을 차단할 수 있는 시간이 30분 이상 60분 미만인 방화문

13 단순 암기형   난이도 下

정답 ④

접근 POINT

법령에 나온 정의를 숙지하고 있어야 한다.

해설

「소방시설법 시행령」제2조 정의
피난층이란 곧바로 지상으로 갈 수 있는 출입구가 있는 층을 말한다.

14 단순 암기형   난이도 下

정답 ②

접근 POINT

1차, 2차, 3차 안전구획을 구분할 수 있어야 한다.

해설

안전구획의 구분
• 1차 안전구획: 복도

• 2차 안전구획: 계단 부속실(전실)
• 3차 안전구획: 계단

15 개념 이해형   난이도 下

정답 ②

접근 POINT

도장작업은 페인트칠을 하는 작업으로 페인트 칠을 할 때 냄새가 많이 난다는 점을 기억해야 한다.

해설

도장작업을 할 때에는 인화성 또는 가연성 용제 가 사용되므로 폭발 및 화재의 위험성이 있다.

16 단순 암기형   난이도 下

정답 ③

접근 POINT

손으로 직접 사용하는 소화기구는 어느 정도 높이 이하에 있어야 사용하기 편리한지 생각 해 본다.

해설

「소화기구 및 자동소화장치의 화재안전기술기준」 소화기구의 설치기준

소화기구(자동확산소화기를 제외)는 거주자 등 이 손쉽게 사용할 수 있는 장소에 바닥으로부터 높이 1.5[m] 이하의 곳에 비치한다.

17 단순 암기형   난이도 下

정답 ②

접근 POINT

강화액 소화약제는 겨울철에 물이 얼지 않도록 만든 것으로 우리나라의 겨울철 최저온도가 어 느 정도인지 생각하면 답을 고를 수 있다.

해설

「소화약제의 형식승인 및 제품검사의 기술기준」 강 화액 소화약제의 기준

강화액소화약제의 응고점은 -20[℃] 이하이어 야 한다.

18 단순 암기형   난이도 下

정답 ②

접근 POINT

법적인 인명구조기구의 정의를 알면 쉽게 접근 할 수 있다.

해설

「인명구조기구의 화재안전기술기준」상 인명구 조기구란 화열, 화염, 유해성 가스 등으로부터 인명을 보호하거나 구조하는데 사용되는 기구 이다.

공기안전매트는 피난기구로 화재 발생 시 사람 이 건축물 내에서 외부로 긴급하게 뛰어내릴 때 충격을 흡수하는 기구이다.

┃ 관련개념

「인명구조기구의 화재안전기술기준」상 인명구조기구의 종류

- 방열복은 고온의 복사열에 가까이 접근하여 소방활동을 수행할 수 있는 내열피복이다.
- 공기호흡기란 소화활동 시에 화재로 인하여 발생하는 각종 유독가스 중에서 일정시간 사용할 수 있도록 제조된 압축공기식 개인호흡장비(보조마스크를 포함)이다.
- 인공소생기란 호흡 부전 상태인 사람에게 인공호흡을 시켜 환자를 보호하거나 구급하는 기구이다.

19 단순 암기형   난이도 下

┃ 정답 ②

┃ 접근 POINT

화재가 났을 때 피난하기 위해 활용할 수 있는 설비가 무엇인지 생각해 본다.

┃ 해설

① 완강기란 높은 층에서 사용자의 몸무게에 따라 자동으로 내려올 수 있는 기구로 사용자가 교대하여 연속적으로 사용할 수 있는 것이다.

② 무선통신보조설비는 피난기구가 아니라 소화활동설비이다.

③ 피난사다리는 화재 시 긴급하게 대피하기 위해 사용하는 사다리이다.

④ 구조대는 포지 등을 사용하여 자루 형태로 만든 것으로 화재 시 사람이 그 내부에 들어가서 아래 층으로 대피할 수 있는 것이다.

20 개념 이해형   난이도 下

┃ 정답 ③

┃ 접근 POINT

이산화탄소가 방사되면 공기 중의 산소의 농도가 떨어진다.

┃ 해설

이산화탄소 소화약제처럼 공기 중의 산소의 농도를 낮추어 소화하는 방식을 질식소화라고 한다.

┃ 관련개념

소화의 형태

구분	내용
냉각소화	• 물을 부려 소화하는 방식이다. • 물의 증발잠열 때문에 주위의 온도가 낮아진다. • 점화원을 냉각하여 소화한다.
질식소화	• 산소의 공급을 차단하여 소화하는 방식이다. • 공기 중 산소의 농도를 15[%] 이하로 낮춘다. • 이산화탄소 소화설비가 해당된다.
제거소화	• 가연물을 제거하여 소화한다. • 산불이 발생한 경우 화재 진행 방향의 나무를 벌채한다.
억제소화 (부촉매소화)	• 연쇄반응을 차단하여 소화한다. • 할로겐화합물 소화설비가 해당된다.

21 개념 이해형　　　　난이도 下

┃정답　①

┃접근 POINT

산소의 공급을 차단한다는 것에 주목해야 한다.

┃해설

산소의 공급을 차단하여 소화하는 것을 질식소
화라고 한다.

22 단순 암기형　　　　난이도 下

┃정답　④

┃접근 POINT

자주 출제되는 문제로 해당 수치를 암기하는 방
법으로 접근할 수 있다.

┃해설

질식소화는 공기 중의 산소농도를 낮추어 소화
하는 방법으로 일반적으로 공기 중의 산소농도
가 15[vol%] 이하가 되면 소화된다.

23 개념 암기형　　　　난이도 下

┃정답　④

┃접근 POINT

문제에 제시된 가연물의 온도를 떨어뜨린다는
점을 주목해야 한다.

┃해설

화재가 발생했을 때 물처럼 증발잠열이 큰 물질
을 뿌려서 가연물의 온도를 떨어뜨려 소화하는
방식을 냉각소화라고 한다.

24 개념 이해형　　　　난이도 下

┃정답　②

┃접근 POINT

화재 시 다량의 물을 뿌리면 온도가 내려간다.

┃해설

물을 뿌려 주위의 온도를 낮추어 소화하는 방식
을 냉각소화라고 한다.

25 개념 이해형　　　　난이도 下

┃정답　①

┃접근 POINT

증발잠열은 물이 수증기로 변할 때 주위에 있는
열을 흡수하는 것이다.

┃해설

소화약제로 물을 사용하면 물이 수증기로 증발
하면서 주위에 있는 열을 흡수하기 때문에 온도
를 낮추는 효과가 있다.
점화원을 냉각하여 소화하는 방식을 냉각소화
라고 한다.

┃유사문제

물은 소화약제로 사용한 물질 중 동일한 조건에

서 증발잠열(kJ/kg)이 가장 큰 물질이라는 보기
가 출제된 적 있다.

26 개념 이해형 　　　　　 난이도 下

▎정답 　④

▎접근 POINT

기화열의 의미만 알고 있다면 쉽게 풀 수 있는
문제이다.
기출문제 중 물의 기화열 539[cal]을 암기해야
풀 수 있는 문제도 있으므로 물의 기화열 수치는
암기해 놓는 것이 좋다.

▎해설

물의 기화열과 융해열

• 물의 기화열(증발잠열)은 100[℃]의 물 1[g]
  이 수증기로 변하는데 필요한 열량으로 539
  [cal]이다.
• 물의 융해열(융해잠열)은 0[℃]의 얼음 1[g]이
  물로 변하는데 필요한 열량으로 80[cal]이다.

27 단순 암기형 　　　　　 난이도 下

▎정답 　③

▎접근 POINT

기화열의 의미와 물의 기화열이 얼마인지 암기
하고 있는지 묻는 문제이다.

▎해설

물의 기화열은 100[℃]물 1[g]이 모두 기체로
변할 때 필요한 열량으로 539[cal/g]이다.

28 개념 이해형 　　　　　 난이도 中

▎정답 　④

▎접근 POINT

분자결합에 대한 화학적인 지식이 필요한 문제
로 난이도가 다소 높은 문제이다.
분자 간 결합에 대해 이해하기 어려운 경우 물의
분자 간 결합은 수소결합이라는 사실만 기억해
놓아도 이 문제는 풀 수 있다.

▎해설

물 분자 간의 결합은 분자 간 인력인 수소결합이
다. 수소결합은 분자 간 인력 중 가장 강하기 때
문에 물은 다른 액체에 비해 증발잠열이 크다.

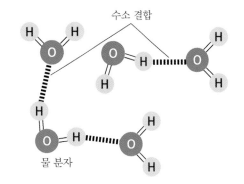

29 개념 이해형 　　　　　 난이도 下

▎정답 　④

▎접근 POINT

자유 활성기의 생성을 저하시킨다는 것은 연소
의 연쇄반응을 저하시킨다고 볼 수 있다.

해설

자유 활성기(free radical)의 생성을 저하시켜 연쇄반응을 중지시키는 소화방법은 억제소화(부촉매 소화)이다.

유사문제

억제소화 효과를 이용하는 대표적인 소화약제는 할론계 소화약제이다.

억제소화 효과를 이용한 소화약제를 고르라는 문제가 출제되면 할론계 소화약제를 고르면 된다. 종종 보기가 할론계 소화약제로 주어지지 않고 Halon 1301 등으로 주어지기도 하기 때문에 대비가 필요하다.

30 개념 이해형　난이도 中

정답　①

접근 POINT

물리적 소화방법과 화학적 소화방법을 구분할 수 있어야 한다.

해설

연쇄반응의 억제에 의한 소화방법은 억제소화이다. 억제소화가 대표적인 화학적 소화방법이다.

선지분석

② 냉각소화로 물리적 소화방법이다.
③ 질식소화로 물리적 소화방법이다.
④ 제거소화로 물리적 소화방법이다.

31 개념 이해형　난이도 下

정답　①

접근 POINT

제거소화는 공기를 제거하는 것이 아니라 가연물(불에 잘 타는 물질)을 제거하는 것이다.

해설

밀폐 공간에서 화재 시 공기를 제거하는 것은 결론적으로 산소의 공급을 차단하는 것으로 질식소화에 해당된다.

32 개념 이해형　난이도 下

정답　③

접근 POINT

팽창진주암은 불에 잘 타지 않는 인공 토양 정도로 생각할 수 있다.

해설

팽창진주암을 사용하여 진화하는 것은 화재가 발생한 곳에 마른 모래를 덮은 것처럼 질식소화에 해당된다.

팽창진주암은 화재를 소화할 때도 사용되지만 불에 잘 타지 않는 성질이 있기 때문에 건축자재로도 많이 사용된다.

33 개념 이해형
난이도 下

정답 ③

접근 POINT

가연물을 제거한다는 것은 화재가 발생한 곳에서 가연물(불에 타는 물질)을 제거한다는 것이다.

해설

IG-541은 질소(N_2) 52[%], 아르곤(Ar) 40[%], 이산화탄소(CO_2) 8[%]로 구성되어 있다.
전기실 화재 시 IG-541 약제를 방출하는 것은 가연물을 제거하는 것이 아니라 산소의 공급을 차단하는 것으로 질식소화에 해당된다.

34 개념 이해형
난이도 中

정답 ③

접근 POINT

포소화설비는 물에 거품을 잘 일으키는 성분을 첨가하여 만든 소화설비이다.

해설

포소화설비는 물만으로는 소화효과가 떨어지는 인화성 액체 물질에서 발생하는 화재를 소화하기 위해 물에 거품을 잘 일으키는 성분을 첨가하여 공기와의 접촉을 막도록 만든 소화설비이다.
포소화설비의 주된 소화방법은 질식소화이고, 물이 많이 포함되어 있기 때문에 냉각소화 효과도 있다.

관련개념

소화원리	소화방법
냉각소화	• 스프링클러설비 • 옥내, 옥외소화전 설비
질식소화	• 이산화탄소 소화설비 • 포소화설비 • 분말 소화설비
제거소화	물(봉상주수)
억제소화	• 할론 소화약제 • 할로겐화합물 소화약제

봉상주수는 물을 강한 압력을 이용하며 막대 모양으로 내뿜는 것으로 냉각소화 효과도 있지만 가연물을 화재 발생장소에서 떨어뜨리는 제거소화 효과도 있다.

35 단순 암기형
난이도 中

정답 ③

접근 POINT

물의 증발잠열 수치를 잘못 주어진 경우로 다소 지엽적인 문제이지만 기출문제에 출제된 만큼 물의 증발잠열 수치는 암기하는 것이 좋다.

해설

물(100℃)의 증발잠열은 약 539[cal/g]이다.

유사문제

비열이 가장 큰 물질로 물을 고르는 문제도 출제되었다.
물은 소화약제로 사용되는 물질 중에서 비열이 가장 크다.

36 개념 이해형
난이도 中

┃ 정답 ④

┃ 접근 POINT

모든 가연물과 물이 화학반응을 일으키지 않는지 생각해 보아야 한다.

┃ 해설

증발잠열이란 어떤 물질이 기화할 때 외부로부터 흡수하는 열량이다.

물은 증발잠열이 커서 온도를 낮추는 효과가 크고, 가격이 저렴하고 주위에서 쉽게 구할 수 있기 때문에 소화약제로써 널리 사용된다.

일반적으로 물은 가연물과 격렬한 화학반응을 하지 않으나 제3류 위험물 중 금수성 물질과는 화학반응을 하여 가연성 가스를 발생시킨다.

37 단순 암기형
난이도 中

┃ 정답 ①

┃ 접근 POINT

물이 입체면에 오랫동안 잔류하게 하기 위한 목적이 있다는 것에 주목해야 한다.

┃ 해설

증점제는 물의 점도를 높여주는 물질이다.

물에 증점제를 넣으면 물의 유실이 방지되고 건물, 임야 등의 입체면에 오랫동안 잔류하기 할 수 있어 소화력이 증대된다.

┃ 유사문제

증점제의 종류를 직접 묻는 문제도 출제된 적이 있다.

증점제는 Sodium Carboxy Methyl Cellulose가 사용된다.

38 개념 이해형
난이도 中

┃ 정답 ③

┃ 접근 POINT

물을 분사하는 방식에 따라 봉상주수, 적상주수, 무상주수로 구분되는데 이를 구분해야 한다.

┃ 해설

물을 무상주수한다는 것은 물을 매우 미세한 물방울 형태로 분사하는 것이다.

이 경우 매우 미세한 물방울이 공기 중의 산소를 차단하는 효과가 있기 때문에 전기화재를 진압할 수 있다.

┃ 관련개념

물의 주수형태에 따른 특징

구분	내용
봉상주수	• 물을 물줄기 형태로 강하게 분사하는 것이다. • 옥내소화전 설비가 해당된다.
적상주수	• 물을 물방울 형태로 분사하는 것이다. • 스프링클러설비가 해당되고 전기화재에는 사용할 수 없다.
무상주수	• 물을 매우 미세한 물방울 형태로 분사하는 것이다. • 공기 중의 산소를 차단하는 효과가 있어 냉각소화 효과와 질식소화 효과가 있다. • 전기화재에도 사용가능하다.

39 단순 암기형　　　난이도 下

정답　④

접근 POINT

소포성의 의미만 알고 있다면 쉽게 풀 수 있다. 소포성은 포가 소멸된다는 의미이다.

해설

포소화약제는 포를 만들어서 소화효과를 높인 소화약제이므로 소포성이 없어야 한다.

관련개념

포소화약제가 갖추어야 할 조건

• 부착성이 있어야 한다.
• 유동성과 내열성이 있어야 한다.
• 응집성과 안전성이 있어야 한다.
• 소포성이 없고 기화가 용이하지 않아야 한다.
• 독성이 적고, 수용액의 침전량이 적어야 한다.

40 개념 이해형　　　난이도 下

정답　④

접근 POINT

단백포 소화약제에는 동물의 뿔이나 발톱 등이 성분이 들어간다. 식물이나 동물을 이루는 성분은 시간이 지나면 변질된다.

해설

단백포 소화약제의 장점과 단점

구분	내용
장점	• 내열성이 우수하다. • 유면을 잘 봉쇄한다.
단점	• 포의 유동성이 좋지 않아 유면을 빠르게 덮지 못한다. • 변질의 우려가 있어 오랜 기간 저장할 수 없다. • 분말 소화약제와 병행할 수 없다. • 유류를 오염시킨다.

41 개념 이해형　　　난이도 中

정답　③

접근 POINT

포소화약제는 물에 첨가제를 넣은 것으로 냉각소화 효과 외에 질식소화 효과도 있다는 점을 기억해야 한다.

해설

포소화약제는 물에 첨가제를 혼합한 후 공기를 주입한 것으로 방사되면 물과 함께 포(거품)가 방사되어 화재현장을 덮게 된다.
가솔린 같은 유류 화재 발생 시 물만 사용하여 소화하면 유류가 물 위에 떠다니면서 화재가 확대될 수 있지만 포소화약제를 사용하면 화재 현장을 포로 덮어버리기 때문에 화재가 진압된다.

선지분석

칼륨, 알킬리튬, 인화알루미늄은 모두 물과 반응하면 가연성 기체를 발생시키므로 화재 발생 시 물이 많이 들어 있는 포소화약제는 사용할 수 없다.

유사문제

포소화약제 중 에테르, 케톤, 에스테르, 알데히드, 카르복실산, 아민 등과 같은 가연성 수용성

용매에 유용한 포소화약제를 고르는 문제도 출제되었다.
정답은 내알코올포이다.

42 단순 암기형　　　　　　난이도 下

▌정답　②

▌접근 POINT

제1종~제4종 분말 소화약제의 성분, 착색, 적응화재 등은 자주 출제되므로 암기해야 한다.

▌해설

제1종 분말 소화약제의 주성분은 탄산수소나트륨으로 $NaHCO_3$이다.

▌관련개념

분말 소화약제의 성분 및 적응화재

종별	주성분	착색	적응화재
제1종	탄산수소나트륨 $NaHCO_3$	백색	BC급
제2종	탄산수소칼륨 $KHCO_3$	담회색	BC급
제3종	제1인산암모늄 $NH_4H_2PO_4$	담홍색	ABC급
제4종	탄산수소칼륨+요소 $KHCO_3+$ $(NH_2)_2CO$	회색	BC급

43 단순 암기형　　　　　　난이도 下

▌정답　④

▌접근 POINT

제1종~제4종 분말 소화약제의 성분, 착색, 적응화재 등은 자주 출제되므로 암기해야 한다.

▌해설

제4종 분말 소화약제의 주성분은 탄산수소칼륨+요소 $[KHCO_3+(NH_2)_2CO]$이다.

44 단순 암기형　　　　　　난이도 下

▌정답　④

▌접근 POINT

제1종~제4종 분말 소화약제의 주성분은 자주 출제되므로 암기해야 한다.

▌해설

제2종 분말 소화약제의 주성분은 탄산수소칼륨 $(KHCO_3)$이다.

45 단순 암기형　　　　　　난이도 下

▌정답　①

▌접근 POINT

제1종~제4종 분말 소화약제의 주성분은 자주 출제되므로 암기해야 한다.

해설

제3종 분말 소화약제의 주성분은 제1인산암모늄($NH_4H_2PO_4$)이다.

유사문제

분말 소화약제의 주성분은 이 문제처럼 한글로 주어지기도 하지만 화학식으로 주어지기도 하기 때문에 화학식도 암기해야 한다.

---

46 단순 암기형　　　　난이도 中

정답　③

접근 POINT

분말 소화약제의 열분해 반응식은 암기해도 되지만 반응 전과 후의 계수를 비교하며 틀린 반응식을 찾는 방법으로 답을 고를 수도 있다.

해설

분말 소화약제의 열분해 반응식

종별	열분해 반응식
제1종	$2NaHCO_3 \rightarrow Na_2CO_3 + CO_2 + H_2O$
제2종	$2KHCO_3 \rightarrow K_2CO_3 + CO_2 + H_2O$
제3종	$NH_4H_2PO_4 \rightarrow HPO_3 + NH_3 + H_2O$
제4종	$2KHCO_3 + (NH_2)_2CO$ $\rightarrow K_2CO_3 + 2NH_3 + 2CO_2$

유사문제

제1종 분말 소화약제의 열분해 반응식을 괄호 넣기 형태로 묻는 문제도 출제되었다.
$2NaHCO_3 \rightarrow Na_2CO_3 + H_2O + (\quad)$
괄호 안에 들어갈 답은 CO_2이다.

---

47 단순 암기형　　　　난이도 中

정답　①

접근 POINT

분말 소화약제의 착색은 자주 출제되므로 정확하게 암기해야 한다.

해설

제1종 분말 소화약제는 백색으로 착색되어 있다.

관련개념

분말 소화약제의 성분 및 적응화재

종별	주성분	착색	적응화재
제1종	탄산수소나트륨 $NaHCO_3$	백색	BC급
제2종	탄산수소칼륨 $KHCO_3$	담회색	BC급
제3종	제1인산암모늄 $NH_4H_2PO_4$	담홍색	ABC급
제4종	탄산수소칼륨+요소 $KHCO_3+$ $(NH_2)_2CO$	회색	BC급

---

48 단순 암기형　　　　난이도 下

정답　③

접근 POINT

우리 주변에서 사용하는 소화기는 대부분 제3종 분말 소화약제이다.

해설

제3종 분말 소화약제는 A급, B급, C급 화재에 모두 사용할 수 있어 우리 주변에서 많이 사용된다.

유사문제

보기가 한글로 주어지지 않고, 화학식으로 주어진 적도 있다.

제1종~제4종 분말 소화약제의 주성분은 한글로만 암기하지 않고, 화학식도 암기해야 한다.

---

49 단순 암기형   난이도 下

정답 ④

접근 POINT

분말 소화약제의 화학식만 알고 있으면 쉽게 풀 수 있는 문제이다.

해설

① 제2종 분말소화약제이다.
② 제1종 분말소화약제이다.
③ 이산화탄소로 소화제로 사용할 수 있다.
④ 암모니아로 소화제로는 사용할 수 없다.

---

50 개념 이해형   난이도 中

정답 ④

접근 POINT

보기 안에 생소한 용어가 많이 있지만 제3종 분말 소화약제의 사용처만 알고 있다면 쉽게 답을 고를 수 있다.

해설

「분말소화설비의 화재안전기술기준」상 설치기준
분말소화설비에 사용하는 소화약제는 제1종 분말·제2종 분말·제3종 분말 또는 제4종 분말로 해야 한다. 다만, 차고 또는 주차장에 설치하는 분말소화설비의 소화약제는 제3종 분말로 해야 한다.

응용

CDC(Compatible Dry Chemical)는 분말 소화약제와 포소화약제의 장점을 조합하여 개발한 소화설비이다.

---

51 개념 이해형   난이도 中

정답 ③

접근 POINT

제1종~제4종 분말 소화약제 중 어떤 소화약제에 해당되는지를 먼저 생각하고 그 소화약제의 주성분을 찾으면 된다.

해설

제3종 분말 소화약제의 열분해 반응식은 다음과 같다.

$NH_4H_2PO_4 \rightarrow HPO_3 + NH_3 + H_2O$

열분해 반응식의 생성물 중 메타인산(HPO_3)이 피막을 형성하여 연소에 필요한 산소의 유입을 막는 역할을 한다.

52 개념 이해형 　　난이도 中

┃정답 ④

┃접근 POINT

수성막포 소화약제는 가격이 고가이지만 장점이 많은 소화설비이다.

┃해설

수성막포 소화약제는 내약품성이 좋아 분말 소화약제와 병용해서 사용이 가능하다. 이러한 방법을 twin agent system이라고 한다.

┃유사문제

분말 소화약제와 병용하여 사용할 수 있는 소화약제를 묻는 문제도 출제된 적 있다.
이 문제의 정답은 ④번 보기에 나온 수성막포 소화약제이다.

53 개념 이해형 　　난이도 中

┃정답 ④

┃접근 POINT

암기 위주보다는 분말 소화약제의 원리를 이해하는 방향으로 학습하는 것이 좋다.

┃해설

분말 소화약제의 분말은 약 $20 \sim 25[\mu\mathrm{m}]$일 때 소화성능이 우수하다.
입도가 너무 미세하거나 너무 커도 소화성능이 저하된다.

54 개념 이해형 　　난이도 下

┃정답 ②

┃접근 POINT

Halon 약제의 분자식을 묻는 문제는 C, F, Cl, Br, I의 순서를 기억해야 한다.

┃해설

Halon 약제의 분자식을 묻는 문제는 C, F, Cl, Br, I의 순서에 숫자를 대입하면 된다.

Halon 1211

C	F	Cl	Br	I
1	2	1	1	

원자에 해당되는 숫자를 넣어 분자식을 만들고 1은 분자식을 만들 때 생략한다.
CF_2BrCl

┃유사문제

Halon 1211의 성질을 묻는 문제도 출제된 적 있다.
Halon 1211는 상온, 상압에서 기체이고, 전도성이 없으며 공기보다 무겁다.
Halon 1211는 무색이다.
틀린 보기로 Halon 1211이 짙은 갈색을 나타낸다고 출제된 적 있다.

55 개념 이해형 　　난이도 下

┃정답 ②

┃접근 POINT

Halon 약제의 분자식을 묻는 문제는 C, F, Cl, Br, I의 순서를 기억해야 한다.

│ 해설

분자식을 보면 C는 1개, F는 2개, Br은 1개, Cl은 1개이다.

$$\begin{array}{ccccc} C & F & Cl & Br & I \\ 1 & 2 & 1 & 1 & \end{array}$$

Halon 1211

56 │ 단순 암기형

난이도 中

│ 정답 ③

│ 접근 POINT

상온, 상압에서 기체인 것과 액체인 것을 구분할 수 있어야 한다.

│ 해설

구분	종류
상온·상압에서 기체 상태	• 할론 1301 • 할론 1211 • 이산화탄소(탄산가스)
상온·상압에서 액체 상태	• 할론 1011 • 할론 104 • 할론 2402

57 │ 단순 계산형

난이도 中

│ 정답 ②

│ 접근 POINT

각 소화약제의 분자량을 구한 후 공기의 평균분자량으로 나누어서 증기비중을 직접 구할 수도 있다.

분자량이 클수록 증기비중도 커지기 때문에 분자량만 비교해도 증기비중이 큰 소화약제를 고를 수 있다.

│ 해설

(1) Halon 1301(CF_3Br)의 분자량

12+(19×3)+80=149

(2) Halon 2402($C_2F_4Br_2$)의 분자량

(12×2)+(19×4)+(80×2)=260

(3) Halon 1211(CF_2ClBr)의 분자량

12+(19×2)+35.5+80=165.5

(4) Halon 104(CCl_4)의 분자량

12+(35.5×4)=154

(5) 증기비중 순서

Halon 2402 〉 Halon 1211 〉 Halon 104 〉 Halon 1301

│ 관련개념

• C의 원자량: 12

• F의 원자량: 19

• Br의 원자량: 80

• Cl의 원자량: 35.5

58 │ 복합 계산형

난이도 上

│ 정답 ①

│ 접근 POINT

소화약제의 분자량만 구하는 것이 아니라 그레이엄의 확산속도 법칙 공식을 적용해야 하는 문제로 난이도가 높은 문제이다.

| 공식 CHECK

그레이엄의 확산속도 법칙

$$\frac{V_B}{V_A} = \sqrt{\frac{M_A}{M_B}}$$

V_A: A 기체의 확산속도

M_A: A 기체의 분자량

V_B: B 기체의 확산속도

M_B: B 기체의 분자량

| 해설

A 기체를 할론 1301, B 기체를 공기라고 하면 다음 식이 성립한다.

$$\frac{V_B}{V_A} = \sqrt{\frac{M_A}{M_B}} = \sqrt{\frac{149}{29}} = 2.266$$

정답은 2.27배이다.

59 단순 암기형   난이도 下

| 정답 ②

| 접근 POINT

응용되어 출제되지는 않으므로 정답을 체크하는 형태로 학습하는 것이 좋다.

| 용어 CHECK

오존파괴지수(ODP): 오존층을 파괴하는 능력을 나타내는 수치로 숫자가 클수록 오존층을 많이 파괴한다.

| 해설

할론 1301은 할로겐화합물 소화약제 중 소화효과가 가장 좋지만 오존파괴지수가 가장 크다.

60 단순 암기형   난이도 下

| 정답 ③

| 접근 POINT

불활성기체 소화약제의 성분은 암기하고 있어야 하고 IG-541 관련 문제가 가장 자주 출제된다.

| 해설

IG-541은 질소(N_2) 52[%], 아르곤(Ar) 40[%], 이산화탄소(CO_2) 8[%]로 구성되어 있다.

| 관련개념

불활성기체 소화약제의 종류 및 성분

구분	성분
IG-01	아르곤(Ar)
IG-100	질소(N_2)
IG-541	• 질소(N_2) 52[%] • 아르곤(Ar) 40[%] • 이산화탄소(CO_2) 8[%]
IG-55	• 질소(N_2) 50[%] • 아르곤(Ar) 50[%]

61 단순 암기형   난이도 上

| 정답 ①

| 접근 POINT

할로겐화합물 및 불활성기체 소화약제의 화학식을 묻는 문제는 자주 출제되지는 않는다.
모든 소화약제의 화학식을 전부 암기하려면 시간이 오래 걸리므로 출제된 소화약제의 화학식부터 암기하는 것이 좋다.

자주 출제되는 할로겐화합물 및 불활성기체 소화약제의 화학식

구분	화학식
HFC-125	CHF_2CF_3
HFC-23	CHF_3
HFC-227ea	CF_3CHFCF_3
FIC-13I1	CF_3I
IG-541	N_2: 52[%], Ar: 40[%], CO_2: 8[%]
IG-55	N_2: 50[%], Ar: 50[%]

62 개념 이해형   난이도 下

| 정답 ④

| 접근 POINT

산소와 반응하는 것이 연소반응이다.

| 해설

이산화탄소는 산소와 반응하지 않기 때문에 소화약제로 사용할 수 있다.

63 단순 암기형   난이도 下

| 정답 ②

| 접근 POINT

이산화탄소의 임계온도는 자주 출제되므로 해당 수치를 암기하고 있어야 한다.

| 해설

임계온도는 액화가 가능한 최고의 온도로 이산화탄소의 임계온도는 약 31.35[℃]이다.

| 유사문제

이산화탄소의 삼중점을 묻는 문제도 출제된 적 있다.

이산화탄소의 삼중점은 약 -57[℃]이다.

64 단순 암기형   난이도 下

| 정답 ②

| 접근 POINT

이산화탄소의 물성은 자주 출제되므로 암기해야 한다. 이산화탄소의 물성 중에는 임계온도, 증기비중, 3중점 등이 자주 출제된다.

| 해설

이산화탄소의 물성

구분	물성
임계온도	31.35[℃]
임계압력	72.75[atm]
3중점	-57[℃]
비점(승화점)	-78.5[℃]
증기비중	1.529

65 단순 암기형   난이도 下

| 정답 ①

| 접근 POINT

이산화탄소의 임계온도는 자주 출제되므로 해당 수치를 암기하고 있어야 한다.

┃ 해설

이산화탄소의 임계온도가 31.35[℃]라는 것은 이 온도 이상에서는 압력을 아무리 가해도 이산화탄소가 액화되지 않는다는 뜻이다.

┃ 선지분석

①: 이산화탄소의 임계온도는 약 31.35[℃]이다.
②, ④: 이산화탄소는 고체의 형태로 존재할 수 있고, 드라이아이스가 이산화탄소의 고체 형태이다.
③: 이산화탄소는 불연성 가스이기 때문에 소화약제로 사용되고 공기보다 무거운 기체이다.

66 개념 이해형　　난이도 下

┃ 정답　④

┃ 접근 POINT

소화약제는 연소하지 않는 물질을 사용한다는 것을 기억해야 한다.

┃ 해설

이산화탄소(CO_2)는 산소와 반응하지 않는 불연성 물질이다.
이산화탄소는 기본적으로 가연물이 산소와 접촉하는 것을 막는 질식소화 효과가 있고, 방사 시 액체 이산화탄소가 기화열을 흡수하여 점화원을 냉각시키는 냉각효과도 있다.

67 개념 이해형　　난이도 下

┃ 정답　④

┃ 접근 POINT

금속이 전기가 잘 통하고 기체는 일반적으로 전기가 잘 통하지 않는다.

┃ 해설

이산화탄소는 전기가 잘 통하지 않기 때문에 전기설비 화재에 사용할 수 있다.
전기설비에 화재가 발생한 경우 물을 이용한 소화설비는 화재는 진압할 수 있지만 전기설비를 파괴시키므로 전기설비 화재에는 이산화탄소 소화기를 사용하는 것이 더 효과적이다.

68 개념 이해형　　난이도 下

┃ 정답　①

┃ 접근 POINT

방호구역이란 화재가 발생했을 때 소화약제가 방출되는 구역으로 소화약제가 방출되는 곳과 소화약제가 저장되는 장소는 다르다는 것을 생각해야 한다.

┃ 해설

이산화탄소 소화약제의 저장용기는 방호구역 외의 장소에 설치해야 한다.

┃ 관련개념

「이산화탄소소화설비의 화재안전기술기준」상 이산화탄소 소화약제의 저장용기 설치장소 기준
• 방호구역 외의 장소에 설치할 것
• 온도가 40[℃] 이하이고, 온도변화가 작은 곳에 설치할 것
• 직사광선 및 빗물이 침투할 우려가 없는 곳에

설치할 것
- 방화문으로 구획된 실에 설치할 것
- 용기의 설치장소에는 해당 용기가 설치된 곳임을 표시하는 표지를 할 것
- 용기 간의 간격은 점검에 지장이 없도록 3[cm] 이상의 간격을 유지할 것
- 저장용기와 집합관을 연결하는 연결배관에는 체크밸브를 설치할 것

69 단순 암기형
난이도 中

정답 ④

접근 POINT
최소 설계농도 값은 공식으로 구하는 것이 아니라 정해진 것이므로 암기 위주로 접근해야 한다.

해설
이산화탄소 소화약제의 최소 설계농도[vol%]
① 메탄: 34
② 에틸렌: 49
③ 천연가스: 37
④ 아세틸렌: 66

유사문제
직접 설계농도가 주어지고 잘못된 것을 찾는 문제도 출제되었다.
해당 문제는 아세틸렌의 설계농도가 53[vol%]로 잘못 주어졌다.

70 개념 이해형
난이도 下

정답 ②

접근 POINT
가연성 가스는 화재 시 소화용도로 사용할 수 없다.

해설
아세틸렌(C_2H_2)는 연소할 때 매우 많은 열을 발생하기 때문에 용접 등 높은 온도가 필요한 작업에서 사용된다.
아세틸렌(C_2H_2)을 화재 시 사용하면 화재가 더 확대될 수 있다.

71 개념 이해형
난이도 下

정답 ③

접근 POINT
전기화재에 도체와 부도체 중 어떤 소화약제가 효과가 있을지 생각해 본다.

해설
할로겐화합물 소화약제의 특징
- 연쇄반응을 차단하는 억제소화 효과가 있다.
- 할로겐족 원소가 사용된다.
- 전기에 부도체이므로 전기화재에 효과가 있다.
- 소화약제의 변질분해 위험성이 낮다.
- 소화능력이 크고 금속에 대한 부식성이 작다.

72 개념 이해형   난이도 下

정답 ④

접근 POINT

전산실, 통신 기기실은 사람은 거의 없고 파손되면 안 되는 중요한 전기기기가 많은 장소이다.

해설

전산실, 통신 기기실과 같이 전기설비가 많이 있는 곳은 할로겐화합물 및 불활성기체 소화설비 또는 이산화탄소 소화설비가 가장 적합하다. 스프링클러설비, 옥내소화전설비와 같이 물을 이용한 소화설비를 전산실에서 사용하면 화재는 진압할 수 있지만 전기설비가 파손될 우려가 크다.

소방관계법규

01	02	03	04	05	06	07	08	09	10
①	④	④	③	③	③	④	③	②	④
11	12	13	14	15	16	17	18	19	20
①	③	④	③	③	①	③	②	①	②
21	22	23	24	25	26	27	28	29	30
④	③	②	④	③	③	④	①	①	③
31	32	33	34	35	36	37			
④	①	③	①	④	①	④			

01 단순 암기형 난이도 下

│ 정답 ①

│ 접근 POINT

소방기본법에 나오는 기본적인 용어에 대한 문제로 아래 관련법규에 나온 용어는 이해하는 것이 좋다.

│ 해설

관계인이란 소방대상물의 소유자·관리자 또는 점유자를 말한다.

│ 관련법규

「소방기본법」 제2조 용어의 정의
• 소방대상물: 건축물, 차량, 선박(항구에 매어둔 선박만 해당), 선박 건조 구조물, 산림, 그 밖의 인공 구조물 또는 물건
• 관계지역: 소방대상물이 있는 장소 및 그 이웃 지역으로서 화재의 예방·경계·진압, 구조·구급 등의 활동에 필요한 지역
• 관계인: 소방대상물의 소유자·관리자 또는 점유자
• 소방본부장: 특별시·광역시·특별자치시·도 또는 특별자치도에서 화재의 예방·경계·진압·조사 및 구조·구급 등의 업무를 담당하는 부서의 장
• 소방대: 화재를 진압하고 화재, 재난·재해, 그 밖의 위급한 상황에서 구조·구급 활동 등을 하기 위하여 구성된 소방공무원, 의무소방원, 의용소방대원 조직체
• 소방대장: 소방본부장 또는 소방서장 등 화재, 재난·재해, 그 밖의 위급한 상황이 발생한 현장에서 소방대를 지휘하는 사람

02 단순 암기형 난이도 中

│ 정답 ④

│ 접근 POINT

모든 선박이 소방대상물에 해당되지 않는다는 점을 기억해야 한다.

▌해설

선박의 경우 항구에 매어둔 선박만 소방대상물에 해당된다.

▌관련법규

「소방기본법」 제2조 소방대상물

건축물, 차량, 선박(항구에 매어둔 선박만 해당), 선박 건조 구조물, 산림, 그 밖의 인공 구조물 또는 물건

03 단순 암기형   난이도 下

▌정답 ④

▌접근 POINT

자주 출제되는 문제이지만 사실상 소방대의 조직 구성원 외에 다양한 오답 보기가 출제되고 있다.

소방대의 조직 구성원에 해당되는 3가지는 기억하고 있어야 한다.

▌해설

「소방기본법」 제2조 용어의 정의

- 소방대는 화재를 진압하고 화재, 재난·재해, 그 밖의 위급한 상황에서 구조·구급 활동 등을 하기 위하여 구성된다.
- 소방대의 조직 구성원은 소방공무원, 의무소방원, 의용소방대원이다.

▌유사문제

동일하게 소방대의 구성원을 묻는 문제이지만 오답 보기로 소방안전관리원이 출제된 적 있다.

04 단순 암기형   난이도 中

▌정답 ③

▌접근 POINT

소방기본법상 정의를 묻는 문제로 해당 용어의 법적 정의를 정확하게 기억하고 있어야 한다.

▌해설

① 항구에 매어둔 선박은 소방대상물에 해당된다.
② 소방대상물의 점유예정자는 관계인에 포함되지 않는다.
④ 소방서장은 소방대장에 포함된다.

05 단순 암기형   난이도 下

▌정답 ③

▌접근 POINT

소방력이란 소방기관이 소방업무를 수행하는 데에 필요한 인력과 장비 등이다. 이 계획을 세우기에 가장 적합한 사람이 누구인지 생각해 본다.

▌해설

「소방기본법」 제8조 소방력의 기준

- 소방기관이 소방업무를 수행하는 데에 필요한 인력과 장비 등(소방력)에 관한 기준은 행정안전부령으로 정한다.
- 시·도지사는 소방력의 기준에 따라 관할구역의 소방력을 확충하기 위하여 필요한 계획을 수립하여 시행하여야 한다.

06 단순 암기형   난이도 下

┃ 정답 ③

┃ 접근 POINT

자주 출제되지는 않지만 소방의 날만 알고 있으면 답을 쉽게 고를 수 있는 문제이다.

119 신고번호와 11월 9일을 연계해서 암기할 수 있다.

┃ 해설

「소방기본법」 제7조에 따라 소방의 날은 11월 9일이다.

07 개념 이해형   난이도 中

┃ 정답 ④

┃ 접근 POINT

기존 기출문제는 소방의 날이 언제인지만 묻는 문제가 출제되었지만 소방의 날의 개념과 관련된 문제로 응용되어 출제되었다.

┃ 해설

시·도지사가 아니라 소방청장이 공로가 있다고 인정되는 사람을 명예직 소방대원으로 위촉할 수 있다.

┃ 관련법규

「소방기본법」 제7조 소방의날 제정과 운영

소방청장은 다음에 해당하는 사람을 명예직 소방대원으로 위촉할 수 있다.

• 의사상자(義死傷者)
• 소방행정 발전에 공로가 있다고 인정되는 사람

08 단순 암기형   난이도 下

┃ 정답 ③

┃ 접근 POINT

문제를 보면 실제 화재나 위급한 상황이 발생했을 때 현장을 지휘하는 사람이 할 수 있는 일이라는 것을 알 수 있다.

┃ 해설

「소방기본법」 제24조 소방활동 종사명령

소방본부장, 소방서장 또는 소방대장은 화재, 재난·재해, 그 밖의 위급한 상황이 발생한 현장에서 소방활동을 위하여 필요할 때에는 그 관할 구역에 사는 사람 또는 그 현장에 있는 사람으로 하여금 사람을 구출하는 일 또는 불을 끄거나 불이 번지지 아니하도록 하는 일을 하게 할 수 있다.

09 개념 이해형   난이도 中

┃ 정답 ②

┃ 접근 POINT

법의 여러 군데에 있는 조항을 해석해야 하는 문제로 다소 난이도가 높아서 법에 대한 이해가 필요하다.

┃ 해설

②번은 소방활동 종사명령에 해당된다.

소방활동 종사명령은 「소방기본법」 제24조에 소방본부장, 소방서장 또는 소방대장이 명령할 수 있도록 되어 있다.

소방활동 종사명령은 화재, 재난·재해, 그 밖의 위급한 상황이 발생한 현장에서 소방활동을 위하여 필요할 때에는 그 관할구역에 사는 사람 또는 그 현장에 있는 사람으로 하여금 사람을 구출하는 일 또는 불을 끄거나 불이 번지지 아니하도록 하는 일을 하는 것이다.

▌선지분석

①번은 소방업무의 응원에 관한 것으로 소방본부장이나 소방서장의 권한이다.

③번은 화재조사 증거물 수집에 관한 것으로 소방청장, 소방본부장 또는 소방서장의 권한이다.

④번은 소방활동에 관한 것으로 소방청장, 소방본부장 또는 소방서장의 권한이다.

10 단순 암기형　　　　　　난이도 下

▌정답　④

▌접근 POINT

전체적인 내용은 맞지만 세부규정이 틀린 보기가 출제된 문제로 보기를 꼼꼼하게 읽어보아야 한다.

▌해설

④번 보기 중 대통령령이 아니라 행정안전부령으로 정하는 바에 따라 미리 규약으로 정해야 한다.

▌관련법규

「소방기본법」제11조 소방업무의 응원
• 소방본부장이나 소방서장은 소방활동을 할 때에 긴급한 경우에는 이웃한 소방본부장 또는 소방서장에게 소방업무의 응원(應援)을 요

청할 수 있다.
• 소방업무의 응원 요청을 받은 소방본부장 또는 소방서장은 정당한 사유 없이 그 요청을 거절하여서는 아니 된다.
• 소방업무의 응원을 위하여 파견된 소방대원은 응원을 요청한 소방본부장 또는 소방서장의 지휘에 따라야 한다.
• 시·도지사는 소방업무의 응원을 요청하는 경우를 대비하여 출동 대상지역 및 규모와 필요한 경비의 부담 등에 관하여 필요한 사항을 행정안전부령으로 정하는 바에 따라 이웃하는 시·도지사와 협의하여 미리 규약(規約)으로 정하여야 한다.

11 개념 이해형　　　　　　난이도 中

▌정답　①

▌접근 POINT

소방활동 종사명령은 소방본부장, 소방서장 또는 소방대장의 권한이지만 소방업무의 응원은 소방본부장이나 소방서장의 권한으로 다소 차이가 있음을 기억해야 한다.

▌해설

①번은 소방대장이 아니라 소방본부장이나 소방서장의 권한이다.

▌관련법규

「소방기본법」제11조 소방업무의 응원
소방본부장이나 소방서장은 소방활동을 할 때에 긴급한 경우에는 이웃한 소방본부장 또는 소방서장에게 소방업무의 응원(應援)을 요청할 수 있다.

12 단순 암기형　　　　　난이도 下

정답 ③

접근 POINT
하나의 보기 중 맞는 내용과 틀린 내용이 함께 있는 문제로 보기를 꼼꼼하게 읽어보아야 한다.

해설
응원출동훈련은 상호응원협정에 포함되어야 하지만 소방교육은 포함되지 않는다.

관련법규
「소방기본법 시행규칙」 제8조 소방업무의 상호응원협정 체결 시 포함사항
(1) 다음의 소방활동에 관한 사항
　　가. 화재의 경계·진압활동
　　나. 구조·구급업무의 지원
　　다. 화재조사활동
(2) 응원출동대상지역 및 규모
(3) 다음의 소요경비의 부담에 관한 사항
　　가. 출동대원의 수당·식사 및 의복의 수선
　　나. 소방장비 및 기구의 정비와 연료의 보급
　　다. 그 밖의 경비
(4) 응원출동의 요청 방법
(5) 응원출동훈련 및 평가

유사문제
문제는 거의 동일하고 오답 보기로 소방교육·훈련의 종류에 관한 사항이 출제된 적 있다. 소방교육·훈련과 상호응원협정은 큰 관련이 없다는 것을 기억해야 한다.

13 개념 이해형　　　　　난이도 中

정답 ④

접근 POINT
법에 제시된 세부사항을 기억해야 풀 수 있는 문제이다.

해설
응원출동 시 현장 지휘에 관한 사항은 상호응원협정에 포함되어야 하는 사항이 아니다.
소방업무의 응원을 위하여 파견된 소방대원은 응원을 요청한 소방본부장 또는 소방서장의 지휘에 따라야 한다.

14 단순 암기형　　　　　난이도 下

정답 ③

접근 POINT
응용되어 출제되지는 않으므로 해당 수치만 정확하게 암기하면 된다.

해설
「소방기본법 시행규칙」 제7조 소방용수시설 및 지리조사
소방본부장 또는 소방서장은 원활한 소방활동을 위하여 다음의 조사를 월 1회 이상 실시하여야 한다.
• 소방용수시설에 대한 조사
• 소방대상물에 인접한 도로의 폭·교통상황, 도로 주변의 토지의 고저·건축물의 개황 그 밖의 소방활동에 필요한 지리에 대한 조사

15 단순 암기형　　　난이도 下

| 정답 ③

| 접근 POINT

소방대장이란 화재, 재난, 재해 등 위급한 상황이 발생했을 때 현장에서 소방대를 지휘하는 사람이다.
소방대장의 역할에 가장 맞지 않는 권한이 무엇인지 생각해 본다.

| 해설

「소방기본법」 제5조 소방박물관
소방의 역사와 안전문화를 발전시키고 국민의 안전의식을 높이기 위하여 소방청장은 소방박물관을, 시·도지사는 소방체험관(화재 현장에서의 피난 등을 체험할 수 있는 체험관)을 설립하여 운영할 수 있다.

16 단순 암기형　　　난이도 下

| 정답 ①

| 접근 POINT

소방박물관과 소방체험관의 설립·운영권자는 다르다는 것을 기억해야 한다.

| 해설

소방체험관의 설립·운영권자는 시·도지사이고, 소방박물관의 설립·운영권자는 소방청장이다.

17 단순 암기형　　　난이도 下

| 정답 ②

| 접근 POINT

법에 나온 기본적인 개념을 묻고 있는 문제로 정답을 체크하는 방식으로 공부한다.

| 해설

「소방기본법」 제3조 소방기관의 설치
시·도에서 소방업무를 수행하기 위하여 시·도지사 직속으로 소방본부를 둔다.

18 단순 암기형　　　난이도 下

| 정답 ②

| 접근 POINT

위험물 관련 내용은 대부분 위험물안전관리법령에 규정되어 있다.

| 해설

「소방기본법」 제41조 한국소방안전원의 업무
• 소방기술과 안전관리에 관한 교육 및 조사·연구
• 소방기술과 안전관리에 관한 각종 간행물 발간
• 화재 예방과 안전관리의식 고취를 위한 대국민 홍보
• 소방업무에 관하여 행정기관이 위탁하는 업무
• 소방안전에 관한 국제협력

▌유사문제

같은 문제이고 오답 보기로 소방용 기계·기구의 형식승인이 출제된 적 있다.

소방용 기계·기구와 관련된 업무는 한국소방 안전원이 아니라 한국소방산업기술원의 업무 이다.

---

19 단순 암기형   난이도 下

▌정답 ①

▌접근 POINT

소방신호의 종류 및 신호방법은 자주 출제되므 로 암기해야 한다.

▌해설

「소방기본법 시행규칙」 제10조 소방신호

구분	내용
경계신호	화재예방상 필요하다고 인정되거나 화재위험 경보시 발령
발화신호	화재가 발생한 때 발령
해제신호	소화활동이 필요없다고 인정되는 때 발령
훈련신호	훈련상 필요하다고 인정되는 때 발령

---

20 단순 암기형   난이도 下

▌정답 ②

▌접근 POINT

소방신호의 종류 및 신호방법은 자주 출제되므 로 암기해야 한다.

▌해설

「소방기본법 시행규칙」 별표4 소방신호의 방법

구분	타종신호	싸이렌신호
경계신호	1타와 연 2타를 반복	5초 간격을 두고 30초씩 3회
발화신호	난타	5초 간격을 두고 5초씩 3회
해제신호	상당한 간격을 두고 1타씩 반복	1분간 1회
훈련신호	연 3타 반복	10초 간격을 두고 1분씩 3회

---

21 단순 암기형   난이도 下

▌정답 ④

▌접근 POINT

소방안전교육사는 소방안전교육 업무를 담당 하는 사람으로 배치기준이 주로 출제된다.

▌해설

한국소방안전원(본회)에는 2명 이상의 소방안 전교육사를 배치해야 한다.

▌관련법규

「소방기본법 시행령」 별표2의3 소방안전교육사의 배치기준

배치대상	배치기준
소방청	2명 이상
소방본부	2명 이상
소방서	1명 이상
한국소방안전원	본회: 2명 이상 시·도지부: 1명 이상
한국소방산업기술원	2명 이상

22 단순 암기형   난이도 下

▌정답 ③

▌접근 POINT

자주 출제되는 문제로 보기만 살짝 바뀌어 출제되는 경향이 있다.

관련법규에서 10개년 기출문제 중 한번이라도 출제된 규정은 밑줄 처리했으니 보고기준을 숙지해야 한다.

▌해설

사망자가 5인 이상 발생하거나 사상자가 10인 이상 발생한 화재가 발생한 경우가 해당된다.

▌관련법규

「소방기본법 시행규칙」 제3조 소방본부 종합상황실의 실장이 소방청 종합상황실에 보고하여야 하는 화재의 기준

- 사망자가 5인 이상 발생하거나 사상자가 10인 이상 발생한 화재
- 이재민이 100인 이상 발생한 화재
- 재산피해액이 50억원 이상 발생한 화재
- 관공서·학교·정부미도정공장·문화재·지하철 또는 지하구에서 발생한 화재
- 관광호텔, 층수가 11층 이상인 건축물, 지하상가, 시장, 백화점에서 발생한 화재
- 지정수량의 3천배 이상의 위험물의 제조소·저장소·취급소에서 발생한 화재
- 층수가 5층 이상이거나 객실이 30실 이상인 숙박시설에서 발생한 화재
- 층수가 5층 이상이거나 병상이 30개 이상인 종합병원·정신병원·한방병원·요양소에서 발생한 화재

- 연면적 1만5천제곱미터 이상인 공장 또는 화재경계지구에서 발생한 화재
- 철도차량, 항구에 매어둔 총 톤수가 1천톤 이상인 선박, 항공기, 발전소 또는 변전소에서 발생한 화재
- 가스 및 화약류의 폭발에 의한 화재
- 다중이용업소의 화재

▌유사문제

거의 같은 문제가 보기만 바뀌어 출제된 적이 있다.

지정수량의 1,000배 이상의 위험물의 제조소·저장소·취급소에서 발생한 화재가 오답 보기로 제시되었는데 지정수량의 3,000배 이상일 때가 보고하여야 하는 화재의 기준이다.

23 단순 암기형   난이도 下

▌정답 ②

▌접근 POINT

자주 출제되는 문제로 보기만 살짝 바뀌어서 출제되는 경향이 있다.

국고보조 대상사업의 범위만 알고 있으면 오답 보기가 무엇이 출제되도 답을 고를 수 있다.

▌해설

「소방기본법 시행령」 제2조 소방활동장비와 설비의 구입 및 설치 시 국고보조 대상사업의 범위

- 소방자동차
- 소방헬리콥터 및 소방정
- 소방전용통신설비 및 전산설비
- 그 밖에 방화복 등 소방활동에 필요한 소방장비

▮ 유사문제

같은 문제이고 오답 보기로 소화용수설비 및 피난구조설비가 출제된 적 있다.

유사한 문제로 소방활동장비 등에 대한 국고보조 대상사업의 범위는 무엇으로 정하는지에 대한 문제도 출제된 적 있다.

정답은 대통령령이다.

24 단순 암기형

난이도 下

▮ 정답 ③

▮ 접근 POINT

소방활동구역은 화재, 재난, 재해 등으로 위급한 상황이 발생한 현장에서 정하는 것이다.

보기 중 위급한 상황이 발생한 현장에 있어야 하는 사람이 누구인지 생각해 본다.

▮ 해설

「소방기본법」 제23조 소방활동구역의 설정

소방대장은 화재, 재난·재해, 그 밖의 위급한 상황이 발생한 현장에 소방활동구역을 정하여 소방활동에 필요한 사람으로서 대통령령으로 정하는 사람 외에는 그 구역에 출입하는 것을 제한할 수 있다.

25 단순 암기형

난이도 下

▮ 정답 ③

▮ 접근 POINT

문제를 보면 소방대장이 소방활동구역을 정한다고 했는데 시·도지사가 그 소방활동구역에 출입을 허가한다고 볼 수는 없다.

▮ 해설

③번은 시·도지사가 아니라 소방대장이다.

▮ 관련법규

「소방기본법 시행령」 제8조 소방활동구역에 출입할 수 있는 사람

- 소방활동구역 안에 있는 소방대상물의 소유자·관리자 또는 점유자
- 전기·가스·수도·통신·교통의 업무에 종사하는 사람으로서 원활한 소방활동을 위하여 필요한 사람
- 의사·간호사 그 밖의 구조·구급업무에 종사하는 사람
- 취재인력 등 보도업무에 종사하는 사람
- 수사업무에 종사하는 사람
- 소방대장이 소방활동을 위하여 출입을 허가한 사람

26 단순 암기형   난이도 下

▌정답 ③

▌접근 POINT

소방활동구역에는 화재를 진압하거나 인력을 구조하는 데 꼭 필요한 사람만 출입해야 한다.

▌해설

부동산 업자는 위급한 상황이 발생된 소방활동구역에 출입할 수 없다.

▌유사문제

거의 같은 문제인데 소방활동구역을 출입할 수 없는 사람으로 소방활동구역 밖의 소방대상물을 소유한 사람이 출제된 적 있다.

상식적으로 생각해 보아도 소방활동구역 밖의 소방대상물을 소유한 사람이 소방활동구역에 출입할 수는 없다.

27 단순 암기형   난이도 下

▌정답 ④

▌접근 POINT

수도법에 규정된 내용은 수도사업자가 따라야 한다.

▌해설

「소방기본법」 제10조 소방용수시설의 설치 및 관리

• 시·도지사는 소방활동에 필요한 소화전(消火栓)·급수탑(給水塔)·저수조(貯水槽)를 설치하고 유지·관리하여야 한다.
• 「수도법」에 따라 소화전을 설치하는 일반수

도사업자는 관할 소방서장과 사전협의를 거친 후 소화전을 설치하여야 하며, 설치 사실을 관할 소방서장에게 통지하고, 그 소화전을 유지·관리하여야 한다.

28 단순 암기형   난이도 下

▌정답 ①

▌접근 POINT

소방용수시설과 관련해서는 시행규칙 별표3에 있는 내용이 자주 출제되므로 해당 내용을 암기해야 한다.

대부분 숫자와 관련된 기준이 오답 보기로 제시되는 형태로 출제되므로 숫자 관련 기준을 확실하게 암기해야 한다.

▌해설

「소방기본법 시행규칙」 별표3 소방용수시설의 설치기준

• 주거지역·상업지역 및 공업지역에 설치하는 경우: 소방대상물과의 수평거리를 100미터 이하가 되도록 할 것
• 위의 외의 지역에 설치하는 경우: 소방대상물과의 수평거리를 140미터 이하가 되도록 할 것

29 단순 암기형 　　　난이도 下

정답 ①

접근 POINT

수평거리 기준과 급수배관의 구경 기준의 숫자는 같다.

해설

「소방기본법 시행규칙」 별표3 소방용수시설별 설치기준

- 소화전의 설치기준: 상수도와 연결하여 지하식 또는 지상식의 구조로 하고, 소방용호스와 연결하는 <u>소화전의 연결금속구의 구경은 65mm로</u> 할 것
- 급수탑의 설치기준: <u>급수배관의 구경은 100mm 이상</u>으로 하고, 개폐밸브는 지상에서 1.5m 이상 1.7m 이하의 위치에 설치하도록 할 것

30 단순 암기형 　　　난이도 下

정답 ③

접근 POINT

개폐밸브는 손으로 조작하기 쉬운 높이에 설치되어야 한다.

해설

「소방기본법 시행규칙」상 별표3 급수탑 설치기준
급수배관의 구경은 100mm 이상으로 하고, <u>개폐밸브는 지상에서 1.5m 이상 1.7m 이하의 위치</u>에 설치하도록 할 것

31 단순 암기형 　　　난이도 下

정답 ④

접근 POINT

숫자가 틀린 것으로 법과 관련된 규정은 숫자를 확실하게 암기해야 한다.

해설

급수탑의 개폐밸브는 지상에서 1.5m 이상 1.7m 이하의 위치에 설치해야 한다.

유사문제

거의 유사한 문제이고 오답보기로 소화전의 연결금속구의 구경을 100mm로 할 것이 출제된 적이 있다.
소화전의 연결금속구의 구경은 65mm로 해야 한다.

32 단순 암기형 　　　난이도 中

정답 ①

접근 POINT

숫자는 맞지만 이상, 이하를 다르게 제시한 문제이다.
이상과 이하는 의미가 전혀 다르므로 법에 나온 이상, 이하 문구는 정확하게 기억해야 한다.

해설

「소방기본법 시행규칙」 별표3 저수조의 설치기준

- 지면으로부터의 낙차가 <u>4.5m 이하</u>일 것
- 흡수 부분의 수심이 0.5m 이상일 것
- 소방펌프자동차가 쉽게 접근할 수 있도록 할 것

- 흡수에 지장이 없도록 토사 및 쓰레기 등을 제거할 수 있는 설비를 갖출 것
- 흡수관의 투입구가 사각형의 경우에는 한 변의 길이가 60cm 이상, 원형의 경우에는 지름이 60cm 이상일 것
- 저수조에 물을 공급하는 방법은 상수도에 연결하여 자동으로 급수되는 구조일 것

┃ 유사문제

간단한 문제로 저수조의 낙차가 지면으로부터 몇 m 이하인지 묻는 문제도 출제되었다.
정답은 4.5m이다.

33 단순 암기형

난이도 下

┃ 정답 ③

┃ 접근 POINT

법에 있는 규정 중 숫자만 다르게 표현한 문제이다.
법에 제시된 규정 중 숫자는 정확하게 암기해야 한다.

┃ 해설

① 저수조는 지면으로부터 낙차가 4.5m 이하이어야 한다.
② 소화전의 연결금속구의 구경은 65mm로 해야 한다.
④ 급수배관의 구경은 100mm 이상으로 하고, 개폐밸브는 지상에서 1.5m 이상 1.7m 이하의 위치에 설치하도록 해야 한다.

34 단순 암기형

난이도 下

┃ 정답 ①

┃ 접근 POINT

소방대원에게 실시할 교육·훈련 횟수 및 기간은 숫자 2와 관련이 많다.

┃ 해설

「소방기본법 시행규칙」 별표3의 2 소방대원에게 실시할 교육·훈련 횟수 및 기간

횟수	기간
2년마다 1회	2주 이상

35 단순 암기형

난이도 下

┃ 정답 ④

┃ 접근 POINT

최근 사회적으로도 이슈가 되는 사안으로 「소방기본법」상 벌칙기준이 가장 강하다.
10개년 기출문제 중 한번이라도 출제된 보기는 관련법규에 밑줄로 처리했다.

┃ 해설

「소방기본법」 제50조 5년 이하의 징역 또는 5천만원 이하의 벌금에 처하는 규정
- 위력(威力)을 사용하여 출동한 소방대의 화재진압·인명구조 또는 구급활동을 방해하는 행위
- 소방대가 화재진압·인명구조 또는 구급활동을 위하여 현장에 출동하거나 현장에 출입하는 것을 고의로 방해하는 행위

- 출동한 소방대원에게 폭행 또는 협박을 행사
  하여 화재진압·인명구조 또는 구급활동을 방
  해하는 행위
- 출동한 소방대의 소방장비를 파손하거나 그
  효용을 해하여 화재진압·인명구조 또는 구급
  활동을 방해하는 행위
- 소방자동차의 출동을 방해한 사람
- 사람을 구출하는 일 또는 불을 끄거나 불이 번
  지지 아니하도록 하는 일을 방해한 사람
- 정당한 사유 없이 소방용수시설 또는 비상소
  화장치를 사용하거나 소방용수시설 또는 비
  상소화장치의 효용을 해치거나 그 정당한 사
  용을 방해한 사

36 단순 암기형   난이도 下

▎정답   ①

▎접근 POINT

법에는 다양한 내용이 나와 있지만 4가지 보기
중에서 가장 위험하지 않은 행동이 무엇인지 생
각해 볼 수 있다.

▎해설

①번은 출제 당시 법으로는 200만원 이하의 벌
금해 처했으나 현재는 소방기본법상 삭제된 조
항이다. 삭제된 조항이라고 보아도 문제상 벌칙
의 기준이 다른 것은 ①번이다.
②, ③, ④번은 모두 5년 이하의 징역 또는 5천만
원 이하의 벌금에 해당되는 벌칙 규정이다.

37 단순 암기형   난이도 下

▎정답   ④

▎접근 POINT

문제에 주어진 것은 경미한 위반사항으로 20만
원의 과태료가 부과되는 행위이다.
과태료는 벌칙보다 약한 처벌로 우리 생활에
서 과태료를 부과하는 사람이 누구인지 생각
해 본다.

▎해설

「소방기본법」 제19조 화재 등의 통지

시장 또는 공장·창고, 목조건물이 밀집한 지역
에서 화재로 오인할 만한 우려가 있는 불을 피우
거나 연막(煙幕) 소독을 하려는 자는 시·도의 조
례로 정하는 바에 따라 관할 소방본부장 또는 소
방서장에게 신고하여야 한다.

「소방기본법」 제57조 과태료

- 제19조의 조항에 따른 신고를 하지 아니하여
  소방자동차를 출동하게 한 자에게는 20만원
  의 과태료를 부과한다.
- 과태료는 관할 소방본부장 또는 소방서장이
  부과·징수한다.

대표유형 ❷

화재의 예방 및 안전관리에 관한 법　62쪽

01	02	03	04	05	06	07	08	09	10
②	④	②	①	④	①	①	①	③	④
11	12	13	14	15	16	17	18	19	20
②	③	②	①	③	②	④	④	②	③
21	22	23	24	25	26	27	28	29	30
③	③	②	③	③	④	④	④	①	③
31	32	33	34	35					
②	④	②	②	②					

01　단순 암기형　난이도 下

▮ 정답　②

▮ 접근 POINT

출제 당시에는 소방특별조사였으나 법이 개정되어 화재안전조사로 변경되었다.
화재안전조사는 화재가 발생하기 전에 필요에 따라 조사를 하는 것으로 관계인의 업무를 방해해서는 안 되는 것을 기억해야 한다.

▮ 해설

「화재예방법」 제12조 증표의 제시 및 비밀유지 의무

• 화재안전조사 업무를 수행하는 관계 공무원 및 관계 전문가는 그 권한 또는 자격을 표시하는 증표를 지니고 이를 관계인에게 내보여야 한다.
• 화재안전조사 업무를 수행하는 관계 공무원 및 관계 전문가는 관계인의 정당한 업무를 방해하여서는 아니 되며, 조사업무를 수행하면서 취득한 자료나 알게 된 비밀을 다른 사람 또는 기관에 제공 또는 누설하거나 목적 외의 용도로 사용하여서는 아니 된다.

02　단순 암기형　난이도 下

▮ 정답　④

▮ 접근 POINT

소방대상물의 개수·이전·제거, 사용금지는 실제 화재예방 활동을 하는 사람이 담당하는 업무이다.

▮ 해설

「화재예방법」 제14조 화재안전조사 결과에 따른 조치명령

소방관서장(소방청장, 소방본부장 또는 소방서장)은 화재안전조사 결과에 따른 소방대상물의 위치·구조·설비 또는 관리의 상황이 화재예방을 위하여 보완될 필요가 있거나 화재가 발생하면 인명 또는 재산의 피해가 클 것으로 예상되는 때에는 행정안전부령으로 정하는 바에 따라 관계인에게 그 소방대상물의 개수(改修)·이전·제거, 사용의 금지 또는 제한, 사용폐쇄, 공사의 정지 또는 중지, 그 밖에 필요한 조치를 명할 수 있다.

▮ 유사문제

거의 같은 문제인데 정답 보기가 소방본부장 또는 소방서장으로 한 개만 주어진 문제도 출제되었다.
소방관서장에는 소방청장, 소방본부장 또는 소방서장이 포함된다는 것을 기억해야 한다.
반대로 소방대상물의 개수·이전·제거, 그 밖의

필요한 조치를 관계인에게 명령할 수 없는 사람을 묻는 문제도 출제되었다.
보기로 시·도지사, 소방서장, 소방청장, 소방본부장이 출제되었는데 소방관서장이 아닌 시·도지사가 답이 된다.

03 단순 암기형
난이도 下

정답 ②

접근 POINT

조치명령은 소방관서장(소방청장, 소방본부장 또는 소방서장), 손실보상은 소방청장 또는 시·도지사임을 기억해야 한다.

해설

「화재예방법」 제15조 손실보상

소방청장 또는 시·도지사는 화재안전조사에 따른 명령으로 인하여 손실을 입은 자가 있는 경우에는 대통령령으로 정하는 바에 따라 보상하여야 한다.

04 단순 암기형
난이도 下

정답 ①

접근 POINT

손실에 대한 보상을 받기 위해 청구서를 작성해야 하는데 손실보상합의서를 첨부하는 것은 논리상 맞지 않는 부분이 있다.

해설

「화재예방법 시행규칙」 제6조 손실보상 청구자가 제출해야 하는 서류

화재안전조사 결과에 따른 명령으로 손실을 입은 자가 손실보상을 청구하려는 경우에는 손실보상청구서에 다음의 서류를 첨부하여야 한다.
• 소방대상물의 관계인임을 증명할 수 있는 서류(건축물 대장은 제외)
• 손실을 증명할 수 있는 사진 및 그 밖의 증빙자료

05 단순 암기형
난이도 下

정답 ④

접근 POINT

벌칙 기준은 법에 다양하게 나와 있기 때문에 모든 기준을 전부 암기하기 보다는 시험에 출제된 내용 위주로 암기하는 것이 좋다.

해설

「화재예방법」 제50조 벌칙

화재안전조사 결과에 따른 조치명령을 정당한 사유없이 위반한 자는 3년 이하의 징역 또는 3천만원 이하의 벌금에 처한다.

06 단순 암기형
난이도 下

정답 ①

접근 POINT

소방시설의 하자보수기간도 3일이므로 화재안전조사의 연기와 연관지어 암기하면 좋다.

┃해설

「화재예방법 시행규칙」제4조 화재안전조사의 연기신청

화재안전조사의 연기를 신청하려는 관계인은 <u>화재안전조사 시작 3일 전까지</u> 화재안전조사 연기신청서(전자문서 포함)에 화재안전조사를 받기 곤란함을 증명할 수 있는 서류(전자문서 포함)를 첨부하여 소방청장, 소방본부장 또는 소방서장에게 제출해야 한다.

07 단순 암기형 난이도 下

┃정답 ①

┃접근 POINT

화재의 예방을 위해 사람들의 위험한 행위를 제한할 수 있는 사람이 누구인지 생각해 본다.

┃해설

「화재예방법」제17조 화재의 예방조치

<u>소방관서장(소방청장, 소방본부장 또는 소방서장)</u>은 화재의 예방상 위험하다고 인정되는 행위를 하는 사람에게 행위의 금지 또는 제한을 할 수 있다.

08 단순 암기형 난이도 下

┃정답 ①

┃접근 POINT

소방안전 특별관리시설물은 화재 등 재난이 발생한 경우 사회·경제적으로 피해가 큰 시설이다.

보기 중 화재 발생 시 피해가 가장 작을 것으로 예상되는 곳이 어디인지 생각해 본다.

┃해설

「화재예방법」제40조 소방안전 특별관리시설물
- 공항시설
- 철도시설
- 도시철도시설
- <u>항만시설</u>
- <u>지정문화유산 및 천연기념물 등인 시설(시설이 아닌 지정문화유산 및 천연기념물 등을 보존하거나 소장하고 있는 시설을 포함)</u>
- 산업기술단지
- 산업단지
- 초고층 건축물 및 지하연계 복합건축물
- 영화상영관 중 수용인원 1천명 이상인 영화상영관
- <u>전력용 및 통신용 지하구</u>
- 석유비축시설
- 천연가스 인수기지 및 공급망
- 전통시장(대통령령으로 정하는 것)

09 단순 암기형 난이도 下

┃정답 ③

┃접근 POINT

전통시장은 규모가 다르기 때문에 일정 규모 이상이 되는 전통시장을 소방안전 특별관리시설물로 정하고 있다.

| 해설

「화재예방법 시행령」제41조 소방안전 특별관리시설물

- 점포가 500개 이상인 전통시장
- 발전사업자가 가동 중인 발전소
- 물류창고로서 연면적 10만m^2 이상인 것
- 가스공급시설

10 단순 암기형   난이도 下

| 정답   ④

| 접근 POINT

출제 당시에는 화재경계지구였으나 법 개정으로 화재예방강화지구로 용어가 변경된 문제이다.

| 해설

「화재예방법」제2조, 제18조 화재예방강화지구

- 화재예방강화지구란 특별시장·광역시장·특별자치시장·도지사 또는 특별자치도지사(시·도지사)가 화재 발생 우려가 크거나 화재가 발생할 경우 피해가 클 것으로 예상되는 지역에 대하여 화재의 예방 및 안전관리를 강화하기 위해 지정·관리하는 지역을 말한다.
- 시·도지사가 화재예방강화지구로 지정할 필요가 있는 지역을 화재예방강화지구로 지정하지 아니하는 경우 소방청장은 해당 시·도지사에게 해당 지역의 화재예방강화지구 지정을 요청할 수 있다.

| 유사문제

시·도지사가 화재예방강화지구로 지정하지 않을 경우 지정을 요청할 수 있는 자는 소방청장이다.

11 단순 암기형   난이도 下

| 정답   ②

| 접근 POINT

화재예방강화지구는 화재가 발생했을 경우 그 피해가 클 것으로 예상되는 지역이다.
보기 4개 중 화재발생 시 피해가 가장 작을 것으로 예상되는 지역을 고를 수 있다.

| 해설

「화재예방법」제18조 화재예방강화지구로 지정할 수 있는 지역

- 시장지역
- 공장·창고가 밀집한 지역
- 목조건물이 밀집한 지역
- 노후·불량건축물이 밀집한 지역
- 위험물의 저장 및 처리시설이 밀집한 지역
- 석유화학제품을 생산하는 공장이 있는 지역
- 산업단지
- 소방시설·소방용수시설 또는 소방출동로가 없는 지역
- 물류단지

| 유사문제

거의 같은 문제이지만 오답 보기로 소방출동로가 있는 지역이 출제된 적 있다.
소방출동로가 없는 지역이 화재예방강화지구의 지정대상이다.

12 단순 암기형   난이도 下

정답 ③

접근 POINT

소방관계법규 문제 중 10일이 답이 되는 경우는 다음과 같으므로 함께 암기하면 좋다.

- 화재예방강화지구의 훈련 통보
- 건축허가 등의 동의 여부 회신(특급 소방안전관리 대상물)
- 관계인에게 소방시설 자체점검 실시결과 제출
- 관계인에게 소방시설업 등록신청서의 보완기간

해설

「화재예방법 시행령」 제20조 화재예방강화지구의 관리

- 소방관서장은 화재예방강화지구 안의 소방대상물의 위치·구조 및 설비 등에 대한 화재안전조사를 연 1회 이상 실시해야 한다.
- 소방관서장은 화재예방강화지구 안의 관계인에 대하여 소방에 필요한 훈련 및 교육을 연 1회 이상 실시할 수 있다.
- 소방관서장은 훈련 및 교육을 실시하려는 경우에는 화재예방강화지구 안의 관계인에게 훈련 또는 교육 10일 전까지 그 사실을 통보해야 한다.

유사문제

화재예방강화지구 안에서 소방상 필요한 훈련을 연 몇 회 이상 실시할 수 있는지 묻는 문제도 출제되었다.
정답은 연 1회 이상이다.

13 단순 암기형   난이도 下

정답 ②

접근 POINT

관리의 권원이 분리라는 용어와 숫자 11을 연관시켜야 한다.

해설

지하층을 제외한 층수가 11층 이상인 복합건축물은 관리의 권원별 관계인이 소방안전관리자를 선임하여야 한다.

관련법규

「화재예방법」 제35조 관리의 권원이 분리된 특정소방대상물의 소방안전관리

다음의 어느 하나에 해당하는 특정소방대상물로서 그 관리의 권원(權原)이 분리되어 있는 특정소방대상물의 경우 그 관리의 권원별 관계인은 대통령령으로 정하는 바에 따라 소방안전관리자를 선임하여야 한다.

- 복합건축물(지하층을 제외한 층수가 11층 이상 또는 연면적 3만제곱미터 이상인 건축물)
- 지하가
- 도매시장, 소매시장 및 전통시장

유사문제

거의 동일한 문제인데 관리의 권원이 분리된 특정소방대상물의 기준이 층수가 7층 이상인 오답 보기로 출제된 적이 있다.
관리의 권원이 분리된 특정소방대상물의 기준에서 복합건축물은 층수가 11층 이상이라는 것을 기억해야 한다.

14 단순 암기형   난이도 下

∎ 정답 ①

∎ 접근 POINT

특수가연물의 품명과 수량은 자주 출제되므로 관련법규에 나온 표는 암기해야 한다.

∎ 해설

② 가연성 고체류: 3,000kg 이상

③ 나무껍질 및 대팻밥: 400kg 이상

④ 넝마 및 종이부스러기: 1,000kg 이상

∎ 관련법규

「화재예방법 시행령」 별표2 특수가연물

품명	수량
면화류	200kg 이상
나무껍질 및 대팻밥	400kg 이상
넝마 및 종이부스러기	1,000kg 이상
사류(絲類)	1,000kg 이상
볏짚류	1,000kg 이상
가연성 고체류	3,000kg 이상
석탄·목탄류	10,000kg 이상
가연성 액체류	2m³ 이상
목재가공품 및 나무부스러기	10m³ 이상
고무류·플라스틱류	발포시킨 것	20m³ 이상
	그 밖의 것	3,000kg 이상

∎ 유사문제

넝마 및 종이부스러기, 볏짚류의 수량 기준이 틀린 오답 보기로 출제된 적 있다.

15 단순 암기형   난이도 下

∎ 정답 ③

∎ 접근 POINT

특수가연물의 품명과 수량은 자주 출제되므로 관련법규에 나온 표는 암기해야 한다.

∎ 해설

「화재예방법 시행령」상 별표2 특수가연물

품명	수량
면화류	200kg 이상
나무껍질 및 대팻밥	400kg 이상

16 단순 암기형   난이도 下

∎ 정답 ②

∎ 접근 POINT

법 개정사항을 확인해야 하는 문제이다.

쌓는 부분의 바닥면적 사이와 관련된 규정이 개정(기존은 1m)되어 ③번 보기를 수정했다.

∎ 해설

특수가연물의 쌓는 높이는 살수설비를 설치하거나 방사능력 범위에 해당 특수가연물이 포함되도록 대형수동식소화기를 설치하는 경우는 15m 이하, 그 밖의 경우는 10m 이하이다.

∎ 관련법규

「화재예방법 시행령」 별표3 특수가연물의 저장 및 취급기준

• 품명별로 구분하여 쌓을 것

• 쌓는 높이는 다음의 기준에 맞게 쌓을 것
  - 살수설비를 설치하거나 방사능력 범위에 해당 특수가연물이 포함되도록 대형수동식소화기를 설치하는 경우

구분	기준
높이	15m 이하
쌓는 부분의 바닥면적	200m^2(석탄 · 목탄류의 경우에는 300m^2) 이하

  - 그 밖의 경우

구분	기준
높이	10m 이하
쌓는 부분의 바닥면적	50m^2(석탄·목탄류의 경우에는 200m^2) 이하

• 실외에 쌓아 저장하는 경우 쌓는 부분이 대지 경계선, 도로 및 인접 건축물과 최소 6m 이상 간격을 둘 것
• 쌓는 부분 바닥면적의 사이는 실내의 경우 1.2m 또는 쌓는 높이의 $\frac{1}{2}$ 중 큰 값 이상으로 간격을 두어야 하며, 실외의 경우 3m 또는 쌓는 높이 중 큰 값 이상으로 간격을 둘 것
• 특수가연물을 저장 또는 취급하는 장소에는 품명, 최대저장수량, 단위부피당 질량 또는 단위체적당 질량, 관리책임자 성명·직책, 연락처 및 화기취급의 금지표시가 포함된 특수가연물 표지를 설치할 것

---

17 단순 암기형

난이도 下

▍정답 ④

▍접근 POINT

문제에 살수설비나 대형수동식소화기와 관련된 내용이 없다는 것을 확인해야 한다.

▍해설

「화재예방법 시행령」 별표3 특수가연물의 저장 및 취급기준

(1) 살수설비를 설치하거나 방사능력 범위에 해당 특수가연물이 포함되도록 대형수동식소화기를 설치하는 경우

구분	기준
높이	15m 이하
쌓는 부분의 바닥면적	200m^2(석탄 · 목탄류의 경우에는 300m^2) 이하

(2) 그 밖의 경우

구분	기준
높이	10m 이하
쌓는 부분의 바닥면적	50m^2(석탄·목탄류의 경우에는 200m^2) 이하

18 개념 이해형

난이도 中

▍정답 ④

▍접근 POINT

문제에 살수설비나 대형수동식소화기와 관련된 내용이 있는 것과 석탄·목탄류로 주어졌다는 것을 확인해야 한다.

| 해설

「화재예방법 시행령」 별표3 특수가연물의 저장·취급기준

살수설비를 설치하거나 방사능력 범위에 해당 특수가연물이 포함되도록 대형수동식소화기를 설치하는 경우

구분	기준
높이	15m 이하
쌓는 부분의 바닥면적	200m^2(석탄·목탄류의 경우에는 300m^2) 이하

| 유사문제

거의 같은 문제인데 석탄·목탄류의 경우라는 말만 빠진 문제가 출제되었다.

쌓는 부분의 바닥면적은 석탄·목탄류의 경우에는 300m^2 이하이지만 석탄·목탄류라는 말이 없으면 200m^{2}가 답이 된다는 것을 기억해야 한다.

---

19 단순 암기형   난이도 下

| 정답 ②

| 접근 POINT

대통령령은 시행령이고, 행정안전부령은 시행규칙이다.

화재예방과 관련된 세부 조항은 대부분 시행령 또는 시행규칙에 규정되어 있으므로 ②, ④번 중에 답을 골라야 한다.

| 해설

「화재예방법」 제17조 화재의 예방조치

보일러, 난로, 건조설비, 가스·전기시설, 그 밖에 화재 발생 우려가 있는 설비 또는 기구 등의 위치·구조 및 관리와 화재 예방을 위하여 불을 사용할 때 지켜야 하는 사항은 대통령령으로 정한다.

---

20 단순 암기형   난이도 下

| 정답 ③

| 접근 POINT

연료탱크와 보일러 본체의 간격과 연료탱크와 개폐밸브의 간격을 구분해야 한다.

| 해설

「화재예방법 시행령」 별표1 불을 사용할 때 지켜야 하는 사항 중 보일러 관련사항

경유 · 등유 등 액체연료를 사용할 때에는 다음 사항을 지켜야 한다.

• 연료탱크는 보일러 본체로부터 수평거리 1미터 이상의 간격을 두어 설치할 것
• 연료탱크에는 화재 등 긴급상황이 발생하는 경우 연료를 차단할 수 있는 개폐밸브를 연료탱크로부터 0.5미터 이내에 설치할 것

---

21 단순 암기형   난이도 下

| 정답 ③

| 접근 POINT

법에 나온 기준을 묻는 문제 중 숫자로 된 기준은 시험에 자주 출제되므로 확실하게 암기해야 한다.

▌해설

③ 0.2밀리미터가 아니라 0.5밀리미터이다.

▌관련법규

「화재예방법 시행령」 별표1 불을 사용할 때 지켜야 하는 사항 중 음식조리를 위하여 설치하는 설비 관련사항

일반음식점 주방에서 조리를 위하여 불을 사용하는 설비를 설치하는 경우에는 다음의 사항을 지켜야 한다.

- 주방설비에 부속된 배출덕트(공기배출통로)는 0.5밀리미터 이상의 아연도금강판 또는 이와 같거나 그 이상의 내식성 불연재료로 설치할 것
- 주방시설에는 동물 또는 식물의 기름을 제거할 수 있는 필터 등을 설치할 것
- 열을 발생하는 조리기구는 반자 또는 선반으로부터 0.6미터 이상 떨어지게 할 것
- 열을 발생하는 조리기구로부터 0.15미터 이내의 거리에 있는 가연성 주요구조부는 단열성이 있는 불연재료로 덮어 씌울 것

---

22 단순 암기형

난이도 下

▌정답 ③

▌접근 POINT

법에 나온 수치 기준은 자주 출제되므로 정확하게 암기해야 한다.

▌해설

「화재예방법 시행령」 별표1 불을 사용할 때 지켜야 하는 사항 중 불꽃을 사용하는 용접·용단기구 관련사항

용접 또는 용단 작업장에서는 다음의 사항을 지켜야 한다.

- 용접 또는 용단 작업장 주변 반경 5m 이내에 소화기를 갖추어 둘 것
- 용접 또는 용단 작업장 주변 반경 10m 이내에는 가연물을 쌓아두거나 놓아두지 말 것. 다만, 가연물의 제거가 곤란하여 방화포 등으로 방호조치를 한 경우는 제외한다.

▌유사문제

조금 더 간단한 문제로 불꽃을 사용하는 용단 작업장에서 작업자로부터 반경 몇 m 이내에 소화기를 갖추어 두어야 하는지 묻는 문제도 출제되었다.

정답은 5m이다.

---

23 단순 암기형

난이도 下

▌정답 ②

▌접근 POINT

법에는 특급, 1급, 2급, 3급 소방안전관리대상물이 별도로 규정되어 있다.

시험문제에는 1급과 관련된 규정이 가장 많이 출제되므로 1급을 우선순위로 두고 암기하는 것이 좋다.

| 해설

「화재예방법 시행령」별표4 1급 소방안전관리 대상물의 범위

1) 30층 이상(지하층은 제외)이거나 지상으로부터 높이가 120m 이상인 아파트

2) 연면적 1만5천제곱미터 이상인 특정소방대상물(아파트 및 연립주택은 제외)

3) 2)에 해당하지 않는 특정소방대상물로서 지상층의 <u>층수가 11층 이상인 특정소방대상물</u>(아파트는 제외)

4) <u>가연성 가스를 1천톤 이상 저장·취급</u>하는 시설

| 선지분석

① 지하구는 2급 소방안전관리 대상물이다.

③ 연면적이 15,000m² 이상인 특정소방대상물이 1급 소방안전관리 대상물이다.

④ 층수가 30층 이상이거나 지상으로부터 높이가 120m 이상인 아파트가 1급 소방안전관리 대상물이다.

| 24 | 단순 암기형   난이도 下

| 정답 ③

| 접근 POINT

아파트의 경우 30층 이상의 고층 아파트가 1급 소방안전관리대상물이라는 점을 기억해야 한다.

| 해설

아파트의 경우 지하층을 제외한 층수가 30층 이상이거나 높이가 120m 이상이어야 1급 소방안전관리대상물이 된다.

③번 보기에 주어진 아파트는 층수가 21층이므로 1급 소방안전관리대상물이 아니다.

| 유사문제

거의 같은 문제인데 150세대 이상으로서 승강기가 설치된 공동주택이 오답 보기로 출제된 적이 있다.

150세대 이상으로서 승강기가 설치된 공동주택은 2급 소방안전관리대상물이다.

| 25 | 단순 암기형   난이도 下

| 정답 ④

| 접근 POINT

기존 문제는 산업안전기사 자격을 취득한 후 2년 이상 실무경력이 있는 사람을 묻는 문제였지만 법이 개정되면서 산업안전기사 자격을 가진 사람은 실무경력이 있어도 1급 소방안전관리자로 선임될 수 없다.

법 개정에 따라 문제를 소방공무원 경력을 가진 사람으로 수정했다.

소방안전관리자 선임기준은 23년도에 개정된 부분이 많으므로 법 개정사항을 확인해야 한다.

소방안전관리자는 특급, 1급, 2급, 3급으로 구분되는데 1급, 2급 기준이 자주 출제된다.

┃ 해설

소방공무원으로 7년 이상 근무한 경력이 있는 사람은 1급 소방안전관리자의 자격증을 발급받을 수 있다.

┃ 관련법규

「화재예방법 시행령」 별표4 1급 소방안전관리자의 자격

다음의 어느 하나에 해당하는 사람으로서 1급 소방안전관리자 자격증을 발급받은 사람

- 소방설비기사 또는 소방설비산업기사의 자격이 있는 사람
- 소방공무원으로 7년 이상 근무한 경력이 있는 사람
- 소방청장이 실시하는 1급 소방안전관리대상물의 소방안전관리에 관한 시험에 합격한 사람

---

26 단순 암기형   난이도 下

┃ 정답 ③

┃ 접근 POINT

기존 문제에는 ①번 보기에 전기공사산업기사 자격을 가진 사람이 있었으나 법이 개정되어 공사산업기사는 2급 소방안전관리자 자격에 해당되지 않는다.

이 문제에서는 ①번 보기를 현행 법령에 맞게 수정하였다.

┃ 해설

의용소방대원 경력으로는 소방안전관리자의 자격을 가질 수 없다.

국가기술자격으로는 위험물 관련 자격을 소지하면 2급 소방안전관리자 자격증을 발급받을 수 있다.

┃ 관련법규

「화재예방법 시행령」상 2급 소방안전관리자의 자격

다음의 어느 하나에 해당하는 사람으로서 2급 소방안전관리자 자격증을 발급받은 사람

- 위험물기능장·위험물산업기사 또는 위험물기능사 자격이 있는 사람
- 소방공무원으로 3년 이상 근무한 경력이 있는 사람
- 소방청장이 실시하는 2급 소방안전관리대상물의 소방안전관리에 관한 시험에 합격한 사람

---

27 단순 암기형   난이도 下

┃ 정답 ④

┃ 접근 POINT

자주 출제되는 문제로 옮긴 물건 등의 보관기간이 나오면 7일을 바로 떠올려야 한다.

건축허가 등을 취소했을 때 취소한 사실을 소방본부장, 소방서장에서 통보해야 하는 기간과 감리원 배치 시 소방본부장에게 알려야 하는 기간도 7일임을 기억해야 한다.

해설

「화재예방법 시행령」제17조 옮긴 물건 등의 보관기간 및 보관기간 경과 후 처리

- 소방관서장은 옮긴 물건 등을 보관하는 경우에는 그날부터 14일 동안 해당 소방관서의 인터넷 홈페이지에 그 사실을 공고해야 한다.
- 옮긴 물건 등의 보관기간은 공고기간의 종료일 다음 날부터 7일까지로 한다.
- 소방관서장은 보관기간이 종료된 때에는 보관하고 있는 옮긴 물건 등을 매각해야 한다.

유사문제

보관기간이 아니라 옮긴 물건 등을 보관하는 경우 인터넷 홈페이지에 며칠 동안 공고해야 하는지 묻는 문제도 출제되었다.
정답은 14일이다.

28 단순 암기형
난이도 下

정답 ④

접근 POINT

출제 당시에는 소방특별조사위원회였으나 현행 법령상 화재안전조사위원회로 용어가 변경되었다.

해설

④번은 3년 이상이 아니라 5년 이상이다.

관련법규

「화재예방법 시행령」제11조 화재안전조사위원회의 위원

- 과장급 직위 이상의 소방공무원

- 소방기술사
- 소방시설관리사
- 소방 관련 분야의 석사 이상 학위를 취득한 사람
- 소방 관련 법인 또는 단체에서 소방 관련 업무에 5년 이상 종사한 사람
- 소방공무원 교육훈련기관, 학교 또는 연구소에서 소방과 관련한 교육 또는 연구에 5년 이상 종사한 사람

29 단순 암기형
난이도 下

정답 ①

접근 POINT

화재예방법상 특정소방대상물의 관계인과 소방안전관리대상물의 소방안전관리자가 수행해야 할 업무는 구분되어 있다는 점을 알아야 한다.

해설

소방본부장 또는 소방서장은 소방안전관리대상물의 관계인이 실시하는 소방훈련과 교육을 지도·감독할 수 있다.

관련법규

「화재예방법」제24조 특정소방대상물의 관계인이 수행해야 할 업무

- 피난시설, 방화구획 및 방화시설의 관리
- 소방시설이나 그 밖의 소방 관련 시설의 관리
- 화기(火氣) 취급의 감독
- 화재발생 시 초기대응
- 그 밖에 소방안전관리에 필요한 업무

30 단순 암기형　　　난이도 下

▌정답　①

▌접근 POINT

화재예방법상 특정소방대상물의 관계인과 소방 안전관리대상물의 소방안전관리자가 수행해야 할 업무는 구분되어 있다는 점을 알아야 한다.

▌해설

「화재예방법」제24조 소방안전관리대상물의 소방 안전관리자의 업무

• 피난계획에 관한 사항과 대통령령으로 정하는 사항이 포함된 소방계획서의 작성 및 시행
• 자위소방대(自衛消防隊) 및 초기대응체계의 구성, 운영 및 교육
• 피난시설, 방화구획 및 방화시설의 관리
• 소방시설이나 그 밖의 소방 관련 시설의 관리
• 소방훈련 및 교육
• 화기(火氣) 취급의 감독
• 소방안전관리에 관한 업무수행에 관한 기록·유지
• 화재발생 시 초기대응
• 그 밖에 소방안전관리에 필요한 업무

▌유사문제

같은 문제인데 오답 보기로 자위소방대 및 본격대응체계의 구성, 운영 및 교육이 출제된 적 있다.
소방안전관리대상물의 소방안전관리자의 업무는 본격대응체계의 구성, 운영 및 교육이 아니라 초기대응체계의 구성, 운영 및 교육이다.

31 단순 암기형　　　난이도 下

▌정답　②

▌접근 POINT

실제로 법에 규정된 내용은 15가지로 출제된 내용 위주로 암기하는 것이 좋다.

▌해설

「화재예방법 시행령」제27조 소방계획서에 포함되어야 하는 내용

• 소방안전관리대상물의 위치·구조·연면적·용도 및 수용인원 등 일반 현황
• 화재 예방을 위한 자체점검계획 및 대응대책
• 소방시설·피난시설 및 방화시설의 점검·정비 계획
• 피난층 및 피난시설의 위치와 피난경로의 설정, 화재안전취약자의 피난계획 등을 포함한 피난계획
• 방화구획, 제연구획(除煙區劃), 건축물의 내부 마감재료 및 방염대상물품의 사용 현황과 그 밖의 방화구조 및 설비의 유지·관리계획
• 소방안전관리대상물의 근무자 및 거주자의 자위소방대 조직과 대원의 임무에 관한 사항
• 위험물의 저장·취급에 관한 사항(「위험물안전관리법」에 따라 예방규정을 정하는 제조소 등은 제외)

32 단순 암기형   난이도 下

| 정답 ④

| 접근 POINT

소방안전관리자가 관리해야 할 특정소방대상물이 사용되기 시작할 때에 소방안전관리자를 선임하여야 한다.

소방관계법규에는 30일과 관련된 기준이 많은데 정당한 사유 없이 30일 이상 소방시설공사를 계속하지 아니하는 경우에 도급계약의 해지사유가 된다는 점도 기억해야 한다.

| 해설

증축 또는 용도변경으로 인하여 특정소방대상물이 소방안전관리대상물로 된 경우 또는 특정소방대상물의 소방안전관리 등급이 변경된 경우는 증축공사의 <u>사용승인일 또는 용도변경 사실을 건축물관리대장에 기재한 날</u>을 기준으로 30일 이내에 소방안전관리자를 선임하여야 한다.

| 관련법규

「화재예방법 시행규칙」 제14조 소방안전관리자를 30일 이내에 선임해야 하는 조건

구분	기준
소방안전관리자의 해임, 퇴직	소방안전관리자가 해임, 퇴직한 날 등 근무를 종료한 날
특정소방대상물의 양수 등으로 권리 취득	해당 권리를 취득한 날 또는 관할 소방서장으로부터 소방안전관리자 선임 안내를 받은 날
신축, 증축 등으로 신규 선임	해당 특정소방대상물의 사용승인일

| 유사문제

소방안전관리자를 해임한 경우 며칠 이내에 재선임해야 하는지 묻는 문제도 출제되었다. 정답은 30일 이내이다.

33 단순 암기형   난이도 下

| 정답 ③

| 접근 POINT

화재예방법에는 약 8개의 300만원 과태료 기준이 있어 모든 규정을 암기하기 보다는 시험에 출제된 내용 위주로 암기하는 것이 좋다.

점검기록표를 기록하지 아니하거나 특정소방대상물의 출입자가 쉽게 볼 수 있는 장소에 게시하지 아니하였을 때 과태료 기준도 300만원이므로 같이 암기하는 것이 좋다.

| 해설

「화재예방법」 제52조 300만원 이하의 과태료 기준

- 정당한 사유 없이 화재발생 위험이 있는 행위를 한 자
- 소방안전관리자를 겸한 자
- <u>소방안전관리업무를 하지 아니한 특정소방대상물의 관계인 또는 소방안전관리대상물의 소방안전관리자</u>
- 소방안전관리업무의 지도·감독을 하지 아니한 자
- 건설현장 소방안전관리대상물의 소방안전관리자의 업무를 하지 아니한 소방안전관리자
- 피난유도 안내정보를 제공하지 아니한 자
- 소방훈련 및 교육을 하지 아니한 자
- 화재예방안전진단 결과를 제출하지 아니한 자

34 단순 암기형   난이도 中

| 정답 ②

| 접근 POINT

법 개정 전에는 1차, 2차, 3차 위반이 있었으나 법 개정 후는 횟수에 관계없이 200만원으로 과

태료가 통일되었다.

문제에 2회 위반 문구가 있는 것이 함정이 되는 문제이다.

┃ 해설

「화재예방법」제52조 200만원 이하의 과태료

- 불을 사용할 때 지켜야 하는 사항 및 같은 조 특수가연물의 저장 및 취급기준을 위반한 자
- 소방설비 등의 설치 명령을 정당한 사유 없이 따르지 아니한 자
- 기간 내에 선임신고를 하지 아니하거나 소방 안전관리자의 성명 등을 게시하지 아니한 자
- 기간 내에 소방훈련 및 교육 결과를 제출하지 아니한 자

35 단순 암기형　　　　난이도 下

┃ 정답　②

┃ 접근 POINT

법 개정으로 50만원에서 과태료 기준이 100만 원으로 변경되었다.

법에는 약 15개의 기준이 나와 있어 전체를 암 기하기 보다는 시험에 출제된 내용 위주로 암기 하는 것이 좋다.

┃ 해설

「화재예방법 시행령」별표9 과태료 기준

소방훈련 및 교육을 하지 않은 경우

1차 위반	2차 위반	3차 이상 위반
100만원	200만원	300만원

대표유형 ❸

소방시설 설치 및 관리에 관한 법　71쪽

01	02	03	04	05	06	07	08	09	10
①	③	③	②	④	①	②	②	①	①
11	12	13	14	15	16	17	18	19	20
①	①	①	④	①	④	②	②	①	③
21	22	23	24	25	26	27	28	29	30
③	①	①	①	①	③	③	④	①	③
31	32	33	34	35	36	37	38	39	40
④	①	③	③	②	③	④	④	④	③
41	42	43	44	45	46	47	48	49	50
③	④	④	①	②	①	①	②	②	④
51	52	53	54	55	56	57	58	59	60
①	③	④	③	①	④	②	①	④	②
61	62	63	64	65	66	67	68		
②	④	④	③	①	④	③	②		

01 단순 암기형　　　　난이도 下

┃ 정답　①

┃ 접근 POINT

아파트에 사는 사람이 직접 소방시설을 설치하 는 경우가 있는지 생각해 본다.

┃ 해설

공동주택 중 아파트는 주택의 소유자가 소방시 설의 설치해야 하는 대상에서 제외된다.

┃ 관련법규

「소방시설법」제10조 주택에 설치하는 소방시설

다음의 주택의 소유자는 소화기 등 대통령령으 로 정하는 소방시설(주택용 소방시설)을 설치

하여야 한다.
- 단독주택
- 공동주택(아파트 및 기숙사는 제외)

02 단순 암기형   난이도 中

정답 ③

접근 POINT

중앙소방기술심의위원회와 지방소방기술심의
위원회의 심의사항을 구분할 수 있어야 한다.
용어에서도 알 수 있듯이 중앙소방기술심의위
원회가 더 중요한 사항을 심의한다.

해설

소방시설에 하자가 있는지의 판단에 관한 사항
은 지방소방기술심의위원회의 심의사항이다.

관련법규

「소방시설법」 제18조 중앙소방기술심의위원회의
심의사항
- 화재안전기준에 관한 사항
- 소방시설의 구조 및 원리 등에서 공법이 특수
  한 설계 및 시공에 관한 사항
- 소방시설의 설계 및 공사감리의 방법에 관한
  사항
- 소방시설공사의 하자를 판단하는 기준에 관
  한 사항
- 신기술·신공법 등 검토·평가에 고도의 기술이
  필요한 경우로서 중앙위원회에 심의를 요청
  한 사항

03 단순 암기형   난이도 下

정답 ③

접근 POINT

소방용품에 대한 우수품질인증은 소방에 대한
전문적인 지식을 가지고 있는 사람이 해야 한다.

해설

「소방시설법」 제43조 우수품질 제품에 대한 인증
소방청장은 형식승인의 대상이 되는 소방용품
중 품질이 우수하다고 인정하는 소방용품에 대
하여 우수품질인증을 할 수 있다.

04 단순 암기형   난이도 下

정답 ②

접근 POINT

형식승인을 반드시 취소해야 하는 경우는 형식
승인의 절차에 심각한 오류가 있는 경우라고 볼
수 있다.

해설

②번의 경우 형식승인을 취소하거나 6개월 이
내의 기간을 정하여 제품검사의 중지를 명할 수
있으므로 반드시 취소해야 하는 경우는 아니다.

관련법규

「소방시설법」 제39조 형식승인의 취소
- 거짓이나 그 밖의 부정한 방법으로 형식승인
  을 받은 경우
- 거짓이나 그 밖의 부정한 방법으로 제품검사

를 받은 경우
• 변경승인을 받지 아니하거나 거짓이나 그 밖의 부정한 방법으로 변경승인을 받은 경우

05 단순 암기형 난이도 下

│ 정답 ④

│ 접근 POINT

응용되어 출제되지는 않으므로 내진설계 대상을 암기하면 된다.

│ 해설

「소방시설법 시행령」 제8조 소방시설의 내진설계
• 옥내소화전설비
• 스프링클러설비
• 물분무등소화설비

06 단순 암기형 난이도 下

│ 정답 ①

│ 접근 POINT

법에는 숙박시설의 종류가 나와 있지만 보기 중 숙박시설과 거리가 먼 시설을 찾을 수 있다.

│ 해설

오피스텔은 소방시설법상 일반업무시설이다.

│ 관련법규

「소방시설법 시행령」 별표2 숙박시설
• 일반형 숙박시설
• 생활형 숙박시설

• 고시원(근린생활시설에 해당하지 않는 것)

07 단순 암기형 난이도 下

│ 정답 ②

│ 접근 POINT

법적인 분류를 암기하기 보다는 오피스텔의 목적을 생각하면 답을 고를 수 있다.

│ 해설

「소방시설법 시행령」 별표2 일반업무시설
금융업소, 사무소, 신문사, 오피스텔

08 단순 암기형 난이도 下

│ 정답 ②

│ 접근 POINT

소방시설법 시행령 별표2에 특정소방대상물 종류가 나열되어 있으나 전체 페이지는 10p 정도로 모두 암기하기는 어렵다.
항공기 격납고는 항공기를 넣어 두는 곳이기 때문에 항공기 및 자동차 관련 시설이라는 것을 쉽게 알 수 있다.

│ 해설

「소방시설법 시행령」 별표2 항공기 및 자동차 관련 시설
• 항공기 격납고
• 차고, 주차용 건축물, 철골 조립식 주차시설 및 기계장치에 의한 주차시설

- 세차장
- 폐차장
- 자동차 검사장
- 자동차 매매장
- 자동차 정비공장
- 운전학원·정비학원

09 단순 암기형 난이도 下

▌정답 ①

▌접근 POINT

소방시설법 시행령 별표2에 특정소방대상물 종류가 나열되어 있으나 전체 페이지는 10p 정도로 모두 암기하기는 어렵다.
상식적인 수준에서 보기 중 의료시설과 가장 거리가 먼 것을 고를 수 있다.

▌해설

「소방시설법 시행령」 별표2 의료시설
- 병원: 종합병원, 병원, 치과병원, 한방병원, 요양병원
- 격리병원: 전염병원, 마약진료소
- 정신의료기관
- 장애인 의료재활시설

10 단순 암기형 난이도 下

▌정답 ①

▌접근 POINT

아동, 노인, 장애인, 정신질환자, 노숙인 관련시설이 노유자 시설이다.

▌해설

요양병원은 병원에 해당되기 때문에 종합병원, 병원, 치과병원과 같은 의료시설이다.

11 개념 이해형 난이도 中

▌정답 ①

▌접근 POINT

법에 정해진 특정소방대상물의 종류를 정확하게 알아야 하는 문제로 법에 대한 이해가 필요한 문제이다.

▌해설

① 병원은 의료시설이지만 의원은 근린생활시설이다.
② 동물원 및 식물원은 문화 및 집회시설이다.
③ 종교집회장은 바닥면적의 합계가 $300m^2$ 미만이면 근린생활시설이고, $300m^2$ 이상이면 종교시설이다.
④ 철도 및 도시철도 시설은 운수시설이다.

12 단순 암기형   난이도 下

▌정답 ①

▌접근 POINT

벽이 없는 구조와 벽이 있는 구조를 구분해야
한다.

▌해설

「소방시설법 시행령」 별표2 하나의 특정소방대상물
로 보는 경우

내화구조로 된 연결통로가 다음의 어느 하나에
해당되는 경우

벽이 없는 구조	벽이 있는 구조
길이 6m 이하	길이 10m 이하

13 단순 암기형   난이도 下

▌정답 ①

▌접근 POINT

소화약제가 아닌 것을 소방용품이라고 할 수 있
는지 생각해 본다.

▌해설

소화기구 중 소화약제 외의 것을 이용한 간이소
화용구는 소화설비에서 제외된다.

▌관련법규

「소방시설법 시행령」 별표3 소방용품

(1) 소화설비를 구성하는 제품 또는 기기
- 소화기구(소화약제 외의 것을 이용한 간이
  소화용구는 제외)

- 자동소화장치
- 소화설비를 구성하는 소화전, 관창, 소방
  호스, 스프링클러헤드, 기동용 수압개폐장
  치, 유수제어밸브 및 가스관선택밸브

(2) 경보설비를 구성하는 제품 또는 기기
- 누전경보기 및 가스누설경보기
- 경보설비를 구성하는 발신기, 수신기, 중
  계기, 감지기 및 음향장치(경종만 해당)

(3) 피난구조설비를 구성하는 제품 또는 기기
- 피난사다리, 구조대, 완강기(지지대 포함)
  및 간이완강기(지지대 포함)
- 공기호흡기(충전기 포함)
- 피난구유도등, 통로유도등, 객석유도등 및
  예비 전원이 내장된 비상조명등

(4) 소화용으로 사용하는 제품 또는 기기
- 소화약제
- 방염제(방염액·방염도료 및 방염성 물질)

▌유사문제

경보설비를 구성하는 제품 기기에 해당하지 않
는 것을 고르는 문제도 출제되었다.

비상조명등이 오답 보기로 출제되었는데 비상
조명등은 피난구조설비를 구성하는 제품 또는
기기이다.

14 단순 암기형   난이도 下

▌정답 ④

▌접근 POINT

조명등 중에서 소방용품에 해당되는 것과 해당
되지 않는 것을 구분할 수 있어야 한다.

해설

객석유도등 및 예비 전원이 내장된 비상조명등은 소방용품에 해당되지만 휴대용비상조명등은 소방용품에 해당되지 않는다.

15 단순 암기형   난이도 下

정답 ①

접근 POINT

소화설비는 직접 화재를 진압하는 데 사용하는 설비로 소화설비와 가장 관련이 없는 보기가 무엇인지 생각해 본다.

해설

누전경보기 및 가스누설경보기는 경보설비를 구성하는 제품 또는 기기이다.

관련법규

「소방시설법 시행령」 별표3 소화설비를 구성하는 제품 또는 기기

- 소화기구(소화약제 외의 것을 이용한 간이소화용구는 제외)
- 자동소화장치
- 소화설비를 구성하는 소화전, 관창(管槍), 소방호스, 스프링클러헤드, 기동용 수압개폐장치, 유수제어밸브 및 가스관선택밸브

16 단순 암기형   난이도 中

정답 ②

접근 POINT

법령에는 약 13p에 걸쳐서 특정소방대상물에 설치·관리해야 하는 소방시설의 종류가 규정되어 있다.

이 규정을 모두 암기하는 것은 어렵고, 시험에 출제된 규정 위주로 암기하는 것이 좋다. 관련 법규는 시험에 출제된 내용 위주로 축약하여 수록했다.

해설

지하가(터널은 제외)로서 연면적 1천㎡ 이상인 경우에는 모든 층이 자동화재탐지설비를 설치해야 하는 특정소방대상물이다.

지하가 중 터널로서는 길이가 1,000m 이상인 것이 자동화재탐지설비를 설치해야 하는 특정소방대상물이다.

관련법규

「소방시설법 시행령」 별표4 자동화재탐지설비를 설치해야 하는 특정소방대상물

- 층수가 6층 이상인 건축물의 경우에는 모든 층
- 근린생활시설(목욕장은 제외), 의료시설(정신의료기관 및 요양병원은 제외), 위락시설, 장례시설 및 복합건축물로서 연면적 600㎡ 이상인 경우에는 모든 층
- 근린생활시설 중 목욕장, 문화 및 집회시설, 종교시설, 판매시설, 운수시설, 운동시설, 업무시설, 공장, 창고시설, 위험물 저장 및 처리시설, 항공기 및 자동차 관련 시설, 교정 및 군사시설 중 국방·군사시설, 방송통신시설, 발

전시설, 관광 휴게시설, 지하가(터널은 제외)로서 연면적 1천㎡ 이상인 경우에는 모든 층

- 노유자 시설로서 연면적 400㎡ 이상인 노유자 시설 및 숙박시설이 있는 수련시설로서 수용인원 100명 이상인 경우에는 모든 층
- 판매시설 중 전통시장
- 지하가 중 터널로서 길이가 1천m 이상인 것
- 지하구
- 공장 및 창고시설로서 「화재예방법 시행령」 별표 2에서 정하는 수량의 500배 이상의 특수가연물을 저장·취급하는 것

17 단순 암기형　　　난이도 下

정답 ②

접근 POINT

법령에 나온 숫자는 자주 출제되므로 근린생활시설, 600m², 자동화재탐지설비 설치 등으로 연계하여 암기하면 좋다.

해설

근린생활시설(목욕장 제외), 의료시설(정신의료기관 및 요양병원 제외), 위락시설, 장례시설 및 복합건축물로서 연면적 600㎡ 이상인 경우에는 모든 층에 자동화재탐지설비를 설치해야 한다.

18 단순 암기형　　　난이도 中

정답 ①

접근 POINT

법령상 세부규정을 알아야 하는 문제로 다소 난이도가 높다.

관련법규

「소방시설법 시행령」 별표4 소화기구를 설치해야 하는 특정소방대상물

1) 연면적 33㎡ 이상인 것. 다만, 노유자 시설의 경우에는 투척용 소화용구 등을 화재안전기준에 따라 산정된 소화기 수량의 2분의 1 이상으로 설치할 수 있다.
2) 1)에 해당하지 않는 시설로서 가스시설, 발전시설 중 전기저장시설 및 문화재
3) 터널
4) 지하구

19 단순 암기형　　　난이도 中

정답 ①

접근 POINT

터널의 길이가 1,000m라는 것은 500m일 때 설치해야 하는 소방시설도 설치해야 한다는 것을 기억해야 한다.

해설

인명구조기구 중 공기호흡기는 수용인원 100명 이상인 문화 및 집회시설 중 영화상영관에 설치한다.

터널의 길이가 1,000m이므로 500m 이상에 해당되는 소방시설(무선통신보조설비)도 설치해야 한다.

┃관련법규

「소방시설법 시행령」 별표4 터널에 설치해야 하는 소방시설

길이	소방시설
500m 이상	• 비상조명등 • 비상경보설비 • 비상콘센트설비 • 무선통신보조설비
1,000m 이상	• 옥내소화전설비 • 연결송수관설비 • 자동화재탐지설비

20 단순 암기형   난이도 下

┃정답 ③

┃접근 POINT

법령에는 약 13p에 걸쳐서 특정소방대상물에 설치·관리해야 하는 소방시설의 종류가 규정되어 있다.
이 규정 중 스프링클러설비의 설치 대상이 자주 출제되므로 시험에 자주 출제되는 내용 위주로 암기해야 한다. 관련법규는 시험에 출제된 내용 위주로 법규에 규정된 내용을 압축하여 수록했다.

┃해설

지하가(터널은 제외)로서 연면적 1천㎡ 이상인 특정소방대상물에 스프링클러설비를 설치해야 한다.

┃관련법규

「소방시설법 시행령」 별표4 스프링클러설비를 설치해야 하는 특정소방대상물

• 층수가 6층 이상인 특정소방대상물의 경우에는 모든 층
• 기숙사 또는 복합건축물로서 연면적 5천㎡ 이상인 경우에는 모든 층
• 판매시설, 운수시설 및 창고시설(물류터미널로 한정)로서 바닥면적의 합계가 5천㎡ 이상이거나 수용인원이 500명 이상인 경우에는 모든 층
• 정신의료기관, 종합병원, 노유자 시설, 숙박이 가능한 수련시설은 해당 용도로 사용되는 시설의 바닥면적의 합계가 600㎡ 이상인 경우에는 모든 층
• 창고시설(물류터미널은 제외)로서 바닥면적 합계가 5천㎡ 이상인 경우에는 모든 층
• 지하가(터널은 제외)로서 연면적 1천㎡ 이상인 것

21 단순 암기형   난이도 下

┃정답 ③

┃접근 POINT

법령에는 약 13p에 걸쳐서 특정소방대상물에 설치·관리해야 하는 소방시설의 종류가 규정되어 있다.
모든 규정을 암기할 수는 없고 시험에 자주 출제되는 내용 위주로 암기해야 한다.

┃해설

판매시설, 운수시설 및 창고시설(물류터미널로

한정)로서 바닥면적의 합계가 5천㎡ 이상이거나 <u>수용인원이 500명 이상</u>인 경우에는 모든 층에 스프링클러설비를 설치해야 한다.

22 단순 암기형　　　난이도 下

정답 ①

접근 POINT

법에 나온 규정을 암기해도 풀 수 있지만 일반적으로 아파트에 스프링클러를 설치하는 경우 저층에는 설치하지 않고, 고층에만 설치하는 경우는 거의 없다는 점을 기억하면 정답을 고를 수 있다.

해설

층수가 6층 이상인 특정소방대상물의 경우에는 모든 층에 스프링클러설비를 설치해야 한다.
아파트이고 층수가 20층이므로 전층에 스프링클러설비를 설치해야 한다.

유사문제

아파트로서 층수가 몇 층 이상일 때 스프링클러를 설치해야 하는지 묻는 문제도 출제된 적 있다.
정답은 6층이다.

23 단순 암기형　　　난이도 下

정답 ①

접근 POINT

법에는 다양한 규정이 있어 모든 조항을 암기하기 보다는 시험에 출제된 내용 위주로 암기하는 것이 좋다.

해설

기숙사 또는 복합건축물로서 연면적 5,000㎡ 이상인 경우에는 모든 층에 스프링클러설비를 설치해야 한다.

24 단순 암기형　　　난이도 下

정답 ①

접근 POINT

법에는 다양한 규정이 있어 모든 조항을 암기하기 보다는 시험에 출제된 내용 위주로 암기하는 것이 좋다.
관련법규는 시험에 출제된 내용 위주로 법에 나온 기준을 압축하여 수록했다.

해설

② 연면적 $100m^2$이다.
③ $600m^2$ 미만이다.
④ $300m^2$ 이상 $600m^2$ 미만이다.

「소방시설법 시행령」 별표4 간이스프링클러설비를 설치해야 하는 특정소방대상물

• 근린생활시설로 사용하는 부분의 바닥면적 합계가 1천㎡ 이상인 것은 모든 층
• 종합병원, 병원, 치과병원, 한방병원 및 요양병원(의료재활시설은 제외)으로 사용되는 바닥면적의 합계가 600㎡ 미만인 시설
• 정신의료기관 또는 의료재활시설로 사용되는 바닥면적의 합계가 300㎡ 이상 600㎡ 미만인 시설
• 교육연구시설 내에 합숙소로서 연면적 100㎡ 이상인 경우에는 모든 층
• 노유자 시설로 해당 시설로 사용하는 바닥면적의 합계가 300㎡ 이상 600㎡ 미만인 시설

25 단순 암기형   난이도 下

| 정답   ①

| 접근 POINT

단독경보형 감지기 기준 관련해서는 유치원 관련 기준이 가장 많이 출제되었으므로 관련 규정을 정확하게 암기해야 한다.

| 해설

「소방시설법 시행령」 별표4 단독경보형감지기를 설치하여야 하는 특정소방대상물

연면적	대상
400m² 미만	유치원
2,000m² 미만	교육연구시설과 수련시설 내에 있는 기숙사 또는 합숙소
모두 해당	연립주택, 다세대주택

| 유사문제

거의 같은 문제인데 오답 보기로 교육연구시설 내에 있는 연면적 3,000m² 미만의 합숙소가 출제된 적이 있다.

교육연구시설 내에 있는 합숙소는 2,000m² 가 단독경보형 감지기를 설치해야 하는 특정소방대상물의 기준이다.

26 단순 암기형   난이도 下

| 정답   ②

| 접근 POINT

비상경보설비 설치기준은 연면적이 400m² 이상인 것인데, 유치원의 단독경보형감지기 설치 연면적 기준과 같기 때문에 함께 암기하는 것이 좋다.

| 해설

「소방시설법 시행령」 별표4 비상경보설비를 설치하여야 하는 특정소방대상물

• 연면적 400㎡ 이상인 것은 모든 층
• 지하층 또는 무창층의 바닥면적이 150㎡(공연장의 경우 100㎡) 이상인 것은 모든 층
• 지하가 중 터널로서 길이가 500m 이상인 것
• 50명 이상의 근로자가 작업하는 옥내 작업장

| 유사문제

거의 같은 문제로 오답 보기로 35명의 근로자가 작업하는 옥내 작업장이 출제된 적 있다.

옥내 작업장의 비상경보설비 설치기준은 작업자가 50명 이상이다.

27 단순 암기형   난이도 下

┃정답 ③

┃접근 POINT

법에는 다양한 규정이 있어 모든 조항을 암기하기 보다는 시험에 출제된 내용 위주로 암기하는 것이 좋다.

관련법규는 시험에 출제된 내용 위주로 법에 나온 기준을 압축하여 수록했다.

┃해설

「소방시설법 시행령」별표4 연결살수설비를 설치하여야 하는 특정소방대상물

• 판매시설, 운수시설, 창고시설 중 물류터미널로서 해당 용도로 사용되는 부분의 바닥면적의 합계가 1천㎡ 이상인 경우에는 해당 시설

• 지하층(피난층으로 주된 출입구가 도로와 접한 경우는 제외)으로서 바닥면적의 합계가 150㎡ 이상인 경우에는 지하층의 모든 층. 다만, 국민주택규모 이하인 아파트 등의 지하층(대피시설로 사용하는 것만 해당)과 교육연구시설 중 학교의 지하층의 경우에는 700㎡ 이상인 것으로 한다.

• 가스시설 중 지상에 노출된 탱크의 용량이 30톤 이상인 탱크시설

28 단순 암기형   난이도 下

┃정답 ④

┃접근 POINT

자주 출제되는 문제는 아니므로 관련 숫자를 기억하는 수준으로 학습하는 것이 좋다.

┃해설

「소방시설법 시행령」별표8 간이소화장치 설치기준

• 연면적 3천㎡ 이상

• 지하층, 무창층 또는 4층 이상의 층(이 경우 해당 층의 바닥면적이 600㎡ 이상인 경우만 해당)

29 단순 암기형   난이도 下

┃정답 ①

┃접근 POINT

자주 출제되는 문제로 관련법규에 나온 건축허가 등의 동의대상물 범위를 알고 있어야 한다. 10개년 기출문제 중 한번이라도 출제된 보기는 밑줄로 처리했다.

┃해설

노유자 시설 및 수련시설로서 연면적 200m² 이상인 건축물의 건축허가 시 소방본부장 또는 소방서장의 동의를 받아야 한다.

┃관련법규

「소방시설법 시행령」제7조 건축허가 등의 동의 대상물 범위

• 연면적이 400제곱미터 이상인 건축물

• 학교시설: 연면적 100제곱미터 이상

• 특정소방대상물 중 노유자 시설 및 수련시설: 연면적 200제곱미터 이상

• 정신의료기관(입원실이 없는 정신건강의학과 의원은 제외): 연면적 300제곱미터 이상

• 장애인 의료재활시설: 연면적 300제곱미터 이상

- 지하층 또는 무창층이 있는 건축물로서 바닥면적이 150제곱미터(공연장의 경우에는 100제곱미터) 이상인 층이 있는 것
- 차고·주차장으로 사용되는 바닥면적이 200제곱미터 이상인 층이 있는 건축물이나 주차시설
- 승강기 등 기계장치에 의한 주차시설로서 자동차 20대 이상을 주차할 수 있는 시설
- 항공기 격납고, 관망탑, 항공관제탑, 방송용 송수신탑

30 단순 암기형   난이도 下

| 정답 ③

| 접근 POINT

숫자 기준이 다르게 제시된 문제로 법에 나오는 숫자는 확실하게 암기해야 한다.

| 해설

차고·주차장으로 사용되는 바닥면적이 $200m^2$ 이상인 층이 있는 건축물이나 주차시설의 건축허가를 할 때 미리 동의를 받아야 한다.

31 단순 암기형   난이도 下

| 정답 ④

| 접근 POINT

숫자 기준이 다르게 제시된 문제로 법에 나오는 숫자는 확실하게 암기해야 한다.

| 해설

지하층 또는 무창층이 있는 건축물로서 바닥면적이 $150m^2$ 이상인 층이 있는 것이 건축허가 등의 동의 대상물의 범위이다.

| 유사문제

연면적이 $300m^2$인 공연장도 건축허가 등의 동의 대상물이 아닌 보기로 출제되었다.
공연장의 경우 연면적 $400m^2$ 이상이면 건축허가 등의 대상이다.
만약 지하층 또는 무창층이 있는 건물에 공연장이 있다면 연면적이 $100m^2$ 이상이면 건축허가 대상이 된다.

32 단순 암기형   난이도 下

| 정답 ①

| 접근 POINT

숫자 기준이 다르게 제시된 문제로 법에 나오는 숫자는 확실하게 암기해야 한다.

| 해설

학교시설은 연면적 $100m^2$ 이상일 때 건축허가 등의 동의 대상물이다.

33 단순 암기형   난이도 下

| 정답 ③

| 접근 POINT

소방관계법규 문제 중 10일이 답이 되는 경우는 다음과 같으므로 함께 암기하면 좋다.

- 화재예방강화지구의 훈련 통보
- 건축허가 등의 동의 여부 회신(특급 소방안전관리 대상물)
- 관계인에게 소방시설 자체점검 실시결과 제출
- 관계인에게 소방시설업 등록신청서의 보완기간

┃ 해설

「소방시설법 시행규칙」 제3조 건축허가 등의 동의 여부 회신기간

구분	기준
10일 이내	• 50층 이상(지하층은 제외)이거나 지상으로부터 높이가 200m 이상인 아파트 • 30층 이상(지하층 포함)이거나 지상으로부터 높이가 120m 이상인 특정소방대상물(아파트는 제외) • 연면적이 10만m² 이상인 특정소방대상물(아파트는 제외)
5일 이내	10일 이내 기준에 해당되지 않는 경우

---

34 단순 암기형 난이도 下

┃ 정답 ③

┃ 접근 POINT

소방관계법규에서 자주 나오는 문제 중 답이 7일인 것은 건축허가 취소 시 통보기간과 옮긴 물건 등의 보관기간, 감리원의 배치통보일 등이다.

┃ 해설

「소방시설법 시행규칙」 제3조 건축허가 등을 취소했을 때 통보기간

건축허가 등의 동의를 요구한 기관이 그 건축허가 등을 취소했을 때에는 취소한 날부터 7일 이내에 건축물 등의 시공지 또는 소재지를 관할하는 소방본부장 또는 소방서장에게 그 사실을 통보해야 한다.

---

35 단순 암기형 난이도 下

┃ 정답 ②

┃ 접근 POINT

성능위주설계란 화재안전성능이 확보될 수 있도록 특정소방대상물을 설계하는 것으로 규모가 크고 사람이 많이 출입하는 특정소방대상물이 해당된다.

┃ 해설

② 100,000m²가 아니라 200,000m²이다.

┃ 관련법규

「소방시설법 시행령」 제9조 성능위주설계를 해야 하는 특정소방대상물의 범위

- 연면적 20만제곱미터 이상인 특정소방대상물(아파트 등은 제외)
- 50층 이상(지하층은 제외)이거나 지상으로부터 높이가 200미터 이상인 아파트 등
- 30층 이상(지하층 포함)이거나 지상으로부터 높이가 120미터 이상인 특정소방대상물(아파트 등은 제외)
- 연면적 3만제곱미터 이상인 철도 및 도시철도, 공항시설
- 창고시설 중 연면적 10만제곱미터 이상인 것 또는 지하층의 층수가 2개 층 이상이고 지하층의 바닥면적의 합계가 3만제곱미터 이상인 것

- 하나의 건축물에 영화상영관이 10개 이상인 특정소방대상물
- 지하연계 복합건축물에 해당하는 특정소방대상물

36 단순 암기형   난이도 下

∎ 정답 ④

∎ 접근 POINT

자주 출제되지는 않지만 간단한 문제로 90일만 기억하면 된다.

출제 당시 기출문제에는 일간신문에 공고한다고 되어 있었으나 현행 법령에 맞게 인터넷 홈페이지에 공고하는 것으로 문구를 수정했다.

∎ 해설

「소방시설법 시행령」 제42조 시험의 시행 및 공고

- 소방시설관리사 시험은 매년 1회 시행하는 것을 원칙으로 하되, 소방청장이 필요하다고 인정하는 경우에는 그 횟수를 늘리거나 줄일 수 있다.
- 소방청장은 관리사 시험을 시행하려면 응시자격, 시험 과목, 일시·장소 및 응시절차 등을 모든 응시 희망자가 알 수 있도록 관리사시험 시행일 90일 전까지 인터넷 홈페이지에 공고해야 한다.

37 단순 암기형   난이도 下

∎ 정답 ③

∎ 접근 POINT

소방시설을 설치하지 않을 수 있는 특정소방대상물 중에서는 화재안전기준을 적용하기 어려운 경우와 화재안전기준을 달리 적용해야 하는 경우가 주로 출제되므로 해당 규정을 숙지해야 한다.

∎ 해설

「소방시설법 시행령」 별표6 소방시설을 설치하지 않을 수 있는 특정소방대상물

화재안전기준을 적용하기 어려운 특정소방대상물

특정소방대상물	해당 소방시설
펄프공장의 작업장, 음료수 공장의 세정 또는 충전을 하는 작업장	• 스프링클러설비 • 상수도소화용수설비 • 연결살수설비

38 단순 암기형   난이도 下

∎ 정답 ④

∎ 접근 POINT

원자력발전소와 같이 특수한 건물에는 일반적인 소방시설을 설치할 수 없음을 기억해야 한다.

해설

「소방시설법 시행령」별표6 소방시설을 설치하지 않을 수 있는 특정소방대상물

화재안전기준을 달리 적용해야 하는 특수한 용도 또는 구조를 가진 특정소방대상물

특정소방대상물	해당 소방시설
원자력발전소, 중·저준위 방사성 폐기물의 저장시설	• 연결송수관설비 • 연결살수설비

유사문제

거의 같은 문제이지로 중·저준위 방사성 폐기물의 저장시설에 설치하지 아니할 수 있는 소방시설을 묻는 문제도 출제되었다.

정답은 연결송수관설비 및 연결살수설비이다.

39 단순 계산형 난이도 下

정답 ④

접근 POINT

침대가 있고, 그 침대는 2인용이라는 것을 기억해야 한다.

해설

「소방시설법 시행령」별표7 수용인원 산정

구분	기준
침대가 있는 숙박시설	해당 특정소방대상물의 종사자 수에 침대 수(2인용 침대는 2개로 산정)를 합한 수
침대가 없는 숙박시설	해당 특정소방대상물의 종사자 수에 숙박시설 바닥면적의 합계를 3㎡로 나누어 얻은 수를 합한 수

문제에서 침대가 있고, 종사자 수는 5명, 2인용 침대 수는 50개로 주어졌다.

수용인원=5+(2×50)=105명

40 단순 계산형 난이도 中

정답 ③

접근 POINT

1인용 침대와 2인용 침대가 모두 있다는 것을 기억해야 한다.

해설

문제에서 침대가 있고, 종사자 수는 3명으로 주어졌다.

1인용 침대의 수와 2인용 침대의 수는 수용인원을 구분해서 계산해야 한다.

수용인원=3+(1×20)+(2×10)=43명

41 단순 계산형 난이도 中

정답 ③

접근 POINT

침대 조건은 없고 바닥면적이 주어진 것을 주목해야 한다.

해설

문제에서 침대가 없고, 종사자 수는 5명, 바닥면적이 158m^{2}로 주어졌다.

$$수용인원 = 5 + \frac{158}{3} = 57.66 ≒ 58명$$

42 단순 암기형

난이도 下

정답 ③

접근 POINT

숙박시설이 아닌 특정소방대상물의 기준을 묻는 문제로 관련법규를 암기하고 있어야 한다.

해설

① 침대가 없는 숙박시설은 해당 특정소방대상물의 종사자 수에 숙박시설 바닥면적의 합계를 3㎡로 나누어 얻은 수를 합한 수로 한다.

② 강의실·교무실·상담실·실습실·휴게실 용도로 쓰는 특정소방대상물은 해당 용도로 사용하는 바닥면적의 합계를 1.9㎡로 나누어 얻은 수로 한다.

④ 백화점(그 밖의 특정소방대상물)은 해당 용도로 사용하는 바닥면적의 합계를 3m²로 나누어 얻은 수로 한다.

관련법규

「소방시설법 시행령」 별표7 수용인원의 산정 방법

• 강의실·교무실·상담실·실습실·휴게실 용도로 쓰는 특정소방대상물: 해당 용도로 사용하는 바닥면적의 합계를 1.9㎡로 나누어 얻은 수

• 강당, 문화 및 집회시설, 운동시설, 종교시설: 해당 용도로 사용하는 바닥면적의 합계를 4.6㎡로 나누어 얻은 수(관람석이 있는 경우 고정식 의자를 설치한 부분은 그 부분의 의자 수로 하고, 긴 의자의 경우에는 의자의 정면 너비를 0.45m로 나누어 얻은 수)

• 그 밖의 특정소방대상물: 해당 용도로 사용하는 바닥면적의 합계를 3㎡로 나누어 얻은 수

43 단순 암기형

난이도 下

정답 ④

접근 POINT

숙박시설이 아닌 특정소방대상물의 기준을 묻는 문제로 관련법규를 암기하고 있어야 한다.

해설

강당, 문화 및 집회시설, 운동시설, 종교시설의 경우는 해당 용도로 사용하는 바닥면적의 합계를 4.6㎡로 나누어 얻은 수로 수용인원을 산정한다.

44 단순 암기형

난이도 下

정답 ①

접근 POINT

관련법규에는 총 21개의 소방시설 설치의 면제 기준이 있다.

이 기준을 모두 암기하기 보다는 시험에 출제된 내용 위주로 암기하는 것이 좋다.

해설

「소방시설법 시행령」 별표5 특정소방대상물의 소방시설 설치의 면제 기준

연결살수설비를 설치해야 하는 특정소방대상물에 송수구를 부설한 스프링클러설비, 간이스프링클러설비, 물분무소화설비 또는 미분무소화설비를 화재안전기준에 적합하게 설치한 경우에는 그 설비의 유효범위에서 설치가 면제된다.

45 단순 암기형 난이도 下

▎정답 ②

▎접근 POINT

법에 나온 모든 기준을 암기하기 보다는 시험에 출제된 내용 위주로 암기하는 것이 좋다.

▎해설

「소방시설법 시행령」 별표5 특정소방대상물의 소방시설 설치의 면제 기준

물분무등소화설비를 설치해야 하는 차고·주차장에 스프링클러설비를 화재안전기준에 적합하게 설치한 경우에는 그 설비의 유효범위에서 설치가 면제된다.

▎유사문제

거의 같은 문제로 비상경보설비 또는 단독경보형감지기를 설치해야 하는 특정소방대상물에 자동화재탐지설비를 설치한 경우 그 설비의 유효범위에서 설치가 면제된다는 문제도 출제된 적 있다.

46 단순 암기형 난이도 下

▎정답 ③

▎접근 POINT

소방시설의 분류를 알고 있어야 한다.

▎해설

「소방시설법」 제2조 소방시설

소방시설이란 소화설비, 경보설비, 피난구조설비, 소화용수설비, 그 밖에 소화활동설비로서 대통령령으로 정하는 것을 말한다.

47 단순 암기형 난이도 下

▎정답 ①

▎접근 POINT

법에 나온 소방시설을 모두 암기하기 보다는 각종 소방시설의 의미를 생각하며 접근하는 것이 좋다.

▎해설

② 유도등, 비상조명등은 피난할 때 사용되는 피난구조설비이다.

③ 소화수조, 저수조는 물을 공급하거나 저장하는 소화용수설비이다.

④ 연결송수관설비는 화재를 진압할 때 사용하는 소화활동설비이다.

▎관련법규

「소방시설법 시행령」 별표1 소방시설의 종류

• 소화설비: 소화기구, 자동소화장치, 옥내소화전설비, 스프링클러설비, 물분무등소화설비, 옥외소화전설비

• 경보설비: 단독경보형감지기, 비상경보설비, 자동화재탐지설비, 시각경보기, 화재알림설비, 비상방송설비, 자동화재속보설비, 통합감시시설, 누전경보기, 가스누설경보기

• 피난구조설비: 피난기구, 인명구조기구, 유도등, 비상조명등 및 휴대용비상조명등

• 소화용수설비: 상수도소화용수설비, 소화수조·저수조

• 소화활동설비: 제연설비, 연결송수관설비, 연결살수설비, 비상콘센트설비, 무선통신보조설비, 연소방지설비

48 단순 암기형 난이도 下

▌정답 ②

▌접근 POINT

법에 나온 소방시설을 모두 암기하기 보다는 각종 소방시설의 의미를 생각하며 접근하는 것이 좋다.

▌해설

제연설비는 화재를 진압하거나 인명구조활동을 위하여 사용되는 소화활동설비이다.
자동확산소화기는 소화기구에 해당되기 때문에 소화설비이다.

49 개념 이해형 난이도 中

▌정답 ②

▌접근 POINT

화재를 진압하거나 인명구조활동을 위하여 사용되는 설비는 소화활동설비이다.
각종 소방시설을 섞어 놓은 문제로 소방시설에 대한 이해가 필요한 문제이다.

▌해설

① 상수도소화용수설비는 소화용수설비, 연결송수관설비는 소화활동설비이다.
② 연결살수설비와 제연설비는 소화활동설비이다.
③ 연소방지설비는 소화활동설비, 피난기구는 피난구조설비이다.
④ 무선통신보조설비는 소화활동설비, 통합감시시설은 경보설비이다.

50 단순 암기형 난이도 下

▌정답 ③

▌접근 POINT

경보설비는 화재 발생 사실을 통보하는 설비이다.
보기 중 화재발생 사실을 통보하는 설비가 아닌 것이 무엇인지 생각해 본다.

▌해설

비상콘센트설비는 화재를 진압하거나 인명구조활동을 위하여 사용되는 소화활동설비이다.

▌관련법규

「소방시설법 시행령」 별표1 경보설비의 종류

경보설비는 화재 발생 사실을 통보하는 기계·기구 또는 설비로서 다음과 같다.

- 단독경보형감지기
- 비상경보설비
- 자동화재탐지설비
- 시각경보기
- 화재알림설비
- 비상방송설비
- 자동화재속보설비
- 통합감시시설
- 누전경보기
- 가스누설경보기

51 단순 암기형 난이도 下

▌정답 ①

▌접근 POINT

시험에 출제되는 소방관련 세부 규정은 대부분 대통령령(시행령) 또는 행정안전부령(시행규칙)로 정한다.
따라서 정답은 ①, ②번 중에 골라야 한다.

해설

「소방시설법」제20~21조 특정소방대상물의 방염

방염성능기준은 대통령령으로 정하고, 방염성능검사의 방법과 결과에 따른 합격 표시 등에 필요한 사항은 행정안전부령으로 정한다.

52 단순 암기형 난이도 下

정답 ③

접근 POINT

아파트는 각종 소방법의 규정에서 예외로 적용되는 경우가 많다.

해설

층수가 11층 이상인 특정소방대상물은 방염성능기준 이상의 실내장식물 등을 설치해야 하지만 아파트는 제외된다.

관련법규

「소방시설법 시행령」제30조 방염성능기준 이상의 실내장식물 등을 설치해야 하는 특정소방대상물

- 근린생활시설 중 의원, 조산원, 산후조리원, 체력단련장, 공연장 및 종교집회장
- 건축물의 옥내에 있는 문화 및 집회시설, 종교시설, 운동시설(수영장은 제외)
- 의료시설(종합병원, 정신의료기관 등)
- 교육연구시설 중 합숙소
- 노유자 시설
- 숙박이 가능한 수련시설
- 숙박시설
- 방송통신시설 중 방송국 및 촬영소
- 「다중이용업소의 안전관리에 관한 특별법」에

따른 다중이용업의 영업소
- 위의 시설에 해당하지 않는 것으로서 층수가 11층 이상인 것(아파트 등은 제외)

53 단순 암기형 난이도 下

정답 ④

접근 POINT

화재 시 유독물질이 적게 나오도록 처리하는 것이 방염처리이다.

보기 중 화재 시 유독물질이 가장 적게 나와서 필수적으로 방염처리를 하지 않아도 되는 물품이 무엇인지 생각해 본다.

해설

벽지류는 방염대상 물품이지만 두께가 2mm 미만인 종이벽지는 제외된다.

관련법규

「소방시설법 시행령」제31조 방염대상 물품
- 창문에 설치하는 커튼류(블라인드 포함)
- 카펫
- 벽지류(두께가 2mm 미만인 종이벽지 제외)
- 전시용 합판·목재 또는 섬유판, 무대용 합판·목재 또는 섬유판(합판·목재류의 경우 불가피하게 설치 현장에서 방염처리한 것을 포함)
- 암막·무대막
- 섬유류 또는 합성수지류 등을 원료로 하여 제작된 소파·의자(단란주점영업, 유흥주점영업 및 노래연습장업의 영업장에 설치하는 것으로 한정)

54 단순 암기형   난이도 下

┃정답 ③

┃접근 POINT

법령에 나온 숫자가 바뀌어 오답 보기로 출제된 문제로 법령에 나온 숫자는 확실하게 암기해야 한다.

┃해설

「소방시설법 시행령」 제2조 무창층

무창층(無窓層)이란 개구부(건축물에서 채광·환기·통풍 또는 출입 등을 위하여 만든 창·출입구)의 면적의 합계가 해당 층의 바닥면적의 <u>30분의 1</u> 이하가 되는 층을 말한다.

55 단순 암기형   난이도 下

┃정답 ①

┃접근 POINT

법령에 나온 숫자가 바뀌어 오답 보기로 출제된 문제로 법령에 나온 숫자는 확실하게 암기해야 한다.

┃해설

「소방시설법 시행령」 제2조 개구부의 조건

• <u>크기는 지름 50cm 이상의 원이 통과할 수 있을 것</u>
• 해당 층의 바닥면으로부터 개구부 밑부분까지의 높이가 1.2m 이내일 것
• 도로 또는 차량이 진입할 수 있는 빈터를 향할 것
• 화재 시 건축물로부터 쉽게 피난할 수 있도록

창살이나 그 밖의 장애물이 설치되지 않을 것
• 내부 또는 외부에서 쉽게 부수거나 열 수 있을 것

56 단순 암기형   난이도 下

┃정답 ④

┃접근 POINT

간단한 문제로 응용되어 출제되지는 않으므로 내용연수는 10년이라는 사실만 암기하고 있으면 정답을 고를 수 있다.

┃용어 CHECK

내용연수: 소방용품을 사용할 수 있는 기간

┃해설

「소방시설법 시행령」 제19조 내용연수 설정대상 소방용품

분말 형태의 소화약제를 사용하는 소화기의 내용연수는 <u>10년</u>으로 한다.

57 단순 암기형   난이도 下

┃정답 ②

┃접근 POINT

응용되어 출제되지는 않으므로 강화된 기준을 적용해야 하는 소방시설의 종류만 암기하고 있으면 풀 수 있는 문제이다.

┃해설

「소방시설법」제13조 소방시설기준 적용의 특례

다음의 어느 하나에 해당하는 소방시설의 경우에는 대통령령 또는 화재안전기준의 변경으로 강화된 기준을 적용할 수 있다.

- 소화기구
- 비상경보설비
- 자동화재탐지설비
- 자동화재속보설비
- 피난구조설비

58 단순 암기형   난이도 下

┃정답   ①

┃접근 POINT

법이 개정되어 정답이 7일에서 10일로 변경된 문제이다.

소방관계법규 문제 중 10일이 답이 되는 경우는 다음과 같으므로 함께 암기하면 좋다.

- 화재예방강화지구의 훈련 통보
- 건축허가 등의 동의 여부 회신(특급 소방안전관리 대상물)
- 관계인에게 소방시설 자체점검 실시결과 제출
- 관계인에게 소방시설업 등록신청서의 보완기간

┃해설

「소방시설법 시행규칙」제23조 소방시설 자체점검 결과의 조치

관리업자 또는 소방안전관리자로 선임된 소방시설관리사 및 소방기술사는 자체점검을 실시한 경우에는 그 점검이 끝난 날부터 10일 이내에 소방시설 등 자체점검 실시결과 보고서(전자문서로 된 보고서를 포함)에 소방청장이 정하여 고시하는 소방시설등점검표를 첨부하여 관계인에게 제출해야 한다.

59 단순 암기형   난이도 下

┃정답   ④

┃접근 POINT

자주 출제되지는 않으나 법상의 수치만 암기하고 있으면 풀 수 있는 문제이므로 수평거리와 관련된 기준은 암기해야 한다.

┃해설

「소방시설법 시행규칙」제17조 연소 우려가 있는 건축물의 구조

연소(延燒) 우려가 있는 구조란 다음의 기준에 모두 해당하는 구조를 말한다.

- 건축물대장의 건축물 현황도에 표시된 대지경계선 안에 둘 이상의 건축물이 있는 경우
- 각각의 건축물이 다른 건축물의 외벽으로부터 수평거리가 1층의 경우에는 6미터 이하, 2층 이상의 층의 경우에는 10미터 이하인 경우
- 개구부가 다른 건축물을 향하여 설치되어 있는 경우

60 단순 암기형

난이도 下

▌정답 ②

▌접근 POINT

종합점검과 관련해서는 종합점검 실시 대상이 가장 많이 출제된다.

▌해설

「소방시설법 시행규칙」 별표3 종합점검 실시 대상 특정소방대상물

• 스프링클러설비가 설치된 특정소방대상물
• 물분무등소화설비[호스릴(hose reel) 방식의 물분무등소화설비만을 설치한 경우는 제외]가 설치된 연면적 5,000㎡ 이상인 특정소방대상물(제조소 등은 제외)
• 다중이용업의 영업장이 설치된 특정소방대상물로서 연면적이 2,000㎡ 이상인 것
• 제연설비가 설치된 터널
• 공공기관 중 연면적(터널·지하구의 경우 그 길이와 평균 폭을 곱하여 계산된 값)이 1,000㎡ 이상인 것으로서 옥내소화전설비 또는 자동화재탐지설비가 설치된 것(단, 소방대가 근무하는 공공기관은 제외)

▌유사문제

좀 더 간단한 문제로 물문부등소화설비가 설치된 특정소방대상물의 종합점검 실시 대상 기준을 묻는 문제도 출제되었다.

정답은 5,000m^2 이상이다.

61 단순 암기형

난이도 下

▌정답 ②

▌접근 POINT

스프링클러가 설치되어 있으면 종합점검 대상이라는 것을 기억해야 한다.

▌해설

① 제연설비가 설치된 터널이 대상이다.
② 스프링클러설비가 설치된 특정소방대상물은 종합점검 대상이다.
③ 물분무등소화설비가 설치된 연면적 5,000m^2 이상인 특정소방대상물은 종합점검 대상이지만 위험물 제조소 등은 제외된다.
④ 호스릴 방식의 물분무등소화설비만을 설치한 경우는 제외된다.

62 단순 암기형

난이도 下

▌정답 ④

▌접근 POINT

호스릴 방식이 설치된 특정소방대상물은 소방관계법규의 적용대상에서에서 제외되는 경우가 많다.

▌해설

호스릴(hose reel) 방식의 물분무등소화설비만을 설치한 경우는 종합점검에서 제외된다.

63 단순 암기형　　난이도 下

정답 ④

접근 POINT

해당 문제는 소방시설관리업의 명칭, 상호 등은 변경되지 않고 기술인력만 변경된 것임을 기억해야 한다.

해설

「소방시설법 시행규칙」 제34조 기술인력이 변경된 경우 제출해야 하는 서류
- 소방시설관리업 등록수첩
- 변경된 기술인력의 기술자격증(경력수첩 포함)
- 소방기술인력대장

64 단순 암기형　　난이도 下

정답 ③

접근 POINT

소방관계법규에 나오는 과징금 처분은 크게 3천만원과 2억원이 있다.
3천만원은 소방시설의 영업정지와 관련된 내용이고 2억원은 위험물 제조소의 사용정지와 관련된 내용이다. 시험에는 2억원보다 3천만원이 더 자주 출제된다.

해설

「소방시설법」 제36조 과징금 처분

시·도지사는 영업정지를 명하는 경우로서 그 영업정지가 이용자에게 불편을 주거나 그 밖에 공익을 해칠 우려가 있을 때에는 영업정지처분을 갈음하여 3천만원 이하의 과징금을 부과할 수 있다.

65 단순 암기형　　난이도 下

정답 ①

접근 POINT

3년 이하의 징역 또는 3천만원 이하의 벌금 기준은 다양하게 있으나 형식승인을 받지 아니한 소방용품을 판매, 진열한 경우가 가장 많이 출제되었다.

해설

「소방시설법」 제57조 3년 이하의 징역 또는 3천만원 이하의 벌금에 처하는 벌칙 기준
- 관리업의 등록을 하지 아니하고 영업을 한 자
- 소방용품의 형식승인을 받지 아니하고 소방용품을 제조하거나 수입한 자 또는 거짓이나 그 밖의 부정한 방법으로 형식승인을 받은 자
- 제품검사를 받지 아니한 자 또는 거짓이나 그 밖의 부정한 방법으로 제품검사를 받은 자
- 형식승인을 받지 않은 소방용품을 판매·진열하거나 소방시설공사에 사용한 자
- 거짓이나 그 밖의 부정한 방법으로 성능인증 또는 제품검사를 받은 자
- 제품검사를 받지 아니하거나 합격표시를 하지 아니한 소방용품을 판매·진열하거나 소방시설공사에 사용한 자
- 거짓이나 그 밖의 부정한 방법으로 전문기관으로 지정을 받은 자

66 단순 암기형　　　　　난이도 下

┃정답　④

┃접근 POINT

1년 이하의 징역 또는 1천만원 이하의 벌금에 처하는 기준은 아래 법규의 밑줄 친 두 가지 사유가 주로 출제되었다.

┃해설

「소방시설법」 제58조 1년 이하의 징역 또는 1천만원 이하의 벌금에 처하는 벌칙 기준

- <u>소방시설 등에 대하여 자체점검을 하지 아니하거나 관리업자 등으로 하여금 정기적으로 점검하게 하지 아니한 자</u>
- 제품검사에 합격하지 아니한 제품에 합격표시를 하거나 합격표시를 위조 또는 변조하여 사용한 자
- 소방용품에 대하여 <u>형상 등의 일부를 변경하려면 소방청장의 변경승인을 받아야 하는데 형식승인의 변경승인을 받지 아니한 자</u>
- 우수품질인증을 받지 아니한 제품에 우수품질인증 표시를 하거나 우수품질인증 표시를 위조하거나 변조하여 사용한 자
- 관계인의 정당한 업무를 방해하거나 출입·검사 업무를 수행하면서 알게 된 비밀을 다른 사람에게 누설한 자

┃유사문제

소방시설 등에 대하여 자체점검을 하지 않거나 관리업자 등으로 하여금 정기적으로 점검하지 않은 자의 벌칙 기준도 출제된 적 있다.
이 문제와 마찬가지로 답은 1년 이하의 징역 또는 1천만원 이하의 벌금이다.

67 단순 암기형　　　　　난이도 下

┃정답　③

┃접근 POINT

법에 나와 있는 모든 과태료 기준을 암기하기는 어렵고 출제된 내용 위주로 암기하는 것이 좋다. 10개년 기출문제 중 출제된 보기는 밑줄 처리를 했다.

┃해설

「소방시설법」 제61조 300만원 이하의 과태료 부과 기준

- <u>피난시설, 방화구획 또는 방화시설의 폐쇄·훼손·변경 등의 행위를 한 자</u>
- 방염대상 물품을 방염성능 기준 이상으로 설치하지 아니한 자
- 점검능력 평가를 받지 아니하고 점검을 한 관리업자
- 관계인에게 점검 결과를 제출하지 아니한 관리업자 등
- 점검인력의 배치기준 등 자체점검 시 준수사항을 위반한 자
- <u>점검기록표를 기록하지 아니하거나 특정소방대상물의 출입자가 쉽게 볼 수 있는 장소에 게시하지 아니한 관계인</u>
- 지위승계, 행정처분 또는 휴업·폐업의 사실을 특정소방대상물의 관계인에게 알리지 아니하거나 거짓으로 알린 관리업자
- 소속 기술인력의 참여 없이 자체점검을 한 관리업자
- 점검실적을 증명하는 서류 등을 거짓으로 제출한 자

68 단순 암기형 난이도 下

정답 ②

접근 POINT

과태료 부과기준과 관련된 표는 약 15개 정도의
위반사항과 금액이 제시되어 있다.

이 규정을 모두 암기하기보다는 시험에 출제된
적이 있는 규정 위주로 암기하는 것이 좋다.

해설

「소방시설법 시행령」 별표10 과태료 기준

피난시설, 방화구획 또는 방화시설을 폐쇄·훼
손·변경하는 등의 행위를 한 경우

1차 위반	2차 위반	3차 이상 위반
100만원	200만원	300만원

대표유형 ❹

소방시설공사업법 86쪽

01	02	03	04	05	06	07	08	09	10
③	④	②	②	③	④	③	②	①	③
11	12	13	14	15	16	17	18	19	20
③	③	②	④	④	④	④	②	①	②
21	22	23	24						
②	③	③	②						

01 단순 암기형 난이도 下

정답 ③

접근 POINT

응용되어 출제되지는 않으므로 정답을 암기하
는 방법으로 공부하면 된다.

해설

「소방시설공사업법」 제4조 소방시설업의 등록

특정소방대상물의 소방시설공사 등을 하려는
자는 업종별로 자본금(개인인 경우에는 자산 평
가액), 기술인력 등 대통령령으로 정하는 요건
을 갖추어 특별시장·광역시장·특별자치시장·도
지사 또는 특별자치도지사(시·도지사)에게 소
방시설업을 등록하여야 한다.

02 단순 암기형 　　　　　　 난이도 下

정답 ④

접근 POINT

소방시설업자가 소방공사를 맡긴 관계인에게 지체 없이 알려야 할 정도로 중요한 사항이 무엇인지 생각해 본다.

해설

「소방시설공사업법」 제8조 소방시설업의 운영

소방시설업자는 다음의 어느 하나에 해당하는 경우에는 소방시설공사 등을 맡긴 특정소방대상물의 관계인에게 지체 없이 그 사실을 알려야 한다.

- 소방시설업자의 <u>지위를 승계</u>한 경우
- 소방시설업의 <u>등록취소처분 또는 영업정지처분</u>을 받은 경우
- <u>휴업하거나 폐업</u>한 경우

03 단순 암기형 　　　　　　 난이도 下

정답 ②

접근 POINT

소방관계법규에는 30일과 관련된 규정이 많다. 소방안전관리자의 해임, 퇴직 후 30일 이내에 소방안전관리자를 선임해야 하는 것도 같이 암기하는 것이 좋다.

해설

「소방시설공사업법」 제23조 도급계약의 해지

- 소방시설업이 등록취소되거나 영업정지된 경우

- 소방시설업을 휴업하거나 폐업한 경우
- 정당한 사유 없이 <u>30일 이상</u> 소방시설공사를 계속하지 아니하는 경우
- 하도급계약 내용의 변경 요구에 정당한 사유 없이 따르지 아니하는 경우

04 단순 암기형 　　　　　　 난이도 下

정답 ②

접근 POINT

소방시설업을 감독하기에 적절하지 않은 사람이 누구인지 생각해 본다.

해설

「소방시설공사업법」 제31조 감독

<u>시·도지사, 소방본부장 또는 소방서장</u>은 소방시설업의 감독을 위하여 필요할 때에는 소방시설업자나 관계인에게 필요한 보고나 자료 제출을 명할 수 있고, 관계 공무원으로 하여금 소방시설업체나 특정소방대상물에 출입하여 관계 서류와 시설 등을 검사하거나 소방시설업자 및 관계인에게 질문하게 할 수 있다.

05 단순 암기형 　　　　　　 난이도 下

정답 ③

접근 POINT

감리 중 소방시설공사가 제대로 되지 않은 것을 발견했을 때 이 사실을 가장 먼저 알려야 할 대상이 누구인지 생각해 본다.

┃ 해설

「소방시설공사업법」 제19조 위반사항에 대한 조치

- 감리업자는 소방시설공사가 설계도서나 화재안전기준에 맞지 아니할 때에는 <u>관계인에게 알리고, 공사업자에게 그 공사의 시정 또는 보완 등을 요구</u>하여야 한다.
- 공사업자가 요구를 이행하지 않을 때에는 감리업자는 <u>소방본부장이나 소방서장에게 그 사실을 보고</u>해야 한다.

06 ┃ 단순 암기형　　　　　난이도 下

┃ 정답 ④

┃ 접근 POINT

감리란 소방시설공사가 법령에 따라 적법하게 시공되었는지를 확인하는 것으로 감리의 역할과 가장 어울리지 않는 보기를 찾을 수 있다.

┃ 해설

「소방시설공사업법」 제16조 감리

소방공사감리업을 등록한 자(감리업자)는 소방공사를 감리할 때 다음의 업무를 수행하여야 한다.

- <u>소방시설 등의 설치계획표의 적법성 검토</u>
- 소방시설 등 설계도서의 적합성(적법성과 기술상의 합리성) 검토
- <u>소방시설 등 설계 변경사항의 적합성 검토</u>
- 「소방시설 설치 및 관리에 관한 법률」의 소방용품의 위치·규격 및 사용 자재의 적합성 검토
- 공사업자가 한 소방시설 등의 시공이 설계도서와 화재안전기준에 맞는지에 대한 지도·감독
- <u>완공된 소방시설 등의 성능시험</u>

- 공사업자가 작성한 시공 상세 도면의 적합성 검토
- 피난시설 및 방화시설의 적법성 검토
- 실내장식물의 불연화(不燃化)와 방염 물품의 적법성 검토

07 ┃ 단순 암기형　　　　　난이도 下

┃ 정답 ③

┃ 접근 POINT

소방시설업 등록의 결격사유에는 "2년이 지나지 아니한 자" 표현이 많이 나온다.

┃ 해설

등록하려는 소방시설업 등록이 취소된 날부터 2년이 지나면 등록이 가능하다.

┃ 관련법규

「소방시설공사업법」 제5조 등록의 결격사유

1. 피성년후견인
2. 삭제 〈2015. 7. 20.〉
3. 금고 이상의 실형을 선고받고 그 집행이 끝나거나(집행이 끝난 것으로 보는 경우를 포함) 면제된 날부터 2년이 지나지 아니한 사람
4. 금고 이상의 형의 집행유예를 선고받고 그 유예기간 중에 있는 사람
5. <u>등록하려는 소방시설업 등록이 취소(제1호에 해당하여 등록이 취소된 경우는 제외)된 날부터 2년이 지나지 아니한 자</u>
6. 법인의 대표자가 제1호 또는 제3호부터 제5호까지에 해당하는 경우 그 법인
7. 법인의 임원이 제3호부터 제5호까지의 규정에 해당하는 경우 그 법인

보기로 "소방시설관리업의 등록이 취소된 날부터 2년이 경과된 자"가 출제된 적 있다.
이 경우는 2년이 지났기 때문에 소방시설관리업을 등록할 수 있다.

08 단순 암기형　　　　　　난이도 中

■ 정답　②

■ 접근 POINT

법인의 대표자와 법인의 임원은 등록의 결격사유 기준이 약간 다르다는 점을 체크해야 한다.

■ 해설

법인의 대표자가 피성년후견인인 경우 소방시설업 등록의 결격사유에 해당되지만 법인의 임원은 해당되지 않는다.

09 단순 암기형　　　　　　난이도 中

■ 정답　①

■ 접근 POINT

화재안전조사의 연기신청도 3일 전이므로 함께 암기하면 좋다.

■ 해설

「소방시설공사업법」 제15조 공사의 하자보수

소방시설의 하자가 발생하였을 때에는 공사업자에게 그 사실을 알려야 하며, 통보를 받은 공사업자는 3일 이내에 하자를 보수하거나 보수

일정을 기록한 하자보수계획을 관계인에게 서면으로 알려야 한다.

10 단순 암기형　　　　　　난이도 下

■ 정답　③

■ 접근 POINT

법상에는 소방시설설계업, 공사업, 감리업, 방염처리업이 구분되어 영업범위가 규정되어 있다.
모든 규정을 다 암기할 수는 없으므로 출제된 내용 위주로 암기하는 것이 좋다.

■ 해설

「소방시설공사업법 시행령」 별표1 일반 소방시설설계업의 기계 분야 기술인력 및 영업범위

구분	내용
기술인력	• 주된 기술인력: 소방기술사 또는 기계분야 소방설비기사 1명 이상 • 보조기술인력: 1명 이상
영업범위	• 아파트에 설치되는 기계분야 소방시설(제연설비는 제외)의 설계 • 연면적 3만m^2(공장의 경우에는 1만m^2) 미만의 특정소방대상물(제연설비가 설치되는 특정소방대상물은 제외)에 설치되는 기계분야 소방시설의 설계 • 위험물제조소 등에 설치되는 기계분야 소방시설의 설계

■ 유사문제

거의 같은 문제인데 공장의 연면적 기준을 묻는 문제도 출제되었다.
공장은 3만m^{2}가 아니라 1만m^{2}가 답이 된다.

11 단순 암기형   난이도 下

┃ 정답 ③

┃ 접근 POINT

자주 출제되지는 않으므로 관련법규에 10개년 기출문제에서 출제된 법규를 수록했다. 출제된 법규 중심으로 암기하는 것이 좋다.

┃ 해설

③ 보조기술인력은 2명 이상이다.

┃ 관련법규

「소방시설공사업법 시행령」 별표1 전문 소방시설공사업의 영업범위 기준

구분	내용
기술인력	• 주된 기술인력: 소방기술사 또는 기계분야와 전기분야의 소방설비기사 각 1명 (기계분야 및 전기분야의 자격을 함께 취득한 사람 1명) 이상 • 보조기술인력: 2명 이상
자본금 (자산평가액)	• 법인: 1억원 이상 • 개인: 자산평가액 1억원 이상
영업범위	특정소방대상물에 설치되는 기계분야 및 전기분야 소방시설의 공사·개설·이전 및 정비

┃ 유사문제

전문 소방시설공사업의 법인의 자본금을 묻는 문제도 출제되었다.

정답은 1억원 이상이다.

12 단순 암기형   난이도 下

┃ 정답 ③

┃ 접근 POINT

호스릴 방식의 소화설비가 설치된 곳은 각종 소방 규정에서 제외되는 경우가 많다.

┃ 해설

호스릴 방식의 소화설비가 설치된 특정소방대상물은 제외된다.

┃ 관련법규

「소방시설공사업법 시행령」 제5조 완공검사를 위한 현장확인 대상 특정소방대상물의 범위

• 문화 및 집회시설, 종교시설, 판매시설, 노유자 시설, 수련시설, 운동시설, 숙박시설, 창고시설, 지하상가 및 다중이용업소

• 다음의 어느 하나에 해당하는 설비가 설치되는 특정소방대상물

  - 스프링클러설비등

  - 물분무등소화설비(호스릴 방식의 소화설비는 제외)

• 연면적 1만제곱미터 이상이거나 11층 이상인 특정소방대상물(아파트는 제외)

• 가연성 가스를 제조·저장 또는 취급하는 시설 중 지상에 노출된 가연성 가스탱크의 저장용량 합계가 1천톤 이상인 시설

┃ 유사문제

거의 같은 문제인데 보기가 위락시설, 의료시설, 판매시설, 운동시설, 창고시설로 주어진 문제도 출제되었다.

위락시설, 의료시설은 완공검사를 위한 현장확인대상 특정소방대상물의 범위가 아니다.

13 단순 암기형 난이도 下

▎정답 ②

▎접근 POINT

자주 출제되는 문제이므로 2년과 3년에 해당되는 소방시설을 구분해서 암기해야 한다.

▎해설

「소방시설공사업법 시행령」제6조 하자보수 대상 소방시설과 하자보수 보증기간

기간	소방시설
2년	피난기구, 유도등, 유도표지, 비상경보설비, 비상조명등, 비상방송설비 및 무선통신보조설비
3년	자동소화장치, 옥내소화전설비, 스프링클러설비, 간이스프링클러설비, 물분무등소화설비, 옥외소화전설비, 자동화재탐지설비, 상수도소화용수설비 및 소화활동설비(무선통신보조설비는 제외)

▎유사문제

문제는 동일하고 오답 보기가 무선통신보조설비로 출제된 적이 있다.

무선통신보조설비의 하자보수 대상기간은 2년이다.

유사한 문제로 보증기간이 2년이 아닌 것을 묻는 문제도 출제되었다.

오답 보기로 자동화재탐지설비가 출제되었는데 자동화재탐지설비의 보증기간은 3년이다.

14 단순 암기형 난이도 下

▎정답 ④

▎접근 POINT

법상에는 상주공사감리와 일반공사감리가 구분되어 있다.

시험에서는 상주공사감리 위주로 출제되었고, 상주공사감리가 아니면 모두 일반공사감리 대상이다.

▎해설

「소방시설공사업법 시행령」별표3 상주공사감리 대상

- 연면적 $30,000m^2$ 이상의 특정소방대상물(아파트는 제외)에 대한 소방시설의 공사
- 지하층을 포함한 층수가 16층 이상으로서 500세대 이상인 아파트에 대한 소방시설의 공사

▎유사문제

아파트에 대한 상주 공사감리 기준만 묻는 문제도 출제되었다.

정답은 지하층을 포함한 층수가 16층 이상으로서 500세대 이상인 아파트이다.

15 단순 암기형 난이도 下

▎정답 ④

▎접근 POINT

간단한 소방설비를 증설할 때에는 공사감리자를 지정할 필요까지는 없다.

┃해설

스프링클러설비 등을 신설·개설하거나 방호·방수구역을 증설하는 것은 공사감리자 지정대상이지만 캐비닛형 간이스프링클러설비는 제외된다.

┃관련법규

「소방시설공사업법 시행령」 제10조 공사감리자 지정대상 특정소방대상물의 범위

- 옥내소화전설비를 신설·개설 또는 증설할 때
- 스프링클러설비 등(캐비닛형 간이스프링클러설비는 제외)을 신설·개설하거나 방호·방수구역을 증설할 때
- 물분무등소화설비(호스릴 방식의 소화설비는 제외)를 신설·개설하거나 방호·방수 구역을 증설할 때
- 옥외소화전설비를 신설·개설 또는 증설할 때
- 자동화재탐지설비를 신설 또는 개설할 때
- 비상방송설비를 신설 또는 개설할 때
- 통합감시시설을 신설 또는 개설할 때
- 소화용수설비를 신설 또는 개설할 때
- 제연설비를 신설·개설하거나 제연구역을 증설할 때
- 연결송수관설비를 신설 또는 개설할 때
- 연결살수설비를 신설·개설하거나 송수구역을 증설할 때
- 비상콘센트설비를 신설·개설하거나 전용회로를 증설할 때
- 무선통신보조설비를 신설 또는 개설할 때
- 연소방지설비를 신설·개설하거나 살수구역을 증설할 때

16 단순 암기형

난이도 下

┃정답 ④

┃접근 POINT

특별히 안전성과 보안성이 요구되어 특별한 사람만이 감리할 수 있는 장소가 어디인지 생각해 본다.

┃해설

「소방시설공사업법 시행령」 제8조 감리업자가 아닌 자가 감리할 수 있는 소방대상물

「원자력안전법」에 따른 관계시설이 설치되는 장소와 같이 용도와 구조에서 특별히 안전성과 보안성이 요구되는 소방대상물의 감리는 감리업자가 아닌 자도 할 수 있다.

17 단순 암기형

난이도 下

┃정답 ④

┃접근 POINT

소방시설을 긴급하게 교체하거나 보수하는 경우 착공신고를 하지 않을 수 있다. 긴급한 공사가 아닌 것이 무엇인지 생각해 본다.
실기에서 단답형으로도 종종 출제되므로 공사의 착공신고 대상은 암기하는 것이 좋다.

┃해설

「소방시설공사업법 시행령」 제4조 소방시설공사의 착공신고 제외 대상

특정소방대상물에 설치된 소방시설 등을 구성하는 다음의 어느 하나에 해당하는 것의 전부 또

는 일부를 개설, 이전 또는 정비하는 공사에서 고장 또는 파손 등으로 인하여 작동시킬 수 없는 소방시설을 긴급히 교체하거나 보수하여야 하는 경우에는 신고하지 않을 수 있다.

- 수신반(受信盤)
- 소화펌프
- 동력(감시)제어반

18 단순 암기형   난이도 下

정답 ②

접근 POINT

23년도에 법이 개정되어 개정된 법으로 출제된 문제로 바뀐 규정을 숙지해야 한다.
숫자로 2, 5, 8, 10을 기억해야 한다.

해설

「소방시설공사업법 시행규칙」별표4의2 학력·경력에 따른 중급 기술자의 기준

- 박사학위를 취득한 사람
- 석사학위를 취득한 후 2년 이상 소방 관련 업무를 수행한 사람
- 학사학위를 취득한 후 5년 이상 소방 관련 업무를 수행한 사람
- 전문학사학위를 취득한 후 8년 이상 소방 관련 업무를 수행한 사람
- 고등학교 소방학과를 졸업한 후 10년 이상 소방 관련 업무를 수행한 사람

19 단순 암기형   난이도 下

정답 ①

접근 POINT

문제의 보기 중에서 바로 등록을 취소해야 할 만한 사항이 무엇인지 생각해 본다.
실제 법에는 약 33개의 행정처분 사항이 있어 법에 나온 규정을 모두 암기하기는 어려우므로 출제된 규정 위주로 암기해야 한다.

해설

「소방시설공사업법 시행규칙」별표1 1차 행정처분이 등록취소인 위반사항

- 거짓이나 그 밖의 부정한 방법으로 등록한 경우
- 등록 결격사유에 해당하게 된 경우
- 영업정지 기간 중에 소방시설공사 등을 한 경우

20 단순 암기형   난이도 下

정답 ②

접근 POINT

소방관계법규 문제 중 10일이 답이 되는 경우는 다음과 같으므로 함께 암기하면 좋다.

- 화재예방강화지구의 훈련 통보
- 건축허가 등의 동의 여부 회신(특급 소방안전관리 대상물)
- 관계인에게 소방시설 자체점검 실시결과 제출
- 관계인에게 소방시설업 등록신청서의 보완기간

| 해설

「소방시설공사업법 시행규칙」 제2조의2 등록신청 서류의 보완

협회는 소방시설업의 등록신청 서류가 다음의 어느 하나에 해당되는 경우에는 <u>10일 이내의 기간</u>을 정하여 이를 보완하게 할 수 있다.

• 첨부서류(전자문서 포함)가 첨부되지 아니한 경우

• 신청서(전자문서로 된 소방시설업 등록신청서 포함) 및 첨부서류(전자문서 포함)에 기재되어야 할 내용이 기재되어 있지 아니하거나 명확하지 아니한 경우

21 단순 암기형　　　　난이도 下

| 정답　②

| 접근 POINT

옮긴 물건 등의 보관기간, 건축허가를 취소한 사실 통보일도 7일인 것과 함께 암기하면 좋다.

| 해설

「소방시설공사업법 시행규칙」 제17조 감리원의 배치통보

감리원을 소방공사감리현장에 배치하는 경우에는 소방공사감리원 배치통보서에, 배치한 감리원이 변경된 경우에는 소방공사감리원 배치변경통보서에 해당 서류를 첨부하여 감리원 배치일부터 <u>7일 이내</u>에 소방본부장 또는 소방서장에게 알려야 한다.

22 단순 암기형　　　　난이도 下

| 정답　③

| 접근 POINT

법에 나온 벌칙 규정을 전부 암기하기 보다는 출제된 내용 위주로 암기하는 것이 좋다.

| 해설

「소방시설공사업법」 제36조 1년 이하의 징역 또는 1천만원 이하의 벌금 기준

• 영업정지처분을 받고 그 영업정지 기간에 영업을 한 자

• 법을 위반하여 설계나 시공을 한 자

• 법을 위반하여 감리를 하거나 거짓으로 감리한 자

• 법을 위반하여 공사감리자를 지정하지 아니한 자

• 보고를 거짓으로 한 자

• 공사감리 결과의 통보 또는 공사감리 결과보고서의 제출을 거짓으로 한 자

• 해당 소방시설업자가 아닌 자에게 소방시설공사 등을 도급한 자

• <u>도급받은 소방시설의 설계, 시공, 감리를 하도급한 자</u>

• 하도급받은 소방시설공사를 다시 하도급한 자

23 단순 암기형　　　　난이도 下

| 정답　③

| 접근 POINT

법에 나온 벌칙 규정을 전부 암기하기 보다는 출제된 내용 위주로 암기하는 것이 좋다.

┃ 해설

「소방시설공사업법」 제35조 3년 이하의 징역 또는 3천만원 이하의 벌금 기준

• 소방시설업 등록을 하지 아니하고 영업을 한 자
• 부정한 청탁을 받고 재물 또는 재산상의 이익을 취득하거나 부정한 청탁을 하면서 재물 또는 재산상의 이익을 제공한 자

24 단순 암기형 난이도 下

┃ 정답 ②

┃ 접근 POINT

과태료 기준은 법상에는 다양하게 나와 있어 모든 기준을 암기하는 것보다는 시험에 출제된 내용 위주로 암기하는 것이 좋다.

┃ 해설

「소방시설공사업법」 제40조 200만원 이하의 과태료 부과 기준

• 관계인에게 지위승계, 행정처분 또는 휴업·폐업의 사실을 거짓으로 알린 자
• 관계 서류를 보관하지 아니한 자
• 소방기술자를 공사 현장에 배치하지 아니한 자
• 완공검사를 받지 아니한 자
• 3일 이내에 하자를 보수하지 아니하거나 하자보수계획을 관계인에게 거짓으로 알린 자
• 감리 관계 서류를 인수·인계하지 아니한 자
• 배치통보 및 변경통보를 하지 아니하거나 거짓으로 통보한 자
• 방염성능기준 미만으로 방염을 한 자
• 방염처리능력 평가에 관한 서류를 거짓으로 제출한 자

• 도급계약 체결 시 의무를 이행하지 아니한 자 (하도급 계약의 경우에는 하도급 받은 소방시설업자는 제외)

대표유형 ❺
위험물안전관리법 93쪽

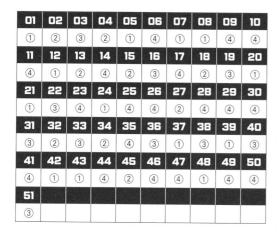

01	02	03	04	05	06	07	08	09	10
①	②	③	②	①	④	①	①	④	④
11	12	13	14	15	16	17	18	19	20
④	①	②	④	②	③	④	②	③	①
21	22	23	24	25	26	27	28	29	30
①	④	④	①	④	②	④	④	④	④
31	32	33	34	35	36	37	38	39	40
③	②	③	②	④	③	①	③	①	③
41	42	43	44	45	46	47	48	49	50
④	④	①	④	②	④	④	①	④	④
51									
③									

01 단순 암기형 난이도 下

┃ 정답 ①

┃ 접근 POINT

안전관리자의 해임, 퇴직과 30일 이내를 연관시켜 암기하는 것이 좋다.

┃ 해설

제조소 등의 관계인은 그 안전관리자를 해임하거나 안전관리자가 퇴직한 때에는 해임하거나 퇴직한 날부터 30일 이내에 다시 안전관리자를 선임하여야 한다.

02 단순 암기형 난이도 下

┃ 정답 ②

┃ 접근 POINT

위험물의 임시 저장은 90일 이내로 한다는 것만 기억하면 답을 고를 수 있다.

┃ 해설

「위험물안전관리법」 제5조 위험물의 저장 및 취급의 제한

시·도의 조례가 정하는 바에 따라 관할 소방서장의 승인을 받아 지정수량 이상의 위험물을 90일 이내의 기간 동안 임시로 저장 또는 취급하는 경우 제조소 등이 아닌 장소에서 지정수량 이상의 위험물을 취급할 수 있다.

┃ 유사문제

좀 더 간단한 문제로 제조소 등이 아닌 장소에서 지정수량 이상의 위험물을 임시로 저장할 수 있는 기간을 묻는 문제도 출제되었다.
정답은 90일이다.

03 단순 암기형 난이도 下

┃ 정답 ③

┃ 접근 POINT

응용되어 출제되지는 않으므로 해당 법 조항만 알고 있다면 쉽게 답을 고를 수 있다.

┃ 해설

「위험물안전관리법」 제4조 지정수량 미만인 위험물의 저장·취급

지정수량 미만인 위험물의 저장 또는 취급에 관한 기술상의 기준은 특별시·광역시·특별자치시·도 및 특별자치도(시·도)의 조례로 정한다.

04 │ 단순 암기형
난이도 下

┃ 정답 ②

┃ 접근 POINT

응용되어 출제되지는 않으므로 해당 법 조항만 알고 있다면 쉽게 답을 고를 수 있다.

┃ 해설

「위험물안전관리법」 제6조 위험물 시설의 설치 및 변경 등

제조소 등의 위치·구조 또는 설비의 변경 없이 당해 제조소 등에서 저장하거나 취급하는 위험물의 품명·수량 또는 지정수량의 배수를 변경하고자 하는 자는 변경하고자 하는 날의 1일 전까지 행정안전부령이 정하는 바에 따라 시·도지사에게 신고하여야 한다.

┃ 유사문제

좀 더 간단한 문제로 제조소 등에서 위험물의 품명·수량 또는 지정수량의 배수를 변경하고자 할 때 누구에게 신고해야 하는지를 묻는 문제도 출제되었다.

답은 시·도지사이다.

05 │ 단순 암기형
난이도 下

┃ 정답 ①

┃ 접근 POINT

농예용·축산용이라는 용어가 나오면 바로 숫자 20을 떠올려야 한다.

┃ 해설

「위험물안전관리법」 제6조 시·도지사의 허가를 받지 아니하고 당해 제조소 등을 설치하거나 구조 등을 변경할 수 있는 경우

• 주택의 난방시설(공동주택의 중앙난방시설을 제외)을 위한 저장소 또는 취급소
• 농예용·축산용 또는 수산용으로 필요한 난방시설 또는 건조시설을 위한 지정수량 20배 이하의 저장소

06 │ 단순 암기형
난이도 下

┃ 정답 ④

┃ 접근 POINT

농예용·축산용이라는 용어가 나오면 바로 숫자 20을 떠올려야 한다.

┃ 해설

①, ②, ③번은 모두 20배 이하일 때가 해당된다.

07 단순 암기형

난이도 下

정답 ①

접근 POINT

청문까지 실시하여 처분하는 것은 그만큼 중요한 사항이라고 볼 수 있다.

해설

「위험물안전관리법」제29조 청문

시·도지사, 소방본부장 또는 소방서장은 다음의 어느 하나에 해당하는 처분을 하고자 하는 경우에는 청문을 실시하여야 한다.

• 제조소 등 설치허가의 취소
• 탱크시험자의 등록취소

08 단순 암기형

난이도 下

정답 ①

접근 POINT

소방원론과도 연계되는 내용으로 위험물의 특징과 연관지어 공부하는 것이 좋다.

제3류 위험물은 자연발화성 물질 및 금수성 물질이다.

해설

염소산염류, 무기과산화물은 제1류 위험물이고, 유기과산화물은 제5류 위험물이다.

관련법규

「위험물안전관리법 시행령」별표1 위험물

유별	품명
제1류	아염소산염류, 염소산염류, 과염소산염류, 무기과산화물, 브롬산염류, 질산염류, 요오드산염류, 과망간산염류, 중크롬산염류
제2류	황화린, 적린, 유황, 철분, 금속분, 마그네슘, 인화성 고체
제3류	칼륨, 나트륨, 알킬알루미늄, 알킬리튬, 황린, 알칼리금속 및 알칼리토금속, 유기금속화합물, 금속의 수소화물, 금속의 인화물, 칼슘 또는 알루미늄의 탄화물
제4류	특수인화물, 제1석유류, 알코올류, 제2석유류, 제3석유류, 제4석유류, 동식물유류
제5류	유기과산화물, 질산에스테르류, 니트로화합물, 니트로소화합물, 아조화합물, 디아조화합물, 히드라진 유도체, 히드록실아민, 히드록실아민염류
제6류	과염소산, 과산화수소, 질산

09 단순 암기형

난이도 下

정답 ④

접근 POINT

위험물별 성질은 소방원론에도 자주 출제되고 소방에서 기본적인 개념이므로 아래 표는 확실하게 암기해야 한다.

해설

「위험물안전관리법 시행령」별표1 위험물의 성질

유별	성질
제1류	산화성 고체
제2류	가연성 고체
제3류	자연발화성 물질 및 금수성 물질

유별	성질
제4류	인화성 액체
제5류	자기반응성물질
제6류	산화성 액체

10 단순 암기형

난이도 下

∥ 정답 ④

∥ 접근 POINT

과염소산은 산화성 액체로 제6류 위험물이고, 과염소산염류는 산화성 고체로 제1류 위험물인 것을 구분해야 한다.

∥ 해설

과염소산염류는 제1류 위험물(산화성 고체)이다.

∥ 관련법규

「위험물안전관리법 시행령」 별표1 위험물의 품명

유별	품명
제1류	아염소산염류, 염소산염류, 과염소산염류, 무기과 산화물, 브롬산염류, 질산염류, 요오드산염류, 과망 간산염류, 중크롬산염류
제2류	황화린, 적린, 유황, 철분, 금속분, 마그네슘, 인화 성 고체
제3류	칼륨, 나트륨, 알킬알루미늄, 알킬리튬, 황린, 알칼 리금속 및 알칼리토금속, 유기금속화합물, 금속의 수소화물, 금속의 인화물, 칼슘 또는 알루미늄의 탄 화물
제4류	특수인화물, 제1석유류, 알코올류, 제2석유류, 제3 석유류, 제4석유류, 동식물유류
제5류	유기과산화물, 질산에스테르류, 니트로화합물, 니 트로소화합물, 아조화합물, 디아조화합물, 히드라 진 유도체, 히드록실아민, 히드록실아민염류
제6류	과염소산, 과산화수소, 질산

11 단순 암기형

난이도 下

∥ 정답 ④

∥ 접근 POINT

자기반응성 물질이 제5류 위험물이라는 점만 알고 있다면 답을 고를 수 있다.

위험물의 특징은 소방원론에도 자주 출제되므 로 연관되어 이해하면 좋다.

∥ 해설

① 황린: 제3류 위험물

② 염소산염류: 제1류 위험물

③ 알칼리토금속: 제3류 위험물

12 단순 암기형

난이도 下

∥ 정답 ①

∥ 접근 POINT

소방원론과도 연관되는 내용으로 위험물의 분 류는 자주 출제되므로 확실하게 암기해야 한다.

∥ 해설

질산염류는 제1류 위험물이다.

∥ 선지분석

② 특수인화물은 제4류 위험물이다.

③ 과염소산은 제6류 위험물이다.

④ 유기과산화물은 제5류 위험물이다.

13 단순 암기형   난이도 下

┃ 정답 ②

┃ 접근 POINT

위험물의 지정수량은 소방원론에도 자주 출제
되므로 연계해서 암기하는 것이 좋다.
특히 제1류~제6류 위험물 중 제4류 위험물의
지정수량이 가장 자주 출제된다.

┃ 해설

경유는 제2석유류 비수용성으로 지정수량은
1,000L이다.

┃ 관련법규

「위험물안전관리법 시행령」 별표1 제4류 위험물의
지정수량

품명		지정수량
특수인화물		50L
제1석유류	비수용성	200L
	수용성	400L
알코올류		400L
제2석유류	비수용성	1,000L
	수용성	2,000L
제3석유류	비수용성	2,000L
	수용성	4,000L
제4석유류		6,000L
동식물유류		10,000L

14 단순 암기형   난이도 下

┃ 정답 ④

┃ 접근 POINT

같은 품명에서 비수용성보다 수용성일 때 지정
수량이 2배 증가한다.

┃ 해설

제1석유류 비수용성의 지정수량은 200L이고,
수용성은 400L이다.

15 단순 암기형   난이도 下

┃ 정답 ②

┃ 접근 POINT

위험물의 지정수량은 소방원론에도 자주 출제
되므로 연계해서 암기하는 것이 좋다.

┃ 해설

「위험물안전관리법 시행령」 별표1 제2류 위험물의
지정수량

품명	지정수량
황화린	100kg
적린	100kg
유황	100kg
철분	500kg
금속분	500kg
마그네슘	500kg
인화성 고체	1,000kg

16 단순 암기형   난이도 下

정답 ③

접근 POINT

위험물의 지정수량은 소방원론에도 자주 출제되므로 확실하게 암기해야 한다.

해설

동식물유류의 지정수량은 10,000L이다.

17 단순 암기형   난이도 中

정답 ④

접근 POINT

제1석유류~제4석유류의 세부분류를 묻는 문제로 다소 난이도가 높으나 아래 표에 나온 대표적인 위험물만 암기해도 이 유형의 문제는 대부분 풀 수 있다.

해설

「위험물안전관리법 시행령」 별표1 제4류 위험물의 분류

품명	대표적인 위험물
특수인화물	디에틸에테르, 이황화탄소
제1석유류	휘발유, 아세톤
제2석유류	등유, 경유
제3석유류	중유, 클레오소트유
제4석유류	기어유, 실린더유

유사문제

거의 같은 문제로 제1석유류를 묻는 데 정답 보기가 휘발유로 주어진 문제도 출제되었다.

18 단순 계산형   난이도 中

정답 ②

접근 POINT

지정수량의 배수를 구하는 공식과 경유, 중유의 지정수량을 암기하고 있어야 풀 수 있는 문제이다.

공식 CHECK

$$지정수량의 \ 배수 = \frac{저장량}{지정수량} + \frac{저장량}{지정수량}$$

해설

경유와 등유는 모두 제2석유류 비수용성으로 지정수량은 1,000L이다.
중유는 제3석유류 비수용성으로 지정수량은 2,000L이다.

$$지정수량의 \ 배수$$
$$= \frac{2,000L}{1,000L} + \frac{4,000L}{2,000L} + \frac{2,000L}{1,000L} = 6배$$

19 단순 암기형   난이도 下

정답 ③

접근 POINT

위험물의 세부 정의를 묻는 문제로 정답을 암기하는 형태로 공부하면 된다.

해설

「위험물안전관리법 시행령」 별표1

인화성 고체라 함은 고형알코올 그 밖에 1기압에서 인화점이 섭씨 40도 미만인 고체를 말한다.

20 단순 암기형　　　　난이도 中

┃ 정답　①

┃ 접근 POINT

위험물의 세부 분류를 묻는 문제로 다소 난이도가 높지만 관련 수치만 암기하면 풀 수 있다.

┃ 해설

「위험물안전관리법 시행령」 별표1 금속분

"금속분"이라 함은 알칼리금속·알칼리토류금속·철 및 마그네슘 외의 금속의 분말을 말하고, 구리분·니켈분 및 150마이크로미터의 체를 통과하는 것이 50중량퍼센트 미만인 것은 제외한다.

21 단순 암기형　　　　난이도 下

┃ 정답　①

┃ 접근 POINT

예방규정과 관련된 가장 간단한 문제로 반드시 맞혀야 하는 문제로 볼 수 있다.

┃ 용어 CHECK

예방규정: 제조소 등의 화재예방과 화재 등 재해발생 시의 비상조치와 관련된 규정

┃ 해설

「위험물안전관리법 시행령」 제15조 관계인이 예방규정을 정하여야 하는 제조소 등

• 지정수량의 10배 이상의 위험물을 취급하는 제조소
• 지정수량의 100배 이상의 위험물을 저장하는 옥외저장소
• 지정수량의 150배 이상의 위험물을 저장하는 옥내저장소
• 지정수량의 200배 이상의 위험물을 저장하는 옥외탱크저장소
• 암반탱크저장소
• 이송취급소
• 지정수량의 10배 이상의 위험물을 취급하는 일반취급소. 다만, 제4류 위험물(특수인화물 제외)만을 지정수량의 50배 이하로 취급하는 일반취급소(제1석유류·알코올류의 취급량이 지정수량의 10배 이하인 경우)로서 다음의 어느 하나에 해당하는 것을 제외한다.
  - 보일러 · 버너 또는 이와 비슷한 것으로서 위험물을 소비하는 장치로 이루어진 일반취급소
  - 위험물을 용기에 옮겨 담거나 차량에 고정된 탱크에 주입하는 일반취급소

22 개념 이해형　　　　난이도 上

┃ 정답　③

┃ 접근 POINT

예방규정에 대한 제외 조건을 알아야 하는 문제로 다소 난이도가 높은 문제이다.

┃ 해설

지정수량의 10배 이상의 위험물을 취급하는 일반취급소는 예방규정을 정해야 한다.
예외조항으로 지정수량 50배 이하의 제3석유류를 용기에 옮겨 담는 일반취급소는 예방규정을 정하여야 하는 제조소 등에 해당되지 않는다.

23 단순 암기형　　　　　난이도 下

┃정답　④

┃접근 POINT

예방규정을 정해야 하는 제조소에서 지하탱크 저장소, 이동탱크저장소를 더하면 정기점검 대상인 제조소 등이다.

┃해설

지정수량의 200배 이상의 위험물을 저장하는 옥외탱크저장소가 정기점검의 대상인 제조소 등이다.

┃관련법규

「위험물안전관리법 시행령」 제16조 정기점검의 대상인 제조소 등

- 지정수량의 10배 이상의 위험물을 취급하는 제조소
- 지정수량의 100배 이상의 위험물을 저장하는 옥외저장소
- 지정수량의 150배 이상의 위험물을 저장하는 옥내저장소
- 지정수량의 200배 이상의 위험물을 저장하는 옥외탱크저장소
- 암반탱크저장소
- 이송취급소
- 지하탱크저장소
- 이동탱크저장소

┃유사문제

거의 같은 문제인데 오답 보기로 지정수량의 150배 이상의 위험물을 저장하는 옥외탱크저장소가 출제된 적 있다.

옥외탱크저장소의 정기점검 기준은 지정수량 200배 이상이다.

24 단순 암기형　　　　　난이도 下

┃정답　①

┃접근 POINT

옥외탱크저장소와 옥내탱크저장소를 구분할 수 있어야 한다.

┃해설

지정수량의 200배 이상의 위험물을 저장하는 옥외탱크저장소는 정기점검의 대상이 되지만 옥내탱크저장소는 정기점검의 대상이 아니다.

25 단순 암기형　　　　　난이도 下

┃정답　④

┃접근 POINT

다량의 위험물을 취급해서 화재 발생의 위험성이 높은 곳에 자체소방대를 설치해야 한다.
보기 중 화재 위험성이 가장 낮은 곳이 어디인지 생각해 본다.

┃해설

보일러로 위험물을 소비하는 일반취급소 등 행정안전부령으로 정하는 일반취급소는 자체소방대 설치대상에서 제외된다.

▎관련법규

「위험물안전관리법 시행령」제18조 자체소방대를 설치하여야 하는 사업소

(1) 제4류 위험물을 취급하는 제조소 또는 일반취급소

- 보일러로 위험물을 소비하는 일반취급소 등 행정안전부령으로 정하는 일반취급소 는 제외한다.
- 제조소 또는 일반취급소에서 취급하는 제4류 위험물의 최대수량의 합이 지정수량 의 3천배 이상인 경우가 해당된다.

(2) 제4류 위험물을 저장하는 옥외탱크저장소

옥외탱크저장소에 저장하는 제4류 위험물 의 최대수량이 지정수량의 50만배 이상인 경우가 해당된다.

사업소의 구분	화학소방자동차	자체소방대원의 수
지정수량의 24만배 이상 48만배 미만	3대	15인
지정수량의 48만배 이상	4대	20인

26 단순 암기형 난이도 下

▎정답 ④

▎접근 POINT

지정수량에 따라 화학소방자동차가 1대씩 증가할 때마다 자체소방대원은 5인씩 증가한다.

▎해설

「위험물안전관리법 시행령」별표8 제4류 위험물을 취급하는 제조소 또는 일반취급소의 자체소방대에 두는 화학소방자동차 및 인원

사업소의 구분	화학소방자동차	자체소방대원의 수
지정수량의 3천배 이상 12만배 미만	1대	5인
지정수량의 12만배 이상 24만배 미만	2대	10인

27 단순 암기형 난이도 下

▎정답 ②

▎접근 POINT

기출문제에는 취급소의 구분만 알면 풀 수 있는 문제가 출제되었다.

아래 표의 내용은 한번 읽어보고 취급소의 구분을 암기하는 것이 좋다.

▎해설

「위험물안전관리법 시행령」별표3 취급소

구분	내용
주유취급소	고정된 주유설비에 의하여 자동차·항공기 또는 선박 등의 연료탱크에 직접 주유하기 위하여 위험물을 취급하는 장소
판매취급소	점포에서 위험물을 용기에 담아 판매하기 위하여 지정수량의 40배 이하의 위험물을 취급하는 장소
이송취급소	배관 및 이에 부속된 설비에 의하여 위험물을 이송하는 장소
일반취급소	주유취급소, 판매취급소, 이송취급소 이외의 장소

28 단순 암기형   난이도 下

정답 ④

접근 POINT

위험물 관련 국가기술자격증을 취득하면 모든 위험물을 취급할 수 있다는 사실만 알면 풀 수 있는 문제이다.

해설

「위험물안전관리법 시행령」 별표5 위험물 취급자의 자격

구분	내용
위험물기능장, 위험물산업기사, 위험물기능사의 자격을 취득한 사람	모든 위험물
안전관리자교육이수자	위험물 중 제4류 위험물
소방공무원으로 근무한 경력이 3년 이상인 자	위험물 중 제4류 위험물

29 단순 암기형   난이도 下

정답 ④

접근 POINT

실제 위험물 관련 업무를 담당하는 실무자가 안전교육을 받아야 한다.

해설

「위험물안전관리법 시행령」 제20조 안전교육 대상자
- 안전관리자로 선임된 자
- 탱크시험자의 기술인력으로 종사하는 자
- 위험물운반자로 종사하는 자
- 위험물운송자로 종사하는 자

30 단순 암기형   난이도 下

정답 ④

접근 POINT

자동화재탐지설비의 설치기준 중 숫자와 관련된 기준이 자주 출제되므로 숫자를 정확하게 기억해야 한다.

해설

「위험물안전관리법 시행규칙」 별표17 자동화재탐지설비의 설치기준
- 하나의 경계구역의 면적은 600㎡ 이하로 하고 그 한 변의 길이는 50m(광전식분리형 감지기를 설치할 경우에는 100m) 이하로 할 것. 다만, 당해 건축물 그 밖의 공작물의 주요한 출입구에서 그 내부의 전체를 볼 수 있는 경우에 있어서는 그 면적을 1,000㎡ 이하로 할 수 있다.
- 자동화재탐지설비의 경계구역은 건축물 그 밖의 공작물의 2 이상의 층에 걸치지 아니하도록 할 것

유사문제

비슷한 문제로 자동화재탐지설비의 경계구역을 3개의 층에 걸치도록 설치해도 된다는 오답 보기가 출제된 적이 있다.
자동화재탐지설비의 경계구역은 2 이상의 층에 걸치지 않아야 한다는 점을 기억해야 한다.

31 단순 암기형 난이도 中

정답 ③

접근 POINT

자동화재탐지설비의 설치기준 중 제조소 등별로 설치해야 하는 경보설비에 대한 세부조항을 묻는 문제로 다소 난이도가 높다.
모든 규정을 암기하기 보다는 시험에 출제된 내용 위주로 암기하는 것이 좋다.

해설

①, ② 옥내에서 지정수량의 100배 이상을 취급하는 제조소 및 일반취급소가 자동화재탐지설비 설치대상이다.
④ 제조소의 경우 연면적이 $500m^2$ 이상일 때 자동화재탐지설비 설치 대상이다.

32 단순 암기형 난이도 下

정답 ②

접근 POINT

응용되어 출제되지는 않으므로 지정수량의 10배 이상일 경우 피뢰설비를 설치한다고 암기할 수 있다.

해설

「위험물안전관리법 시행규칙」 별표4 피뢰설비
지정수량의 10배 이상의 위험물을 취급하는 제조소(제6류 위험물을 취급하는 위험물 제조소 제외)에는 피뢰침을 설치하여야 한다.

33 단순 암기형 난이도 中

정답 ③

접근 POINT

팽창질석은 제1류~제6류 위험물에 모두 적응성이 있으므로 보기에 주어지면 대부분 답이 된다.

해설

제3류 위험물 중 금수성 물질은 물과 반응하면 가연성 기체가 발생하기 때문에 물, 강화액 등 물을 이용한 소화약제는 사용할 수 없다.
분말 소화설비 중에서는 인산염류분말은 사용할 수 없고 탄산수소염류분말을 사용할 수 있다.
팽창질석 또는 팽창진주암은 금수성 물질에 적응성이 있다.

34 단순 암기형 난이도 下

정답 ②

접근 POINT

화기(불)은 붉은색을 띄는 경우가 많으므로 화기엄금은 적색바탕이라고 암기할 수 있다.

해설

"화기엄금"이라는 주의사항을 표시하는 게시판은 적색바탕에 백색문자로 한다.

「위험물안전관리법 시행규칙」별표4 위험물 제조소에 설치해야 하는 게시판

(1) 주의사항

구분	주의사항
• 제1류 위험물 중 알칼리금속의 과산화물 • 제3류 위험물 중 금수성 물질	물기엄금
제2류 위험물(인화성 고체는 제외)	화기주의
• 제2류 위험물 중 인화성 고체 • 제3류 위험물 중 자연발화성물질 • 제4류 위험물 • 제5류 위험물	화기엄금

(2) 게시판의 색상
• "물기엄금"을 표시하는 것에 있어서는 청색바탕에 백색문자
• "화기주의" 또는 "화기엄금"을 표시하는 것에 있어서는 적색바탕에 백색문자

35 단순 암기형   난이도 下

■ 정답 ④

■ 접근 POINT

제조소의 게시판 색을 묻고 있는 문제로 주의사항을 표시하는 게시판의 색과 구분해야 한다.

■ 해설

「위험물안전관리법 시행규칙」별표4 위험물 제조소에 설치해야 하는 게시판
• 표지는 한 변의 길이가 0.3m 이상, 다른 한 변의 길이가 0.6m 이상인 직사각형으로 할 것
• 표지의 바탕은 백색으로, 문자는 흑색으로 할 것

36 단순 암기형   난이도 下

■ 정답 ③

■ 접근 POINT

위험물의 혼재 기준은 표를 기억하고 있으면 어떤 문제이든 풀 수 있으므로 해당 표는 암기하고 있어야 한다.

■ 해설

「위험물안전관리법 시행규칙」별표19 위험물의 혼재 기준

구분	제1류	제2류	제3류	제4류	제5류	제6류
제1류		×	×	×	×	○
제2류	×		×	○	○	×
제3류	×	×		○	×	×
제4류	×	○	○		○	×
제5류	×	○	×	○		×
제6류	○	×	×	×	×	

37 단순 암기형   난이도 下

■ 정답 ①

■ 접근 POINT

출입구에 설치해야 하는 피난설비로 가장 적절한 것을 생각해 본다.

■ 해설

「위험물안전관리법 시행규칙」별표17 피난설비 설치기준
• 주유취급소 중 건축물의 2층 이상의 부분을 점포·휴게음식점 또는 전시장의 용도로 사용

하는 것에 있어서는 당해 건축물의 2층 이상 으로부터 주유취급소의 부지 밖으로 통하는 출입구와 당해 출입구로 통하는 통로·계단 및 출입구에 유도등을 설치하여야 한다.

- 옥내주유취급소에 있어서는 당해 사무소 등 의 출입구 및 피난구와 당해 피난구로 통하는 통로·계단 및 출입구에 유도등을 설치하여야 한다.
- 유도등에는 비상전원을 설치하여야 한다.

38 단순 암기형   난이도 下

정답 ③

접근 POINT

법상에는 정전기를 제거할 수 있는 방법이 나와 있지만 정전기는 습도와 큰 관련이 있고 압력과 는 큰 관련이 없다는 점을 기억하면 답을 고를 수 있다.

해설

「위험물안전관리법 시행규칙」 별표4 정전기 제거설비 위험물을 취급함에 있어서 정전기가 발생할 우 려가 있는 설비에는 다음에 해당하는 방법으로 정전기를 유효하게 제거할 수 있는 설비를 설치 하여야 한다.

- 접지에 의한 방법
- 공기 중의 상대습도를 70% 이상으로 하는 방법
- 공기를 이온화하는 방법

39 단순 암기형   난이도 下

정답 ①

접근 POINT

법에는 소화난이도가 Ⅰ, Ⅱ, Ⅲ으로 구분되어 있고 해당 제조소 등에 설치해야 하는 소화설비 가 약 6P에 걸쳐 제시되어 있다.

이 모든 규정을 전부 암기하는 것보다는 출제된 내용 위주로 암기하는 것이 좋다.

해설

「위험물안전관리법 시행규칙」 별표 17 소화난이도 등급 Ⅰ에 설치하여야 하는 소화설비

소화난이도등급 Ⅰ의 옥내탱크저장소에서 유황 만을 저장·취급할 경우 물분무소화설비를 설 치해야 한다.

40 단순 암기형   난이도 下

정답 ③

접근 POINT

방유제 관련 규정은 자주 출제되는데 대부분 수 치 기준이 다른 보기가 주어지기 때문에 방유제 관련 수치 기준은 정확하게 암기해야 한다.

해설

방유제는 높이 0.5m 이상 3m 이하, 두께 0.2m 이상, 지하매설깊이 1m 이상으로 한다.

관련법규

「위험물안전관리법 시행규칙」 별표6 방유제 인화성 액체 위험물(이황화탄소 제외)의 옥외

탱크저장소의 탱크 주위에는 다음의 기준에 의하여 방유제를 설치하여야 한다.

- 방유제의 용량은 방유제 안에 설치된 탱크가 하나인 때에는 그 탱크 용량의 110% 이상, 2기 이상인 때에는 그 탱크 중 용량이 최대인 것의 용량의 110% 이상으로 할 것
- 방유제는 높이 0.5m 이상 3m 이하, 두께 0.2m 이상, 지하매설깊이 1m 이상으로 할 것
- 방유제 내의 면적은 8만㎡ 이하로 할 것
- 방유제 내의 설치하는 옥외저장탱크의 수는 10 이하로 할 것
- 높이가 1m를 넘는 방유제 및 간막이둑의 안팎에는 방유제 내에 출입하기 위한 계단 또는 경사로를 약 50m마다 설치할 것

▮ 유사문제

같은 문제인데 보기 중에서 방유제 내의 면적이 60,000m^{2}인 오답 보기로 출제된 적이 있다.

---

41 단순 암기형
난이도 下

▮ 정답 ④

▮ 접근 POINT

방유제 관련 규정은 자주 출제되는데 대부분 수치 기준이 다른 보기가 주어지기 때문에 방유제 관련 수치 기준은 정확하게 암기해야 한다.

▮ 해설

① 방유제의 높이는 0.5m 이상 3m 이하이다.
② 방유제 내의 면적은 80,000m^2 이하이다.
③ 방유제의 용량은 방유제 안에 설치된 탱크가 2기 이상인 때에는 그 탱크 중 용량이 최대인 것의 용량의 110% 이상으로 할 것

---

42 단순 계산형
난이도 中

▮ 정답 ①

▮ 접근 POINT

문제에서 위험물제조소의 옥외에 있는 위험물 취급탱크라고 했기 때문에 옥외탱크저장소와는 기준이 다른 것을 알아야 한다.
위험물 취급탱크가 2개가 있다는 사실을 기억하고 법에 정해진 규정에 따라 방유제의 용량을 직접 계산해야 한다.

▮ 해설

문제에 주어진 조건은 위험물 취급탱크 2개에 하나의 방유제를 설치하는 경우이다.
$(180 \times 0.5) + (100 \times 0.1) = 100\text{m}^3$

▮ 관련법규

「위험물안전관리법 시행규칙」 별표4 위험물제조소의 옥외에 있는 위험물취급탱크 방유제의 설치기준

- 하나의 취급탱크 주위에 설치하는 방유제의 용량은 당해 탱크용량의 50% 이상
- 2 이상의 취급탱크 주위에 하나의 방유제를 설치하는 경우 그 방유제의 용량은 당해 탱크 중 용량이 최대인 것의 50%에 나머지 탱크용량 합계의 10%를 가산한 양 이상

43 단순 암기형　　난이도 下

정답 ①

접근 POINT

응용되어 출제되지는 않으므로 10배 이하, 10배 초과에 대한 공지의 너비가 달라지는 것만 정확히 암기하면 된다.

용어 CHECK

보유공지: 위험물 제조소의 주변에 어떤 물건도 놓여있지 않아야 하는 공간

해설

「위험물안전관리법 시행규칙」 별표4 보유공지

위험물의 최대수량	공지의 너비
지정수량의 10배 이하	3m 이상
지정수량의 10배 초과	5m 이상

44 단순 암기형　　난이도 下

정답 ④

접근 POINT

법상 규정은 10m, 20m, 30m, 50m 등이 있는데 50m와 관련된 기준이 가장 자주 출제된다.

해설

「위험물안전관리법 시행규칙」 별표4 안전거리

구분	대상
3m	사용전압이 7kV 초과 35kV 이하인 특고압가공전선
5m	사용전압이 35kV를 초과하는 특고압가공전선
10m	주거용 건축물

구분	대상
20m	• 고압가스 제조시설 • 고압가스 저장시설 • 가스공급시설
30m 이상	• 학교 • 병원급 의료기관 • 공연장, 영화상영관 및 그 밖에 이와 유사한 시설로서 3백명 이상의 인원을 수용할 수 있는 것 • 아동복지시설, 노인복지시설, 장애인복지시설, 한부모가족복지시설, 어린이집, 성매매피해자 등을 위한 지원시설, 정신건강증진시설, 가정폭력 피해자 보호시설 및 이와 유사한 시설로서 20명 이상의 인원을 수용할 수 있는 것
50m 이상	• 유형문화재 • 기념물 중 지정문화재

유사문제

좀더 간단한 문제로 유형 문화재와 지정 문화재는 제조소 등과의 안전거리를 몇 m 이상 유지해야 하는지 묻는 문제도 출제되었다.
정답은 50m이다.

45 단순 암기형　　난이도 下

정답 ②

접근 POINT

법상으로는 제1류~제6류 위험물의 기준이 모두 있지만 제2류 위험물이 가장 많이 출제되었다.
자주 출제된 기준 위주로 암기하는 것이 좋다.

해설

「위험물안전관리법 시행규칙」 별표18 위험물의 유별 저장·취급의 공통기준

- 제1류 위험물은 가연물과의 접촉·혼합이나 분해를 촉진하는 물품과의 접근 또는 과열·충격·마찰 등을 피하는 한편, 알칼리금속의 과산화물 및 이를 함유한 것에 있어서는 물과의 접촉을 피하여야 한다.
- 제2류 위험물은 산화제와의 접촉·혼합이나 불티·불꽃·고온체와의 접근 또는 과열을 피하는 한편, 철분·금속분·마그네슘 및 이를 함유한 것에 있어서는 물이나 산과의 접촉을 피하고 인화성 고체에 있어서는 함부로 증기를 발생시키지 아니하여야 한다.
- 제3류 위험물 중 자연발화성물질에 있어서는 불티·불꽃 또는 고온체와의 접근·과열 또는 공기와의 접촉을 피하고, 금수성 물질에 있어서는 물과의 접촉을 피하여야 한다.
- 제4류 위험물은 불티·불꽃·고온체와의 접근 또는 과열을 피하고, 함부로 증기를 발생시키지 아니하여야 한다.
- 제5류 위험물은 불티·불꽃·고온체와의 접근이나 과열·충격 또는 마찰을 피하여야 한다.
- 제6류 위험물은 가연물과의 접촉·혼합이나 분해를 촉진하는 물품과의 접근 또는 과열을 피하여야 한다.

46 단순 암기형

난이도 下

정답 ④

접근 POINT

응용되어 출제되지는 않는 문제로 정답을 체크하는 방식으로 공부하는 것이 좋다.

해설

「위험물안전관리법 시행규칙」 제70조 정기검사의 시기

특정·준특정옥외탱크저장소의 관계인은 다음에 따라 정밀정기검사를 받아야 한다.

- 특정·준특정옥외탱크저장소의 설치허가에 따른 완공검사합격확인증을 발급받은 날부터 12년
- 최근의 정밀정기검사를 받은 날부터 11년

47 단순 암기형

난이도 中

정답 ④

접근 POINT

법의 제외 규정에 대한 문제로 법에 나온 규정을 자세히 알고 있어야 풀 수 있는 문제이다.

해설

이동탱크저장소는 포함되는 것이 아니라 제외된다.

관련법규

「위험물안전관리법 시행규칙」 제42조 경보설비의 기준

- 규정에 의한 지정수량의 10배 이상의 위험물을 저장 또는 취급하는 제조소 등(이동탱크저

장소는 제외)에는 화재발생시 이를 알릴 수 있는 경보설비를 설치하여야 한다.

- 경보설비는 자동화재탐지설비·자동화재속보설비·비상경보설비(비상벨장치 또는 경종을 포함)·확성장치(휴대용확성기를 포함) 및 비상방송설비로 구분한다.
- 자동신호장치를 갖춘 스프링클러설비 또는 물분무등소화설비를 설치한 제조소 등에 있어서는 자동화재탐지설비를 설치한 것으로 본다.

48 단순 암기형

난이도 下

정답 ①

접근 POINT

위험물은 화재가 발생하면 피해가 매우 크기 때문에 위험물을 취급하는 건축물은 다른 건축물보다 단순한 구조이다.

해설

「위험물안전관리법 시행규칙」 별표4 위험물을 취급하는 건축물의 구조

- 지하층이 없도록 하여야 한다.
- 벽·기둥·바닥·보·서까래 및 계단을 불연재료로 하고, 연소(延燒)의 우려가 있는 외벽은 출입구 외의 개구부가 없는 내화구조의 벽으로 하여야 한다.
- 지붕은 폭발력이 위로 방출될 정도의 가벼운 불연재료로 덮어야 한다.

49 단순 암기형

난이도 中

정답 ④

접근 POINT

업무상 과실이라는 조건이 있음을 확인해야 하는 문제이다.

해설

「위험물안전관리법」 제34조 벌칙

제조소 등 또는 허가를 받지 않고 지정수량 이상의 위험물을 저장 또는 취급하는 장소에서 위험물을 유출·방출 또는 확산시켜 사람의 생명·신체 또는 재산에 대하여 위험을 발생시킨 자는 1년 이상 10년 이하의 징역에 처한다.

업무상 과실로 위의 죄를 범한 자는 7년 이하의 금고 또는 7천만원 이하의 벌금에 처한다.

50 단순 암기형   난이도 下

정답 ④

접근 POINT

법상 1,000만원의 벌칙 기준은 6개인데 모두 암기하기 보다는 출제된 것 위주로 암기하는 것이 좋다.

해설

「위험물안전관리법」 제37조 1,000만원 이하의 벌금이 부과되는 경우

- 위험물의 취급에 관한 안전관리와 감독을 하지 아니한 자
- 안전관리자 또는 그 대리자가 참여하지 아니한 상태에서 위험물을 취급한 자
- 위험물의 운반에 관한 중요기준에 따르지 아니한 자
- <u>위험물을 운반할 수 있는 요건을 갖추지 아니한 위험물운반자</u>
- 관계인의 정당한 업무를 방해하거나 출입·검사 등을 수행하면서 알게 된 비밀을 누설한 자

51 단순 암기형   난이도 下

정답 ③

접근 POINT

법상 500만원 과태료 기준은 9개인데 모두 암기하기보다는 출제된 것 위주로 암기하는 것이 좋다.

해설

「위험물안전관리법」 제39조 500만원 이하의 과태료가 부과되는 경우

- 품명 등의 변경신고를 기간 이내에 하지 아니하거나 허위로 한 자
- 규정에 따른 지위승계신고를 기간 이내에 하지 아니하거나 허위로 한 자
- 제조소 등의 폐지신고 또는 규정에 따른 안전관리자의 선임신고를 기간 이내에 하지 아니하거나 허위로 한 자
- 기간 이내에 점검결과를 제출하지 아니한 자
- 위험물의 운반에 관한 세부기준을 위반한 자
- <u>이동탱크저장소에 의하여 위험물을 운송할 때 규정을 위반하여 위험물의 운송에 관한 기준을 따르지 아니한 자</u>

MEMO ———————————————————————